TURING 图灵程序设计丛书

Android
编程实战

Android Programming
Pushing the Limits

[瑞典] Erik Hellman 著

丁志虎 武海峰 译

U0313949

人民邮电出版社

北京

图书在版编目（ＣＩＰ）数据

　　Android编程实战 ／（瑞典）赫尔曼（Hellman, E.）
著；丁志虎，武海峰译. -- 北京 ：人民邮电出版社，
2014.7（2016.4重印）
　　（图灵程序设计丛书）
　　ISBN 978-7-115-35733-5

　　Ⅰ. ①A… Ⅱ. ①赫… ②丁… ③武… Ⅲ. ①移动终
端－应用程序－程序设计 Ⅳ. ①TN929.53

　　中国版本图书馆CIP数据核字(2014)第112060号

内 容 提 要

　　本书针对如火如荼的 Android 市场，深入挖掘 Android 平台的功能，帮助开发者构建更高级的应用程序。书中内容包括三大部分。第一部分介绍了 Android 开发者可用的工具及用于 Android 开发的 Java 编程语言。第二部分介绍了核心 Android 组件及其最优使用方式。第三部分主要介绍一些最新技术，包括 Android 平台及可供 Android 设备使用的服务。

　　本书适合具有 Android 编程经验并想进一步学习高级 API 和技巧的 Android 开发者，也适合使用 Java 语言编程并且希望学习一门新语言的程序员，以及所有喜欢测试新特性、乐于尝试新事物的读者。

◆ 著　　　　[瑞典] Erik Hellman
　　译　　　　丁志虎　武海峰
　　责任编辑　刘美英
　　责任印制　焦志炜

◆ 人民邮电出版社出版发行　　　北京市丰台区成寿寺路11号
　　邮编　100164　　电子邮件　315@ptpress.com.cn
　　网址　http://www.ptpress.com.cn
　　北京九州迅驰传媒文化有限公司印刷

◆ 开本：800×1000　1/16
　　印张：22.75
　　字数：553千字　　　　　　　2014年7月第1版
　　印数：4 001 - 4 300册　　　2016年4月北京第2次印刷
　　　　　著作权合同登记号　图字：01-2014-0502号

定价：69.00元
读者服务热线：(010)51095186转600　印装质量热线：(010)81055316
反盗版热线：(010)81055315
广告经营许可证：京东工商广字第 8052 号

版 权 声 明

All Rights Reserved. This translation published under license. Authorized translation from the English language edition, entitled *Android Programming: Pushing the Limits*, ISBN 978-1-118-71737-0, by Erik Hellman, Published by John Wiley & Sons . No part of this book may be reproduced in any form without the written permission of the original copyrights holder.

Simplified Chinese translation edition published by POSTS & TELECOM PRESS Copyright ©2014. Copies of this book sold without a Wiley sticker on the cover are unauthorized and illegal.

本书简体中文版由John Wiley & Sons, Inc.授权人民邮电出版社独家出版。
本书封底贴有John Wiley & Sons, Inc.激光防伪标签，无标签者不得销售。
版权所有，侵权必究。

谨以此书献给我优秀的父亲Ingemar Hellman，他在我九岁时就教我编程。如果不是父亲教授我如此多关于编程的专业知识，就不会有你手中的这本书。

——Erik Hellman，第二代软件开发者

致　　谢

首先，感谢我的妻子Kaisa-Leena。没有她的爱、支持和无限的耐心，我不可能写完本书。

非常感谢索尼移动的所有朋友和前同事，与你们共事让我学会了Android和移动技术的方方面面。我非常骄傲自己曾是开发Xperia系列团队的一员。在此也特别感谢我的前老板Henrik Bengtsson及在隆德的索尼移动研发团队。

最后，感谢帮助我编写此书的各位编辑：Faunette、Melba、Erik及Wiley的全体员工。特别感谢本书技术编辑Erik Westenius帮助监督细节，确保本书的代码和示例易于理解。此外，感谢索尼移动的同事Kristoffer Åberg在UI设计章节提供的帮助。

引　言

　　正在阅读本书的读者一定很了解Android平台、智能手机和应用程序开发,也一定知道Android设备在过去几年里的飞速发展和这个平台对开发者的无限潜力。本书可以列出关于Android的一些数字和统计信息,但是这样做意义并不大,因为这些数据在读者阅读本书时很可能已然无效。显然,Android市场发展如火如荼,而且在接下来几年内,这种发展势头必将持续下去。

　　这种趋势简直就是Android开发者的福音,希冀成为Android开发专家的开发者们前景一片光明。移动互联网行业对专业Android应用程序开发人员的需求数量日益增长,与此同时,对于开发人员的技术要求也越来越高,因为用户需求的功能和新技术所提供的可能性要求开发者必须高瞻远瞩。

　　尽管谷歌为开发者提供了一套伟大的编程工具和API,开发者仍需在Android上不断创新。这就是本书的目的:进一步发挥Android平台的功能,构建更高级的应用程序。

目标读者

　　本书适合以下读者:具有Android编程经验并想进一步学习更高级的API和技巧;平时使用Java语言编程,但也希望学习一门新的语言;敢于尝试新事物,不管是新的IDE还是全新的API;喜欢测试所有新特性并且在刚开始遇到失败时不会气馁。

　　本书并非是关于Android开发的入门图书,而是针对具有Android应用程序开发经验的读者。读者需要了解Android的基本知识,能使用`Activity`、`Service`、`BroadcastReceiver`和`ContentProvider`这些类创建应用程序。读者需要熟悉有关应用程序清单的核心概念以及不同类型的应用程序资源。如果读者能够在几分钟内构建一个简单的Android应用程序,那么将可以很好地理解本书内容。

　　本书的目的是带领读者挑战极限。每一章都试图对开发者通常所了解以及日常使用的知识加以延伸。尽管读者可能对书中的某些章节很熟悉,但本书会对这些章节展开更深入的讨论。所以,Android开发者们大可放心,本书绝对会提供新东西。

本书内容

　　Android平台发展速度惊人。即使是在本书撰写期间,也不得不改变原先撰写计划,因为谷歌不断为Android开发者推出新的API、工具和技术。书中许多示例需要较新的Android版本,本书假定读者熟悉不同的API级别，知道每个用例需要使用哪个Android版本。

本书主要讨论对于Android开发者有价值的技术，而某些技术并未涵盖在内，是因为它们没有"超越极限"，或者说对本书的实际价值不大。因此，这本书不是有关Android应用程序开发的方法论，也不是一一罗列所有特性，而是在每章都深入探讨相关的技术细节。本书也不会提供完整的应用程序，而是提供大量代码供开发者改进自己的应用。

由于经验不尽相同，开发者可能会遇到不太熟悉的技术。例如，第12章介绍了安全话题，需要读者对数据加密、私钥/公钥有基本的了解；第18章涉及USB通信、蓝牙低功耗和Wi-Fi Direct技术。但读者不必担心，涉及较陌生技术时，本书会提供让读者找到更多相关信息的资源。每章都有"延伸阅读"部分，列出了书籍或网站等资源，以供读者进一步了解相关主题。

本书结构

本书包括三大部分。第一部分介绍了Android开发者可用的工具及用于Android开发的Java编程语言。第二部分介绍了核心Android组件及其最优使用方式。第三部分主要介绍一些最新和最先进的技术，包括Android平台及可供Android设备使用的服务。

第一部分：构建更好的基础

第1章：完善开发环境介绍Android开发工具。这一章介绍用于Android开发的新的IDE——Android Studio，简单介绍目前标准的Android应用程序构建系统Gradle。

第2章：在Android上编写高效的Java代码侧重于Java编程语言和Android的相关细节。这一章讨论一些能够减少内存负载和Dalvik垃圾回收器负载的技巧，并用示例展现各种多线程实现的优缺点。

第二部分：充分利用组件

第3章：组件、清单及资源概述了各种组件，描述了应用程序清单中较少用到的方面，给出了Android资源高级用法的示例。

第4章：Android用户体验和界面设计主要介绍用户界面设计的相关理论。这一章详细阐述了如何设计用户界面。先是介绍了用户故事、人物角色和应用程序各种屏幕块的设计过程，接着解释了用户如何思考、反馈及理解用户界面的各个方面，然后深入探讨了字体的相关细节及影响字体可读性的因素。这一章会让读者更好地了解优秀设计背后的理论，并在日后的界面设计中加以应用。

第5章：Android用户界面操作侧重介绍Android UI中的技术方面。这一章介绍了如何使用新API适配不同设备屏幕，呈现如何创建自定义视图的完整示例，最后介绍较高级的多点触控操作技术。

第6章：Service和后台任务主要介绍如何在应用程序中使用Service组件实现最佳的后台

操作，着重介绍未在其他应用程序发布的`Service`组件。

第7章：Android IPC介绍如何在同一移动设备上实现两个应用程序间的通信，详细介绍Binder及如何使用Binder创建支持插件功能的应用程序。

第8章：掌握`BroadcastReceiver`以及配置更改介绍了`BroadcastReceiver`的使用方法及如何使用它们更好地监听系统事件和配置更改。这一章介绍不同类型的广播及其使用方法，并指导如何使用接收器组件减少设备负载。

第9章：数据存储和序列化技术重点介绍数据持久化及`ContentProvider`组件。这一章介绍如何使用`SharedPreferences`，如何使用现有的Android组件创建设置页面。由于基于SQLite数据库的标准方案不能解决所有问题，这一章也会涉及高性能数据序列化方法，这些方法也可用来与`Service`通信。最后将详细介绍如何在应用程序中使用Android备份代理。

第10章：编写自动化测试专门介绍如何为Android应用程序编写自动化测试。这一章将提供详尽的示例，从简单的单元测试到为四大组件提供完整的集成测试。强烈建议读者认真阅读这一章的内容，因为为应用程序编写测试将大大缩短开发周期，提高代码质量。

第三部分：超越极限

第11章：高级音频、视频及相机应用讲述与图像、音频和视频相关的技术。这一章将介绍不同音频API的使用方法，包括如何使用OpenSL ES实现音频的高质量和低延迟。还讨论用于文本转换成语音及语音识别的Android API及如何使用OpenGL ES高效处理相机输入及视频。最后介绍Android 4.3中引入的一个特性——使用OpenGL ES surface作为编码源，此特性可以用于录制OpenGL ES场景的视频。

第12章：Android应用安全问题介绍Android各方面的安全问题，侧重介绍如何使用加密API。这一章介绍如何在Android设备上安全使用密钥管理，如何加密数据。最后介绍设备管理API。

第13章：地图、位置和活动API介绍用于Android的新地图和位置API。读者将了解到新的融合Location Provider，以及如何使用一些高级特性，如地理围栏和活动识别，从而为创建更好的基于位置的应用程序做好知识储备。

第14章：本地代码和JNI深入探讨使用C编程语言进行本地Android开发。这一章将介绍Android NDK的用法，以及如何利用JNI将本地代码与Java代码结合起来。

第15章：隐藏的Android API侧重介绍Android中隐藏API是如何运行的，如何找到它们，如何在应用程序中安全调用它们，及如何搜索Android源代码以发现隐藏API。

第16章：深入研究Android平台介绍了如何用Android开源项目（AOSP）创建自定义固件，扩展Android平台。这一章将介绍如何设计Android开源项目，以及如何修改Android平台；如何在Android开源项目贡献自己的修改，使其成为Android平台的标准组成部分。

第17章：网络、Web服务和远程API介绍了在Android应用程序中集成在线Web服务，及如何优化网络操作。这一章介绍用来进行网络操作的第三方库，从标准的HTTP到Web Socket和SPDY，及如何调用三种不同类型的网络服务。解释对第三方网络服务进行验证的概念，包括如何在Android应用程序上使用OAuth2及如何在Android上集成Facebook SDK。

　　第18章：与远程设备通信深入研究了使用Android上各种连接技术与远程设备通信的各种方法。这一章介绍如何使用内置API与USB设备通信，介绍用于和蓝牙低功耗设备（也称为蓝牙智能）通信的API，如何使用网络发现API，如何使用Wi-Fi Direct标准实现特定的对等网络通信，及如何实现既支持RESTful网络服务又支持通过Web Socket进行异步通信的设备服务。

　　第19章：Google Play Service涵盖了如何使用Google Play Service上的API。这一章介绍如何获得任意在线谷歌API的授权及举例说明如何使用应用程序数据特性在Google Drive上存储跨设备的应用数据，如何在Android Studio中使用内置特性创建Google Cloud Endpoint及如何使用自己的服务拓展它。这一章还将引导读者实现谷歌云消息，并讲解如何使用Google Play Game Service中的实时多人游戏API构建更高级的多人游戏。

　　第20章：在Google Play Store发布应用集中介绍了在Google Play Store发布应用程序的各方面内容，以及如何包括不同的货币化选项。这一章将解释如何在应用程序中添加应用内付费和广告，如何使用授权服务来验证用户设备上的应用程序许可。最后，这一章指引读者利用APK扩展文件特性来发布超过应用程序50 MB流量限制的数据。

所需工具

　　尽管本书中多数例子可以在模拟器上运行，但强烈建议开发者获取一个配有最新版Android的移动设备，因为书中许多例子会用到模拟器上没有的硬件。尽管任何谷歌认证的Android设备（即装有Google Play Store的Android设备）就足够运行本书的例子——这种设备起码有正确的Android版本，但还是建议读者购买一个谷歌Nexus设备，这样就可以尽早尝试所有最近的平台特性。

　　开发者还需要一台运行Linux、Mac OS X或Windows的电脑，及互联网连接来访问一些章节中需要的在线资源。电脑上需装有Java SDK 6（可在http://java.oracle.com上下载）用以运行IDE和其他工具。

　　在第18章中，读者需要其他的硬件支持来运行书中的示例。开发者需要支持蓝牙低功耗的设备，如活动追踪器或心率监视器。对于USB通信部分的例子，开发者需要一台支持USB OTG规范的Android设备，一条USB数据连接线，以及一台可以连上的USB连接设备。测试USB最简单的方法就是使用Arduino Uno板。

源代码

　　本书中大多数源代码清单都没有完整呈现，而是展示了其中最能说明相关主题的代码片段。所以，本书假设读者很熟悉Android开发，知道把这些片段嵌入自己开发项目的哪一部分。

　　书中一些示例和源代码片段可以在作者的GitHub网站（https://github.com/ErikHellman/apptl）获取。但强烈建议读者手动输入书中的代码，而不是简单地复制文件，这样做可以更好地理解代码是如何运行的。

读者也可以从本书配套网站http://www.wiley.com/go/ptl/androidprogramming上下载代码文件。

勘误

作者与出版社已尽全力排查书中可能出现的错误，但仍无法完全避免，这既可能是正文内容或源代码出现排印错误，也可能是内容出现错误或缺失。作者会在其GitHub仓库https://github.com/ErikHellman/apptl中修复和更新示例代码中出现的错误。

目　录

第一部分　构建更好的基础

第1章　完善开发环境 ······· 2
1.1　可供选择的操作系统 ······· 2
1.2　Android SDK 进阶 ······· 2
　　1.2.1　adb 工具 ······· 3
　　1.2.2　用 Monkey 对应用 UI 做压力
　　　　　测试 ······· 5
　　1.2.3　在 Android 上使用 Gradle 构建
　　　　　系统 ······· 6
　　1.2.4　用 ProGuard 优化和混淆代码 ······· 9
1.3　Android 库项目以及第三方库 ······· 9
　　1.3.1　使用 JAR 库 ······· 9
　　1.3.2　创建库项目 ······· 10
1.4　版本控制和源代码管理 ······· 11
1.5　熟练使用 IDE ······· 13
　　1.5.1　调试 Android 应用 ······· 14
　　1.5.2　使用 lint 做静态代码分析 ······· 15
　　1.5.3　重构代码 ······· 18
1.6　Android 设备上的 Developer 选项 ······· 20
1.7　小结 ······· 22
1.8　延伸阅读 ······· 22

第2章　在 Android 上编写高效的 Java
　　　　代码 ······· 23
2.1　比较 Android 上的 Dalvik Java 和
　　　Java SE ······· 23
2.2　优化 Android 上的 Java 代码 ······· 25
　　2.2.1　Android 上的类型安全枚举 ······· 26
　　2.2.2　Android 中增强版的 for 循环 ······· 27
　　2.2.3　队列、同步和锁 ······· 28

2.3　管理和分配内存 ······· 30
2.4　Android 中的多线程 ······· 33
　　2.4.1　Thread 类 ······· 34
　　2.4.2　AsyncTask ······· 35
　　2.4.3　Handler 类 ······· 36
　　2.4.4　选择合适的线程 ······· 41
2.5　小结 ······· 41
2.6　延伸阅读 ······· 42

第二部分　充分利用组件

第3章　组件、清单及资源 ······· 44
3.1　Android 组件 ······· 44
　　3.1.1　Activity ······· 44
　　3.1.2　Service ······· 45
　　3.1.3　BroadcastReceiver ······· 45
　　3.1.4　ContentProvider ······· 46
　　3.1.5　Application ······· 46
　　3.1.6　应用架构 ······· 48
3.2　应用程序清单 ······· 49
　　3.2.1　manifest 元素 ······· 49
　　3.2.2　Google Play 过滤器和权限 ······· 50
　　3.2.3　application 节点元素 ······· 51
　　3.2.4　组件元素和属性 ······· 52
　　3.2.5　Intent 过滤 ······· 53
3.3　resources 和 assets ······· 55
　　3.3.1　高级 string 资源 ······· 55
　　3.3.2　本地化 ······· 57
　　3.3.3　使用资源限定符 ······· 58
　　3.3.4　使用 assets ······· 59
3.4　小结 ······· 59
3.5　延伸阅读 ······· 60

第4章 Android 用户体验和界面设计 ······· 61
4.1 用户故事 ···················· 61
4.2 Android UI 设计 ·············· 62
　4.2.1 导航 ·················· 63
　4.2.2 用户界面原型 ·········· 63
4.3 Android 用户界面元素 ········ 64
4.4 Android 应用程序文本 ········ 65
　4.4.1 字体 ·················· 65
　4.4.2 文本布局 ·············· 65
4.5 尺寸和大小 ················· 66
　4.5.1 推荐尺寸 ·············· 66
　4.5.2 图标大小 ·············· 67
　4.5.3 字体大小 ·············· 67
4.6 颜色 ······················ 68
4.7 图像和图标 ················· 69
　4.7.1 典型透视 ·············· 69
　4.7.2 几何离子 ·············· 70
　4.7.3 人脸识别 ·············· 70
4.8 可用性 ····················· 71
4.9 用户奖励机制 ··············· 71
4.10 小结 ····················· 73
4.11 延伸阅读 ················· 73

第5章 Android 用户界面操作 ········ 75
5.1 Activity 和 Fragment ········· 75
5.2 使用多个屏幕 ··············· 77
5.3 设计自定义视图 ············· 79
　5.3.1 View 的生命周期 ········ 79
　5.3.2 钢琴键盘部件 ·········· 80
5.4 多点触控 ·················· 85
　5.4.1 PointerCoordinates ······ 87
　5.4.2 旋转手势 ·············· 87
5.5 OpenGL ES ················· 89
5.6 小结 ······················ 90
5.7 延伸阅读 ··················· 90

第6章 Service 和后台任务 ········· 91
6.1 何时以及如何使用 Service ···· 91
6.2 理解 Service 生命周期 ······· 92
　6.2.1 Service 的创建和销毁 ····· 92

6.2.2 启动 Service ············ 92
6.2.3 绑定 Service ············ 94
6.2.4 保持活跃 ·············· 96
6.2.5 停止 Service ············ 97
6.3 在后台运行 ················· 99
　6.3.1 IntentService ··········· 99
　6.3.2 并行执行 ············· 100
6.4 和 Service 通信 ············ 103
　6.4.1 使用 Intent 进行异步消息
　　　　传递 ················· 103
　6.4.2 本地绑定的 Servcie ····· 104
6.5 小结 ····················· 107
6.6 延伸阅读 ················· 108

第7章 Android IPC ·············· 109
7.1 Binder 简介 ··············· 109
　7.1.1 Binder 地址 ··········· 110
　7.1.2 Binder 事务 ··········· 111
　7.1.3 Parcel ··············· 112
　7.1.4 link to death ·········· 114
7.2 设计 API ·················· 114
　7.2.1 AIDL ················ 115
　7.2.2 Messenger ··········· 119
　7.2.3 使用库工程包装 API ··· 122
7.3 保护远程 API ·············· 125
7.4 小结 ····················· 126
7.5 延伸阅读 ················· 126

第8章 掌握 BroadcastReceiver 以及
　　　配置更改 ··············· 127
8.1 BroadcastReceiver ·········· 128
　8.1.1 本地 BroadcastReceiver ····· 129
　8.1.2 普通广播和有序广播 ··· 130
　8.1.3 粘性广播 ············· 132
　8.1.4 定向广播 ············· 132
　8.1.5 启用和禁用广播接收器 ··· 133
　8.1.6 系统广播 Intent ······· 133
8.2 设备配置更改 ············· 137
8.3 小结 ····················· 137
8.4 延伸阅读 ················· 138

第 9 章　数据存储和序列化技术·········139

9.1　Android 持久化选项·············139

9.2　在偏好文件中存储数据·········140

9.3　用户选项和设置用户界面·······142

9.4　高性能 ContentProvider·······144

9.4.1　Android 数据库设计·······144

9.4.2　创建和升级数据库·······145

9.4.3　实现查询方法·········147

9.4.4　数据库事务·········149

9.4.5　在 ContentProvider 中存储
二进制数据·········150

9.5　序列化数据·············152

9.5.1　JSON·············152

9.5.2　使用 Gson 进行高级 JSON
处理·············154

9.5.3　Google Protocol Buffer·······156

9.6　应用数据备份·············159

9.7　小结·················160

9.8　延伸阅读···············160

第 10 章　编写自动化测试·········162

10.1　Android 测试原则·········162

10.1.1　测试内容·········163

10.1.2　基本的单元测试·······163

10.1.3　测试 Activity·······165

10.1.4　测试 Service·······167

10.1.5　测试 ContentProvider·····168

10.1.6　运行测试·········171

10.2　持续集成·············172

10.3　小结················173

10.4　延伸阅读·············173

第三部分　超越极限

第 11 章　高级音频、视频及相机应用·····176

11.1　高级音频应用··········176

11.1.1　低延迟音频·········176

11.1.2　OpenSL ES·········179

11.1.3　文字转语音·········183

11.1.4　语音识别·········184

11.2　使用 OpenGL ES 2.0 处理视频·····186

11.3　使用 OpenGL ES 2.0 处理相机·····190

11.4　多媒体编码···········192

11.5　小结················196

11.6　延伸阅读·············196

第 12 章　Android 应用安全问题·····197

12.1　Android 安全的概念·······197

12.1.1　签名和密钥·········197

12.1.2　Android 权限·······198

12.1.3　保护用户数据·······199

12.1.4　验证调用应用·······200

12.2　客户端数据加密·········201

12.2.1　Android 的加密 API·····201

12.2.2　生成密钥·········201

12.2.3　加密数据·········202

12.2.4　解密数据·········202

12.2.5　处理加密数据·······203

12.3　Android 的钥匙链管理·······204

12.4　设备管理 API··········208

12.5　小结················211

12.6　扩展阅读·············212

第 13 章　地图、位置和活动 API·····213

13.1　融合位置管理器··········213

13.2　集成 Google Maps v2·······214

13.3　使用 Google Maps········216

13.3.1　地图标记·········217

13.3.2　绘制圆形区域·······218

13.3.3　绘制多边形·········219

13.3.4　有用的位置 API 工具·····220

13.3.5　地理编码·········221

13.4　使用 LocationClient·······222

13.5　地理围栏·············223

13.6　活动识别·············225

13.7　小结················227

13.8　延伸阅读·············228

第 14 章　本地代码和 JNI·········229

14.1　关于 CPU 体系结构········229

14.2　用 C 语言编写 Android 应用程序···230

14.2.1　Android NDK 编译脚本 ········ 230
14.2.2　本地 Activity ················ 231
14.3　使用 JNI ························· 232
14.3.1　从 Java 调用本地函数 ········ 232
14.3.2　从本地调用 Java 方法 ········ 235
14.4　Android 本地 API ················ 238
14.4.1　C 语言库 ···················· 238
14.4.2　本地 Android 日志 ·········· 238
14.4.3　本地 OpenGL ES 2.0 ········ 238
14.4.4　OpenSL ES 中的本地音频 ··· 239
14.5　移植本地库到 Android ·········· 239
14.6　小结 ···························· 245
14.7　延伸阅读 ······················· 245

第 15 章　隐藏的 Android API ········· 246
15.1　官方 API 和隐藏 API ··········· 246
15.2　发现隐藏 API ···················· 247
15.3　安全地调用隐藏 API ············· 249
15.3.1　从设备中提取隐藏 API ······ 249
15.3.2　使用反射调用隐藏 API ······ 252
15.4　隐藏 API 示例 ···················· 252
15.4.1　接收和阅读 SMS ············ 252
15.4.2　Wi-Fi 网络共享 ············· 254
15.4.3　隐藏设置 ···················· 255
15.5　小结 ···························· 256
15.6　延伸阅读 ······················· 256

第 16 章　深入研究 Android 平台 ······ 257
16.1　解锁设备 ······················· 258
16.1.1　刷新出厂映像 ··············· 259
16.1.2　解锁非 Nexus 设备 ·········· 259
16.1.3　社区支持的固件 ············· 260
16.2　Android 源码 ···················· 260
16.2.1　设置构建环境 ··············· 260
16.2.2　构建并刷新固件 ············· 261
16.3　编写系统应用 ··················· 262
16.3.1　平台证书 ···················· 262
16.3.2　编写签名的应用 ············· 263
16.4　探索 Android 平台 ·············· 265
16.4.1　设置 IDE ···················· 265
16.4.2　Android 项目 ··············· 265

16.4.3　Android Linux Kernel ········ 267
16.4.4　添加系统服务 ··············· 267
16.4.5　加快平台开发周期 ·········· 270
16.5　为 AOSP 贡献代码 ·············· 271
16.6　小结 ···························· 273
16.7　延伸阅读 ······················· 273

第 17 章　网络、Web 服务和远程 API ··· 274
17.1　Android 上的网络调用 ·········· 274
17.1.1　HttpUrlConnection ········· 275
17.1.2　Volley ······················ 278
17.1.3　OkHttp 和 SPDY ············ 280
17.1.4　Web Socket ················· 281
17.2　集成 Web 服务 ·················· 285
17.2.1　Google Static Maps v2 ······ 285
17.2.2　使用 OAuth2 访问 Foursquare
API ······················ 286
17.2.3　在 Android 中使用 Facebook
SDK ····················· 290
17.2.4　寻找在线 Web 服务和 API ··· 294
17.3　网络和功耗 ····················· 294
17.3.1　一般准则 ···················· 295
17.3.2　高效的网络轮询 ············· 296
17.3.3　服务器端推送 ··············· 297
17.4　小结 ···························· 299
17.5　延伸阅读 ······················· 299

第 18 章　与远程设备通信 ············· 300
18.1　Android 中的连接技术 ·········· 300
18.2　Android USB ···················· 301
18.3　蓝牙低功耗 ····················· 303
18.4　Android Wi-Fi ··················· 306
18.4.1　服务发现 ···················· 306
18.4.2　Wi-Fi Direct ················· 308
18.5　设备上的 Web 服务 ············· 311
18.5.1　使用 Restlet 创建 RESTful
API ······················ 311
18.5.2　Web Socket 服务器 ·········· 315
18.6　小结 ···························· 317
18.7　延伸阅读 ······················· 317

第 19 章　Google Play Service ·············· 318

　19.1　授权 ·· 318

　19.2　Google Drive 应用程序数据 ··········· 321

　19.3　Google Cloud Endpoint ··················· 324

　19.4　谷歌云消息 ··· 327

　19.5　Google Play Game Service ·········· 331

　　19.5.1　数据消息 ································· 333

　　19.5.2　消息策略 ································· 334

　19.6　小结 ·· 335

　19.7　延伸阅读 ··· 336

第 20 章　在 Google Play Store 发布
**　　　　应用** ·· 337

　20.1　应用内付费 ··· 338

　　20.1.1　消费产品 ································· 340

　　20.1.2　应用内订阅 ··························· 340

　20.2　在应用内添加广告 ······························ 341

　　20.2.1　定位广告 ································· 342

　　20.2.2　广告颜色 ································· 343

　　20.2.3　插播式广告 ··························· 343

　20.3　应用程序许可 ·· 344

　20.4　APK 扩展文件 ······································· 345

　　20.4.1　创建扩展文件 ······················ 346

　　20.4.2　下载扩展文件 ······················ 346

　20.5　小结 ·· 348

　20.6　延伸阅读 ··· 348

Part 1

构建更好的基础

本部分内容

- 第 1 章　完善开发环境
- 第 2 章　在 Android 上编写高效的 Java 代码

完善开发环境

1

开发者选择的工具取决于具体的开发项目。编写一个HTML5应用程序和用Java开发一个服务器端应用对开发环境的要求是不同的。有些平台提供了更多的选择，就像本章接下来描述的，开发Android应用程序可以选择多种Android开发环境。

本章首先会介绍Android SDK的一些高级特性，如何在日常开发中使用它们，以及它们是如何帮助开发者编写高质量的应用程序的。接下来会介绍如何用第三方库来组织项目以达到最大的代码复用。通过把Gerrit代码审查工具和Git集成在一起，开发者会对版本控制有一个新的认识。开发者大部分时间都在和IDE打交道。虽然谷歌还在支持Eclipse IDE，但他们正推动开发者在所有的Android项目中使用全新的Android Studio IDE。所以本章还会介绍Android Studio以及新的Gradle构建系统。最后，会介绍Android设备的开发者选项。

1.1 可供选择的操作系统

这可能是开发者不必担心的一个问题。通常会有两种情况，要么开发者自己选择操作系统，要么服从雇主的IT政策要求。对大部分Android开发人员来说，任何官方支持的操作系统都能很好地工作。然而，某些情况下选择合适的操作系统还是至关重要的。

谷歌支持在Windows、Linux、OS X上开发Android应用。虽然Android SDK支持Windows，但在开发一些高级特性时，开发者可能会遇到问题，尤其是在编写本地应用以及构建定制的ROM时。最好的选择是Linux或者OS X。如果可能，尽量选一个作为主操作系统，这样遇到的问题就会少得多。另一个尽量不要在Windows上开发的原因是，开发者需要为所有的Android设备安装USB驱动程序。

1.2 Android SDK 进阶

操作系统和所需（推荐）的工具都准备好之后，接下来我们重点关注的就是Android SDK了。开发者可在http://developer.android.com/sdk下载适合操作系统的SDK以及最新的安装说明。Android Studio自带SDK，但如果你喜欢独立的版本，可另行下载。

确保SDK始终是最新的，还要为我们开发的所有Android版本下载API。更新Android SDK最简单的方法是在提示符下运行如下更新命令：

```
$ android update sdk --no-ui
```

在Android SDK文件夹内有一些子文件夹。从工具的角度看，只有platform-tools和tools文件夹是我们关心的。本书会介绍其中的一些工具并解释如何使用它们，从adb（Android Debug Bridge）开始。如果开发者经常在命令行中使用这些工具，建议把SDK的文件夹路径添加到PATH环境变量中。

> 开发者可在http://developer.android.com/tools/help/index.html上找到大部分 Android SDK 工具的官方文档。

1.2.1　adb 工具

adb位于platform-tools文件夹，开发者用它在设备上安装启动应用。在Android SDK的早期版本中，adb还在tools文件夹内。除了能在IDE中安装、启动、调试应用外，开发者还可手动用adb在Android设备上做一些底层的调试操作。在终端（Linux或者Mac OS X）或者命令提示符（Windows）键入adb help all，就会列出所有可用的命令。

一些常用的adb命令如下：

❑ adb devices，列出所有连接的Android设备和虚拟机；

❑ adb push <local> <remote>，将电脑上的文件复制到设备（通常存到SD卡）；

❑ adb pull <remote> <local>，将设备上的文件复制到电脑。

1. adb和多设备

如果要在两台或者多台设备上同时开发和调试应用，比如多人游戏或者即时通信应用，需要将-s <serial number>作为adb的第一个参数来识别开发者想要的设备。adb devices命令会列出已连接设备的序列号。下面的示例可在特定设备上运行logcat命令：

```
$ adb devices
List of devices attached
0070015947d30e4b      device
015d2856b8300a10      device

$ adb -s 015d2856b8300a10 logcat
```

> 当有多台连接的设备或者模拟器时，在 IDE 中启动应用会弹出一个选择对话框。

2. 掌握logcat过滤

日志记录是Android应用程序开发的重要组成部分。虽然可以使用IDE强大的断点调试功能来跟踪执行流程以及检查不同变量的值和状态，但简单地从logcat中查看输出往往会更有效。Android的日志记录是由logcat函数处理的，它通常被集成在IDE中，不过也可通过adb命令启动。

因为Android把所有的系统以及应用程序日志消息都输出到了同一个流，所以很难找到特定应用的日志。幸好有一些简单的方法能过滤日志，如下面代码所示。

Android日志消息前面会有一个标签和优先级。通常，开发者可以像下面这样为应用程序的每一个类定义一个单独的日志标签：

```
private static final String TAG = "MyActivity";
```

接下来就可在类代码中用上面定义的标签来打印日志消息：

```
Log.d(TAG, "Current value of moderation:" + moderation);
```

下面的命令只会打印以MyActivity为标签的日志消息：

```
$ adb logcat MyActivity:* *:S
```

logcat后面的参数代表需要应用的过滤条件，它们被格式化为<tag>:<priority>，其中星号（*）表示任何可能的值。一件很容易被遗忘的重要事情是，开发者需要添加特殊的过滤*:S来过滤掉所有的消息。结合自定义过滤器，开发者很容易就可以控制logcat只打印预期的消息。

如果使用过滤器查看logcat输出，建议加上AndroidRuntime:*参数，这样会显示Android系统相关的日志信息以及由平台引起的应用程序异常。

3. 用Wi-Fi连接adb

通常情况下，使用USB连接Android设备和电脑。但是，也可以用Wi-Fi通过标准的TCP/IP连接来连接Android设备。这在开发监听USB相关事件的应用程序时会特别有用（原因是USB连接会起到干扰作用），比如USB的连接/断开事件，或者只是由于开发者懒得在开发中使用USB线。

要想通过Wi-Fi连接adb，首先要像通常一样用USB线连接Android设备和电脑。同时，要确保电脑和设备连接的是同一个Wi-Fi。接下来还要取得设备的IP地址，打开Setting→Wi-Fi→Advanced（设置→Wi-Fi→高级）页面，列表底部会显示当前Wi-Fi的IP地址。

设置好以上步骤后，在终端运行如下命令：

```
$ adb devices
List of devices attached
0070015947d30e4b                device
$ adb tcpip 5555
$ adb connect 192.168.1.104
$ adb devices
List of devices attached
192.168.1.104:5555      device
```

第一个命令只是验证设备已经处于调试模式。第二个命令会在TCP/IP模式下重启adb守护进程，然后监听5555端口（adb的默认端口）。第三个命令使用电脑上的adb服务连接设备的IP地址（使用默认的5555端口）。最后，第四个命令验证已通过TCP/IP成功地连接了电脑和设备。接下来可以拔掉USB线，像往常一样用IDE进行开发。

adb守护进程会一直保持TCP/IP模式，直到设备重新启动，或者运行了adb usb，该命令会重启USB守护进程。

1

> 不是所有的设备都支持 Wi-Fi 连接。同样，Wi-Fi 连接下的通信性能会更糟，当需要部署更大的应用时可能会很麻烦。

4. 在Android设备上执行命令

由于Android系统基本上是一个定制的Linux发行版，开发者可像在电脑上操作Linux一样来操作它。运行一条特殊的adb命令可以在Android设备上启动标准的shell，然后就可以像其他Linux设备一样，执行命令行操作了。

```
$ adb shell
```

当在Android设备上运行shell时，am和pm命令会很有用，这两个命令和时间没关系。相反，开发者用它们跟应用程序（Application）和包管理器（Package Manager）交互，这在早期的开发以及测试环节会很有用。比如，在开发一个由外部Intent启动的Service时，可以用am命令手动发送该Intent。

在命令行中输入如下命令，便可用Intent启动一个Service：

```
$ adb shell am startservice -a <intent action>
```

开发者可以添加额外的参数，甚至能指定一个特定的组件名称。除了能启动Service外，还可以启动Activity或者发送Intent广播。无参的adb shell am会列出所有可能的命令列表。如果在开发过程中需要测试一个Service，但是启动它的Activity还没有被创建，这时候该命令会非常有用。同样，该命令在模拟其他应用程序发送Intent时也很有帮助，比如ACTION_VIEW或者ACTION_SEND。

包管理器是Android上的一个核心组件，它用来管理设备上已安装的应用程序。可以像使用应用程序管理器（Application Manager）一样控制pm命令的使用。包管理器允许开发者查看、安装、卸载设备上已安装的应用程序（包），还能检查这些应用的特性以及权限。虽然在开发过程中pm命令不像am命令那么有用，但相对其他方法来说，pm命令更容易让开发者了解设备的相关细节。比如，下面的命令可列出所有已安装的包（也就是说，已安装的应用程序）：

```
$ adb shell pm list packages
```

除了上面提到的命令，开发者还需熟悉其他一些adb命令。如果还没有做到这一点，多花些时间研究一下这些命令。

> 可在http://developer.android.com/tools/help/adb.html上找到 adb 命令列表以及它们的用法。

1.2.2　用 Monkey 对应用 UI 做压力测试

大多数开发者认为测试是一项乏味且让人厌烦的工作，Android开发者可能也是这种感觉。优秀的开发者通过自动化测试来验证他们应用程序中的部分代码。也可通过代码检查工具找到常见的代码编写错误（1.5.2节将详述其中一种工具）。然而，正如你可能想到的，编写自动化测试以及执行静态代码分析并非十分简单。用户不会一直按照某种特定的行为去使用应用，他们可能在非预期的时刻点击了某个按钮或者意外点击了一个不合适的按钮，这都可能导致应用崩溃。基本上开发者需要的是像用户一样去使用应用，更确切地说，像猴子一样。

Android SDK附带了一个称为Application Exerciser Monkey的强大工具，简称为Monkey。它是一个命令行工具，能在设备上模拟触摸等随机用户事件以及系统事件。目的就是模拟用户的行为来对应用程序做压力测试。虽然Monkey不会为应用程序模拟一些经典的用例场景，但是在模拟应用程序如何处理一些非预期用户行为方面它会提供非常有用的反馈。

下面的命令对指定<package name>的应用程序执行Monkey，还可以用<event count>参数指定随机事件数量。

```
$ adb shell monkey -p <package name> <event count>
```

Monkey 默认在未处理异常出现时停止执行，并上报错误消息。这对检查代码中NullPointerExceptions等异常或者类似问题很有帮助。也可调整参数来改变Monkey的默认行为，比如当某种安全异常出现时停止运行。

用Monkeyrunner编写Monkey脚本

更高级的Monkey用法是使用Monkeyrunner API为应用程序编写Python脚本。这对在集成开发环境中执行Monkey工具和其他操作特别有用。它还能为按键提供输入，并且能用编程方式（同样使用Monkeyrunner API）捕获屏幕截图，以便和一组已知的正确屏幕截图比较。

对Android开发团队来说，使用Monkeyrunner具备很大的优势，因为几乎不费什么劲儿就能提供一个强大的回归测试解决方案。有时应用发布前只有一个测试员，这种情况下即便很小的代码改动都可能带来难以检测的意外结果。强烈建议在应用发布前使用Monkey工具，特别是用Monkeyrunner脚本进行回归测试。

可在http://developer.android.com/tools/help/monkeyrunner_concepts.html#APIClasses上查看Monkeyrunner API。

1.2.3 在 Android 上使用 Gradle 构建系统

随着Android Studio的发布，谷歌也推出了全新的模块化构建系统，以替代旧版本SDK中的Ant脚本。在Android Studio中创建新项目同时会创建所有的Gradle脚本。

Gradle是像Ivy和Maven一样的模块化构建系统。它结合了Ant的灵活以及Maven中的依赖管理。Gradle使用Groovy领域专用语言，开发者可以更清楚地描述配置项，不用再写复杂的XML构建脚本。

下面的代码是为新项目创建的默认build.gradle文件。第一个区块告诉gradle使用哪个仓库下载构建所用的插件以及依赖（这个依赖不同于后面即将介绍的项目依赖）。接下来的部分告诉

gradle应用哪种插件，本例中使用的是Android插件，基于此即可开展后面的Android开发。再下面是项目的依赖，本例只使用了位于libs目录里的支持包。最后的区块以android开头，定义了项目的配置项。

```
buildscript {
    repositories {
        maven { url 'http://repo1.maven.org/maven2' }
    }
    dependencies {
        classpath 'com.android.tools.build:gradle:0.5+'
    }
}
apply plugin: 'android'

dependencies {
    compile files('libs/android-support-v4.jar')
}

android {
    compileSdkVersion 18
    buildToolsVersion "18.0.0"

    defaultConfig {
        minSdkVersion 18
        targetSdkVersion 18
    }
}
```

> 可在http://tools.android.com/tech-docs/new-build-system/user-guide查看新的 Gradle 构建系统用户手册。

应用了新构建系统的Android项目的默认目录结构跟开发者之前熟悉的有点不同，不再使用扁平结构，而是有两个集合：源代码和测试代码。它们在如下的目录中：

```
src/main/
```

```
src/instrumentTest/
```

Java源代码位于main/java目录，资源文件位于main/res目录。AndroidManifest.xml直接位于main目录（如图1-1所示）。

其他项目目录有assets（二进制资源）、aidl（Android IDL文件）、rs（RenderScript源文件）以及jni（本地C/C++代码）。

虽然可以直接在Android Studio IDE中构建运行项目，也可通过命令行与构建系统交互。Gradle定义了一系列任务。在项目根目录下输入如下命令即可列出所有可用的任务。

```
$ ./gradlew tasks
```

比如，如果从头开始构建应用程序，只需运行下面的命令。

```
$ ./gradlew clean build
```

该命令首先执行clean任务，接下来执行build任务。

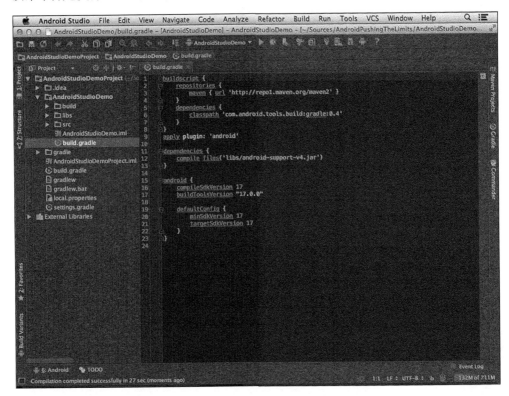

图1-1　Android Studio IDE中的目录结构以及Gradle构建文件

从现有项目迁移到Gradle

由于大部分现有Android项目并没有使用Gradle构建系统，所以需要一个迁移向导。最简单的迁移方法是使用Android Studio创建新的Android项目，然后把原项目复制到新项目的子文件夹内。接下来把Android Studio创建的build.gradle文件复制到已迁移项目的根目录下。

```
android {
    sourceSets {
        main {
            manifest.srcFile 'AndroidManifest.xml'
            java.srcDirs = ['src']
            resources.srcDirs = ['src']
            aidl.srcDirs = ['src']
            renderscript.srcDirs = ['src']
            res.srcDirs = ['res']
            assets.srcDirs = ['assets']
        }
    }
}
```

像上面的例子一样编辑android部分，这应该对所有沿用老标准目录结构的Android项目都有效。如果你的项目结构有所不同，只需在前面的示例中改变路径即可。（注意：所有的路径都是相对的。）

1.2.4　用 ProGuard 优化和混淆代码

Android应用程序是Java代码、XML以及其他资源文件的编译结果。其中，Java代码被编译为称作dex的二进制格式，Android平台中的Dalvik虚拟机在执行代码时会从中读取内容。dex被设计成人类不可读的格式，可以使用工具把它反编译成人类可读的格式。

在某些情况下，反编译代码可能存在安全问题，比方说代码中包含密钥或者其他不应被轻易获取值的情况（如与授权服务器集成）。虽然很难实现完全防止反编译代码，但可以通过在发布前对代码进行混淆，让反编译变得更加困难。这样逆向工程会更加耗时，攻击者可能知难而退。

开发者使用集成在Android SDK中的ProGuard工具来对Android代码进行混淆。Gradle构建工具也支持该工具，所要做的是在build.gradle文件的android部分加入如下的代码。

```
buildTypes {
    release {
        runProguard true
        proguardFile getDefaultProguardFile('proguard-android.txt')
    }
}
```

这将在应用程序的发布阶段打开ProGuard，正常的开发过程不会对代码进行混淆。

另一个混淆代码的原因是这样做能执行一些额外的优化，同时，删除无用的代码能压缩生成的二进制dex文件。这在引入一个大的第三方库时特别有用，因为它可以显著减小最终的文件大小和运行时的内存使用量。

1.3　Android 库项目以及第三方库

开发者往往一遍又一遍地为新应用写相同的代码，这就是为什么要创建代码库以便在接下来的项目中重用的原因。这样开发周期就会更快，因为编写和测试的代码会少很多。

Android为开发者在应用项目中重用代码提供了两种方法：使用已编译好的JAR文件或者库项目。如果需要处理不受控制的第三方代码，或者需要在当前项目中使用一套稳定且完整的函数库，优先使用第一种方法。如果是在同一个项目中开发共享代码的不同应用，使用库项目是较好的选择——比如，为智能手机和平板电脑创建两个应用，或者两个应用之间需要通信（如客户端和服务器端）。

1.3.1　使用 JAR 库

在Android项目中使用预编译的JAR文件非常简单。只需把文件复制到项目的libs文件夹内，然后在IDE中以库的方式引入它。这样开发者就可以直接使用JAR文件中的代码了，当构建应用程序时，Android工具链会自动添加并打包这些被引入的类。如果使用ProGuard对应用的代码进行混淆，会同时处理所有被引入的JAR文件。这在需要引入比较大的第三方库而只使用其中部分类时特别有用。要在项目中引入一个本地JAR依赖，只需像下面这样把它加入build.gradle的依赖部分：

```
dependencies {
    compile files('libs/android-support-v4.jar')
}
```

另一种方式是使用远程依赖仓库，比如中央Maven仓库。要想从远程仓库引入一个第三方库，只需按如下方式更新build.gradle文件：

```
repositories {
    mavenCentral()
}

dependencies {
    compile 'com.google.code.gson:gson:2.2.4'
}
```

dependencies里的字符串标识了一个特定版本的库。调用mavenCentral()会为构建环境配置正确的Maven设置。

> 可在http://search.maven.org/搜索第三方库。找到正确的库后只需点击版本号并把标识字符串复制到 gradle 的相应部分。需要注意的是，并非所有在中央 Maven 仓库找到的库都能得到 Android 的支持。首先还要参考文档。

1.3.2 创建库项目

Android库项目基本和标准的Android项目一样，只是不声明任何可以被启动的组件（`Activity`、`Service`、`BroadcastReceiver`或者`ContentProvider`），并且不会在编译或导出时生成APK包。库项目的唯一目的就是在多个应用项目间共享代码，省得来回复制相同的代码，这在共享常量、工具函数、共享的自定义视图以及其他组件方面非常有用。由于使用的是实际的代码，而不是预编译的JAR文件，所以代码是可以修改的，这将影响所有引入该项目的应用程序。

Android开发使用Java编程语言，因此在Android应用程序和用Java编写的服务器端组件（如Java企业级应用程序）之间使用库项目共享代码会特别有用。这种设置下，常见的方式是共享数据间的类表示以及如何对这些类对象进行序列化和反序列化。

Android SDK附带了一组可以直接使用的库项目，它们位于SDK文件夹的extras/google目录内。更具体点，SDK还提供了Google Play Service、APK扩展、In-app Billing（应用内付费）以及Licensing（授权）功能的库项目。要使用这些库项目，只需把它们导入IDE并添加到项目依赖中。注意：可以在一个应用程序项目中引入多个库项目。

可在Android Studio IDE中建立库项目。只需创建一个Android库类型的模块，新的库项目会生成如下所示的gradle.build文件。

```
buildscript {
    repositories {
        maven { url 'http://repo1.maven.org/maven2' }
    }
    dependencies {
        classpath 'com.android.tools.build:gradle:0.4'
    }
}
apply plugin: 'android-library'

dependencies {
    compile files('libs/android-support-v4.jar')
}

android {
    compileSdkVersion 17
    buildToolsVersion "17.0.0"

    defaultConfig {
        minSdkVersion 7
        targetSdkVersion 16
    }
}
```

注意，跟Android项目生成的默认构建文件唯一不同的地方是，这里使用的是android-library插件，而不是android。

要在应用程序的构建配置中引入库项目，只需像下面这样把它当做一个依赖引入。

```
dependencies {
    compile project(':libraries:MyLibrary')
}
```

1.4　版本控制和源代码管理

大多数开发项目都会涉及多个开发者。一个开发团队通常包括4~8人，大家并行地开发相同的代码。虽然团队可以指定一个人来修改所有文件，但是更实用的方法是使用版本控制系统支持并行开发。使用版本控制系统的另一个好处是可以追踪文件的修改记录（谁在什么时间针对文件的哪一部分做了什么修改），并合并其他开发者对文件的修改。

眼下最为常用的版本控制系统是Git，Android开源项目以及Linux内核也使用它来管理源代码。Git是一个分布式版本控制系统，允许开发者彼此独立地开发。当开发者完成某个功能后，就可以把对代码的修改推到服务器，以便其他开发者获取。

开发者可从http://git-scm.com阅读更多关于 Git 的资料，也可以下载不同平台的版本。更多关于Git和版本控制的介绍，推荐 *Version Control with Git* 一书（参见本章末尾的"延伸阅读"）。

Git的一大特点是，开发者要使用它并不一定要有一台服务器，这使得它适合各种类型的项目，小到只有一个人开发的项目，大到由多个团队组成的项目。建议在开发一个新的Android应用前总是初始化一个Git仓库。虽然可在IDE上执行所有的Git操作，但如果同时能在命令行中操作肯定好处多多。下面的例子显示怎样初始化一个新的Git仓库：

```
$ git init <path to project directory>
Initialized empty Git repository in <path to project directory>./git
```

当为项目设立好Git仓库后就可以添加提交修改了。通常，在IDE中执行这些操作，如有必要也可以在命令行中执行添加和提交命令。如果对Git不熟，建议在开始使用它前先学习相关的教程。

Git让开发团队在相同的源代码上一起工作变得非常强大。开发团队应该设立一个远程Git仓库，所有成员都可以从中同步代码修改。最简单的方式是建立一个gitolite服务器，这是一个提供远程访问Git仓库的专用服务器。或者使用像GitHub这种现成的托管解决方案来访问远程Git仓库。

Gitolite允许开发者设置自己的Git仓库托管服务器，并且能定义各种访问控制机制。如果需要对源代码有完全的控制，或者不想在公司网络以外的地方存储源代码，gitolite会是最好的选择。

> 可从http://gitolite.com/gitolite上找到 gitolite 的文档并下载。http://gitolite.com/gitolite/qi.html上有一篇优秀的快速安装指南。

GitHub使用Git为开发项目提供基于Web的托管服务。针对个人和企业提供免费和付费的在线服务。GitHub的一个强大功能是，它为互联网上的开发者提供了一个与他人共享代码的简单方法。如果想在办公室以外的地方访问中央仓库或者想将代码开源，那么GitHub是一个不错的选择。

> 更多关于 GitHub 的内容，请阅读http://github.com。

无论项目大小，使用版本控制都非常重要。即使只是一个小的原型应用或者测试程序，创建Git仓库仍是一个不错的做法。如果能够追踪代码历史，开发者不仅可以有效地追踪修改记录，还能理解某个修改发生的原因，因为每条提交都包含一个描述信息。新建一个项目后花点时间为它建立版本控制，这样做将使开发者获益匪浅。

许多软件开发者会发现另一个和版本控制相关的实用"工具"：也就是说，借用两双眼睛而不是一双对代码进行审查，因为开发者单独工作很容易漏掉自己的错误。这就是为什么代码审查对改善代码质量是一个很强大的技术。代码审查的一个问题是它比较耗费精力。幸好已经有非常优秀的工具支持代码审查，Gerrit便是其中的佼佼者。

Gerrit有两个主要优点，一是完美集成Git，二是完全基于Web。Android开源项目同样使用Gerrit作为代码审查工具。Gerrit的基本原理是，开发者把修改提交到主仓库，在将这些修改合并到主分支之前，Gerrit给每个"订阅"该修改的项目成员发送一个消息，告诉他们有新的代码需要审查。审查者接下来就可以比较当前修改和之前的提交，然后为这次修改打分，并对修改进行

1

评论，指出某些地方需要继续修改还是修改完全合适。如果还要对刚才的提交进行修改，代码的作者可继续推送一个更新，Gerrit会跟踪它。如果一切都没问题并且审查通过，这个修改就会被推送到主分支，所有的开发者都可以获取它。

> 更多关于 Gerrit 的内容以及下载 Gerrit 服务器，请访问https://code.google.com/p/gerrit。

当多个开发者协同工作时，用Gerrit进行代码审查非常强大，因为它支持分布式审查。审查者没有必要坐在开发者跟前提问或者给出反馈，工具可以代劳。初看，这个额外的工具将给项目增加不必要的开销，但是经常做代码审查工作的开发人员都知道它能极大地提升代码质量。图1-2显示了Gerrit的用户界面。

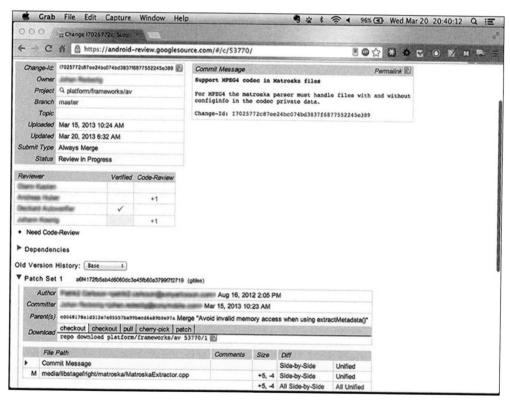

图1-2　Gerrit代码审查工具的Web界面

1.5　熟练使用 IDE

2013年5月谷歌在开发者大会上发布了一款名为Android Studio的IDE。它是在IntelliJ IDEA（社区版）的开源版本的基础上进行开发的。之所以从Eclipse切换到IntelliJ IDEA是因为在Eclipse上

开发Android插件太过复杂。Intellij IDEA提供了一个更为优秀的开发平台，允许谷歌的Android
工具开发团队把开发体验提升到一个新的水平，因为不像Eclipse只是提供一个插件，它能直接把
Android工具集成进来。

本节将介绍Android Studio支持的三个实用功能：调试、静态代码分析和重构。虽然Intellij
IDEA和Eclipse都提供了这些功能，但是很多开发者，包括一些经验丰富的开发人员，还不能充
分利用它们。在IDE中熟练使用这些功能可以更高效地开发出高质量的代码。

1.5.1　调试 Android 应用

开发者使用调试功能更精确地控制应用程序的执行。可以设置断点来暂停执行并且检查应用
程序的各种状态。当查找bug源或者需要仔细检查应用程序的运行情况时，调试会变得非常有用。
IDE内置了调试功能，并提供了一个简单的用户界面供开发者单步执行代码、检查变量，甚至改
变变量的值。

可以使用Android SDK调试设备上的Android应用。IDE会连接运行在设备上的调试服务
（adb），从而连接到运行应用程序的Dalvik虚拟机（VM）。该过程基本上和从IDE运行应用一样。

图1-3显示了在Android Studio中打开的Android SDK示例应用程序。可以看到，我在代码中设
置了断点并且在IDE中启动了调试。该图显示了IDE执行到断点的情况。

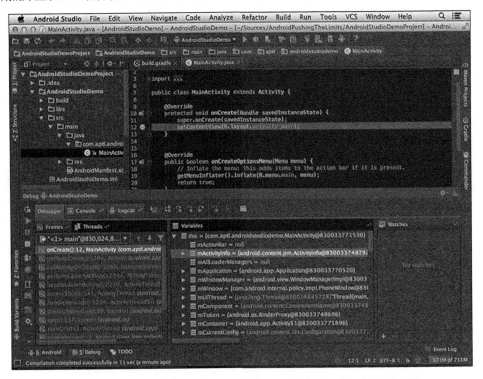

图1-3　当在Android Studio中调试示例应用时，应用程序运行到断点处

当达到断点处时，可以检查此时的应用程序状态。所有作用域中的变量都会显示在IDE的调试视图中。调试应用程序时，可以改变当前作用域中的变量值，而不用重新启动应用程序并修改代码中的赋值，这对测试不同输入值下应用程序的运行情况非常有用。比如，如果应用程序从传感器读取输入而开发者又不能控制传感器的输出，那么在读取传感器数据的代码处设置断点在开发过程中会是一个强大的工具。

Android Studio强大的调试工具不仅允许开发者改变变量的值，还能在当前作用域执行任意代码，如图1-4所示。这对于执行需要在断点处临时注入几行代码的高级检查特别有用。

图1-4　在Android Stuido中执行代码求值工具

注意，使用调试器并不能代替为应用程序编写测试。

1.5.2　使用 lint 做静态代码分析

即使是最好的程序员也会在写代码时犯错，多年来已经发展出多种处理这个问题的方法。编写单元测试已被证明是非常有效的方法，笔者强烈推荐所有的开发者使用。然而，即使是很细心编写的单元测试，也很难覆盖所有可能的状况，这就是为什么需要用其他方式来补充单元测试，比如静态代码分析。幸好谷歌已向Android SDK中加入了lint工具来处理这类情况。

　　lint工具会检查项目中的源文件，包括XML和Java。它还会查找缺失的元素、结构不良的代码、未被使用的变量等。在IDE中，高亮显示的区域（如图1-5所示）表示有代码要修正。将光标放在这些高亮处会显示更多的细节，在某些情况下可以执行"快速修复"命令来纠正这些问题。

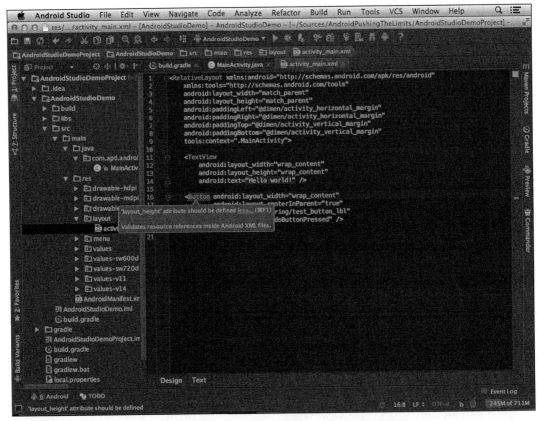

图1-5   Android Studio高亮显示缺少属性的XML布局文件

　　虽然lint是一个强大的工具，但是它可能误把正确的代码显示成警告。声明未使用的方法或者AndroidManifest文件缺少推荐属性都可能导致lint生成警告，这种情况可能会很恼人，特别是多个开发者开发一个项目时。这时，不管lint的行为，主动抑制某段代码的警告，从而表示一切正常是个不错的想法。

　　Java和XML源文件都可以抑制lint警告。对于Java，可以使用@SuppressLint注解，把需要抑制的警告当做参数，如图1-6所示。

　　在XML文件中，需要引入lint命名空间，并且在需要抑制警告的地方添加tools: ignore="WarningName"（其中WarningName是需要抑制的警告，如图1-7所示）。

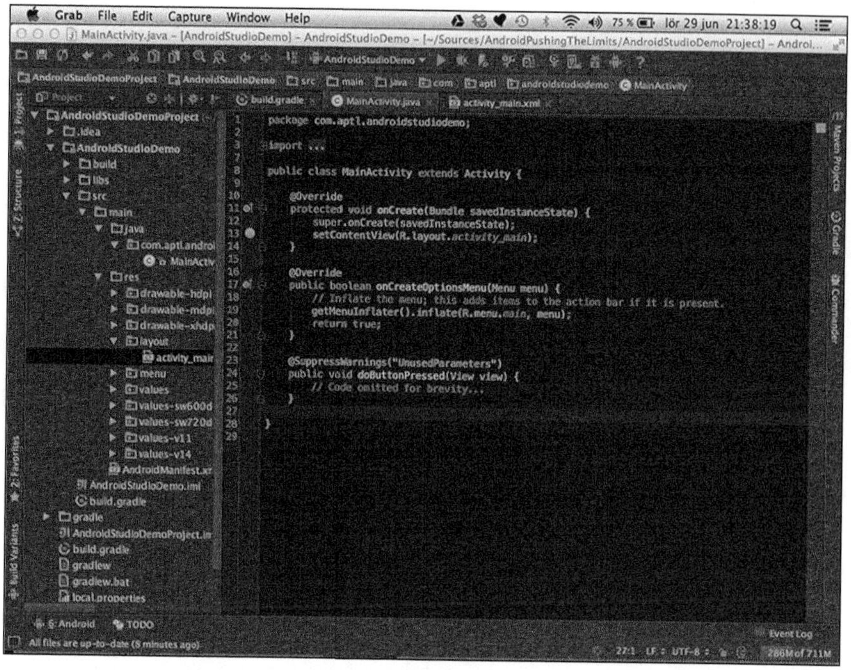

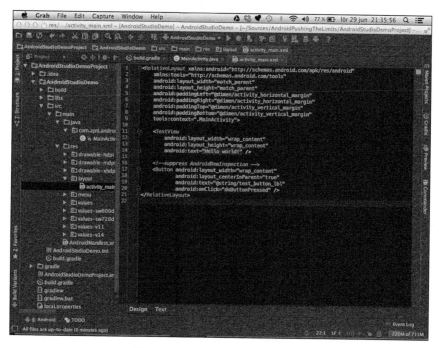

图1-6　在Java源码中抑制警告

图1-7　在XML源文件中抑制警告

请记住，lint的警告是有目的的。它们会指示潜在的bug区域，所以确保仔细考虑是否真的需要抑制这些警告。通常最好是保留它们而不是删掉，以便提醒开发者稍后处理。

1.5.3　重构代码

写代码时，很少一下子就能写出完善的代码。开发者会不断调整方法、变量、类的结构和名称。如果项目中的类不断增加，还会把它们移到一个单独的包中。随着代码越写越多，开发者可能会突然意识到已在某些地方写过类似的代码。

如果在多处引用一些代码，修改它们会是一个很复杂的过程。要给某个方法添加一个参数，就需要找到所有使用它的地方，然后一个个更新。如果手动处理，这个过程会非常复杂，而且很容易出错。所幸IDE内置了重构功能，这会让修改代码变得容易，还能消除引入bug的风险。

IDE内置了多种重构任务。重构涉及像命名，以及移动变量、方法、类、包这类简单的工作，也涉及大量复杂操作，比如修改方法的签名，封装字段，替换重复代码，以委托取代继承。本节接下来会介绍一些最常用的重构任务。

要在Android Studio中使用重构，将光标放在需要修改的代码处，然后从Refactor菜单中选择重构任务。

1. 提取常量

编写代码过程中很容易忽略一些从长远看来非常有益的最佳实践。一个常见的例子是，直接在代码中编写常量值（也就是说，使用实际的值而不是变量）而不是声明一个常量变量（声明为 `public static final` 的变量）。问题是，要修改这个值就需要找到所有使用它的地方，然后用常量名进行替换。这就是Extract Constant（提取常量）重构任务要做的事情。如图1-8所示，这个功能允许使用一个新定义的常量快速正确地替换所有该值出现的地方。

2. 修改方法签名

方法签名定义了方法的访问修饰符（`private`、`protected`、`package local`或者`public`）、返回类型、名称、参数。如果要为某个常用的方法添加一个额外的参数，在项目中所有引用它的地方做出正确的修改可能很复杂。图1-9显示了如何修改方法签名的各个部分以及代码中所有引用它的地方。

3. 从代码块中提取方法

保持方法体较小是一种最佳实践，这样可以使代码更可读并允许更有效的代码重用。当方法体变得越来越大，可以标记一个代码块然后执行Extract Method（抽取方法）重构任务，如图1-10所示。此后，如果需要的话，还可以执行Change Method Signature（修改方法签名）重构任务，以便让方法更加通用和更易重用。

IDE还能提供更多的重构选项。建议熟悉所有这些选项，因为它们可以让开发者变得更富有成效。更多关于Android Studio（基于Intellij IDEA）的重构选项，可访问http://www.jetbrains.com/idea/features/refactoring.html，里面有较全面的重构工具指南。

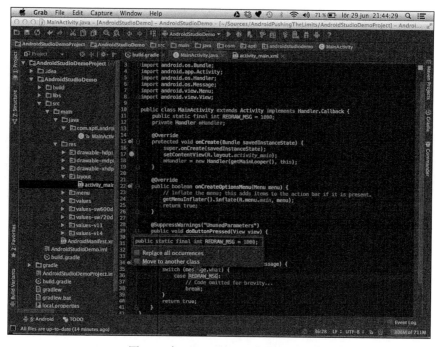

图1-8　在Android Studio中抽取常量

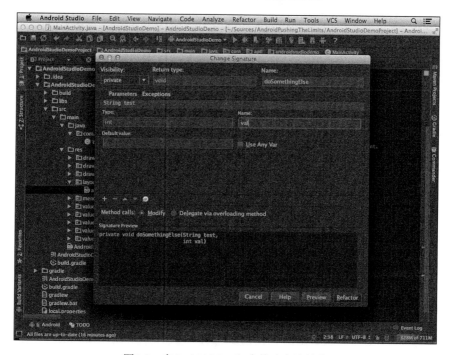

图1-9　在Android Studio中修改方法签名

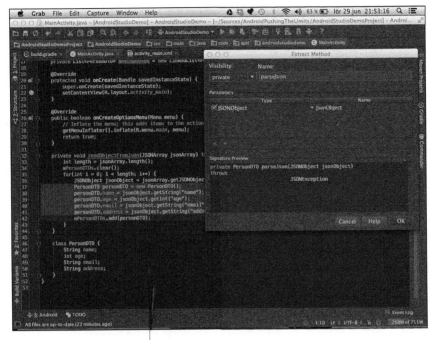

图1-10   在Android Studio中抽取代码块到一个单独的方法

1.6 Android 设备上的 Developer 选项

在Android设备的Settings（设置）应用程序中，可找到Developer（开发者）菜单。不同Android版本的Developer菜单可能会不同。此外，一些设备制造商可能在Developer菜单中添加它们自己的设置项。这一节将介绍Nexus手机Android 4.2 Developer菜单中最重要的细节。

从Android 4.2开始，谷歌默认隐藏了Developer菜单，这纯粹是出于安全原因：如果误打开Developer菜单可能会产生一些严重的安全问题。下面介绍如何在Android 4.2及后续版本中打开Developer选项。

(1) 打开Settings应用。

(2) 往下滚动选项列表，点击列表底部的About Phone（关于手机）选项。

(3) 找到标有Build Number（构建号）的列表项，然后点击该选项7次。

这时会出现一个提示消息You're Now a Developer（已打开开发者模式），Developer Options（开发者选项）菜单就会出现在Settings列表里。

了解 Developer Settings

在Developer Option（开发者选项）菜单里（如图1-11所示），可以发现很多初看让人困惑的选项。虽然在某些情况下它们都很有用，但是本书只介绍那些对应用开发者最有用的部分。

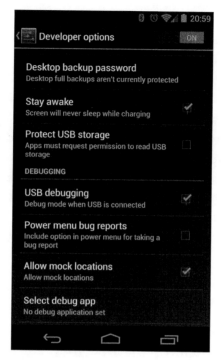

图1-11　Nexus 4手机运行Android 4.2的Developer Option菜单

　　你要启用的第一个选项是Stay Awake（不锁定屏幕），该选项可以在设备充电时防止屏幕锁屏，当然，需要用USB线和电脑连接。这样就不需要每次运行应用程序都解锁设备，从而免去好多麻烦。

　　再往下是Debugging选项，其中包括开发者需要了解的多个实用选项。第一个要启用的是USB debugging，不启用该选项就不能使用adb连接设备和开发环境。如果要开发谷歌地图或者位置相关的API，就要启用Allow Mock Locations，这样无需走遍全世界就可以测试不同位置的参数。

　　在输入选项下有两个设置项：Show Touches（显示触摸操作）和Pointer Location（指针位置），它们对编写需要手势或者多点触控界面等高级触摸输入的应用会很有用。

　　Drawing（绘图）选项包含一些可以让开发者获取视图反馈的设置项，比如用户界面的布局以及重绘的速度和频率。可以为动画和过渡效果设置缩放参数，也可以在调试时完全禁用它们。Android 4.2的一个新选项是允许模拟辅助显示屏。随着Android 4.2中多显示屏的引入，这个功能让开发多显示屏应用变得很容易，而不需要把设备连到一个真实的辅助显示屏上。相反，Android系统会在标准用户界面的顶部描绘一个浮层来模拟辅助显示屏。

　　在Monitoring（监控）选项下，有些设置项对确保设备流畅运行非常有用。大部分开发者通常都配备了最新的高端智能手机。然而，大多数普通用户还在使用CPU和内存没那么强大的老设备。如果开发者不细心，那些在高端设备上运行良好的应用，在一些老设备上运行可能会变得很慢，甚至会弹出可怕的应用程序无响应（Application Not Responding，ANR）消息。Monitoring

下的这些选项可以帮助开发者更早地定位这些问题。勾选Strict Mode Enabled（严格检查模式），在主线程执行一个很耗时的操作时设备屏幕会闪烁。Show CPU Usage（显示CPU使用情况）对跟踪应用程序的CPU使用率很有用。你可以将自己创建的应用和同一设备上其他应用的这一项对比，看看谁做得更好。与其他同类应用或者流行的应用比较性能是个很好的做法。

在最后的Apps部分，一共有三个选项，它们在模拟使用较差CPU和低内存的设备行为时也非常有用。Don't Keep Activities（不保留活动）选项可确保每次启动Activity都重新创建。Android的默认行为是尽可能地保持Activity处于活动状态，以便能更快速地启动它们。只有在设备内存不足时，系统才会完全删除Activity（也就是销毁）。通过勾选这个选项，开发者可以模拟应用程序运行在内存少得多的设备上表现如何。通过修改Background Process Limit（后台进程限制）选项更早地结束后台操作可更进一步模拟这种行为。

最后，建议所有开发者勾选Show All ANRs（显示所有ANR）选项，当应用程序在后台崩溃时，它会变得更加明显。通常，只有当前在前台运行的应用程序才会显示ANR。

1.7   小结

本章介绍了Android SDK，一些adb工具的隐藏功能，如何用Monkey工具对应用做压力测试，如何用ProGuard工具混淆代码，以及新的Gradle构建系统是如何工作的。接下来介绍了如何创建Android库项目，如何在Android应用程序中集成第三方库。

因为在开发中使用Git作为源码管理系统在今天非常普遍，本章同样介绍了如何结合Git的各种服务来让团队协作变得更容易。

新版的Android Studio IDE包含了一些很多开发者很少使用的高级特性。通过了解和掌握IDE中的重构功能，开发者可以简化代码的组织。它同样能帮助简化现有代码而不引入新bug。

最后，介绍了Android Developer选项中一些比较重要的细节。最好对这些选项如何工作以及如何帮助开发、调试、测试应用有一个完整的理解。不过，别忘了关掉这些选项进行测试，确保应用程序在没有这些选项的情况下也能像在普通用户的设备上一样正常运行。

不管开发什么样的应用或服务，开发软件不仅仅是编写代码。对Android来说，掌握这些工具和编写高质量代码一样重要。因为如果能够充分使用这些工具，编写代码会变得很容易，而且更不易出错。

1.8   延伸阅读

1. 图书

❑ Loeliger, Jon, and Matthew McCullough. *Version Control with Git*. O'Reilly Media, Inc., 2012

2. 网站

❑ Android Developer官网上的Android开发资源：http://developer.android.com

❑ Gradle构建系统：http://www.gradle.org

第 2 章

在Android上编写高效的 Java代码

2

Java平台一般有三个版本：Java ME（微型版，用于某些手机）、Java SE（标准版，用于台式电脑）、Java EE（企业版，用于服务器端应用）。在谈到Java时，本书通常是指Java SE，因为只有这个版本包含虚拟机和编译器。

首先，Java代码会被编译成称为**字节码**的中间格式。当字节码在目标电脑上运行时，虚拟机会快速将它解析成目标电脑硬件和操作系统所需要的本机格式。

除了为开发者提供"一次编写，到处运行"的优势，Java还能通过垃圾回收器（GC）实现自动内存管理，开发者可免去手动在代码中释放无用对象的内存。虽然这个功能非常有用，且大大降低了在代码中引入内存问题的风险，但是它会增加运行时的开销，因为需要不停地执行垃圾回收进程。

本章开头将比较Java SE和用于Android开发的Java之间的差异。首先我会介绍开发者习惯的Java SE语言结构以及它们是如何在Android上运行的。其次，我会介绍如何优化Android中的Java代码，如何优化内存分配，以及如何恰当地处理多线程。

2.1 比较 Android 上的 Dalvik Java 和 Java SE

虽然远在Android出现之前，开发者就能用Java编程语言为移动设备编写应用程序，但它只是Java中功能极为有限的一个版本，称为Java ME（微型版）。不同的移动设备还需编写不同的代码，因此，写一个应用程序就能在支持Java ME的任何手机上运行是几乎不可能的。此外，由于当时不存在很好的在线商店，应用发布过程极其复杂。

Android的问世为开发者提供了构建智能手机强大应用的机会，开发者只需用Java编程语言以及他们熟知的标准Java API编写代码。然而，尽管Android开发者仍使用Java SE编译器来编译应用程序，你会发现，James Gosling开发的Java和Android设备上的Java存在许多不同之处。

在Android设备上运行的VM（虚拟机）称为Dalvik。它最初由谷歌的Dan Bornstein开发，适用于CPU和内存受限的移动设备。Java SE和Dalvik Java存在一些差异，主要体现在虚拟机上。Java SE使用了栈机设计，而Dalvik被设计成了基于寄存器的机器。Android SDK中有一个dx工具，它会把Java SE栈机器的字节码转换成基于寄存器的Dalvik机器字节码，该转换步骤由IDE自动完成。

基于栈的虚拟机和基于寄存器的虚拟机的定义以及差异将不列入本书的讨论范围。由于历史原因，Android使用基于寄存器的虚拟机。虽然基于寄存器的虚拟机最多可以比基于栈的虚拟机快32%，但这只限于执行时解释字节码的虚拟机（也就是说，解释型虚拟机）。在Android 2.2版本（也称为Froyo）之前，Dalvik虚拟机都是纯解释型的。Froyo版本引入了JIT编译器（即时编译），这是Java SE很早就有的一个优势。

JIT编译，也称为**动态翻译**。它在执行前把字节码翻译成本机代码（如图 2-1所示），这样主要有两个好处。首先，它消除了那些纯解释型虚拟机的开销；其次，它能对本机代码执行优化，这通常是静态编译代码无法做到的。例如，JIT编译器可以在它运行的CPU上选择最合适的优化，也可以根据应用程序的输入来分析代码是如何运行的，以便进行下一步的优化。

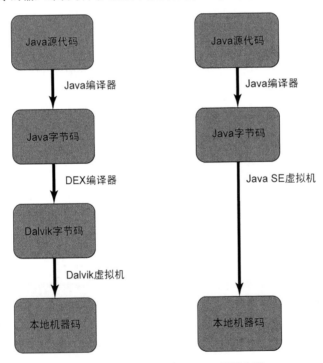

图2-1　Android Java和Java SE翻译步骤

虽然Android的Dalvik JIT编译器有很大的发展前景，但要达到如Java SE的JIT编译器般稳定、成熟度尚需很长一段时间。不过，Dalvik JIT的出现为Android提供了巨大的性能优势，而且它也在不断得以改善。

JAVA SE虚拟机和Dalvik虚拟机的另一个区别是，后者进行了优化，可运行在同一个机器上的多个实例中。它在开机时会启动一个叫做zygote的进程，该进程会创建第一个Dalvik实例，由这个实例创建所有其他的实例。当应用程序启动时，zygote进程会收到一个创建新虚拟机实例的请求，并给该应用程序创建一个新进程（如图2-2所示）。如果开发者已习惯于Java SE开发，这样的设计可能看起来不切实际，但它有一个很大的优势，可以避免由一个应用程序运行失败导致Dalvik虚拟机崩溃，继而引发多应用程序崩溃。

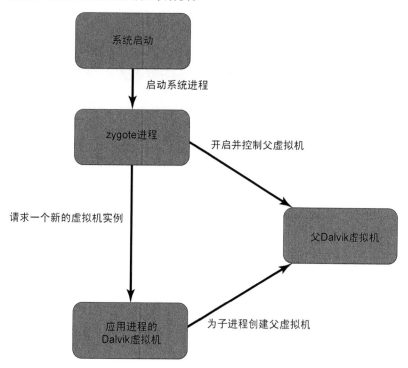

图2-2　在Android中启动新Dalvik虚拟机实例

　　Android和Java SE除了运行的虚拟机不同之外，它们实现API的方式也不一样。Android中属于java和javax包中的API都来自Apache Harmony（这是一个开源项目，旨在重新实现Java SE软件栈，该项目从2011年11月不再维护）。在开发方面，这些API和Java SE包中的类似，但也存在一些差别。例如，谷歌对HttpUrlConnection类进行了Java SE版本中所没有的重大升级。

　　此外，Android平台移除了Java SE中无关的API。例如，Swing/AWT包被完全移除，因为Android使用不同的UI框架。其他被移除的API还有RMI、CORBA、ImageIO和JMX。它们或者被替换为特定的Android版本（在android包空间内），或者因为一些实际原因根本不存在。

2.2　优化 Android 上的 Java 代码

　　经过多年的改进，Java SE具备了一些简化编写复杂代码结构的新特性。其中的一些特性会让整个流程变得更简单，但开发者需要了解何时以及如何正确地使用它们。另外，由于Java SE大多用于服务器端开发（使用Java企业版的API），因而开发人员专门对服务器端Java代码进行了优化。注解和 Java 虚拟机对脚本语言的支持就是对服务器端开发进行优化的例证。虽然这些工具在构建后端开发时很强大，但在开发 Android 客户端代码时，这些特性的作用很小，甚至起反作用。Java 开发者已经习惯于无限量的 RAM 和 CPU，而 Android 开发需要密切关注性能和内存分配。简单地说，开发者需要使用稍微不同的方法对待 Android 和后端的开发。

然而，随着 Android 的首次发布，情况有所改变。曾经一些在 Android 上尽量不用的 Java 规范重新被推荐，这主要因为 Android 目前的 JIT 编译器解决了这些规范导致的性能问题。

这一节将讨论编写 Android 应用程序需要了解的 Java 代码。本书不会深究 Java 编程语言的细节，而是重点关注对 Android 开发重要的东西。不过，开发者仍需了解，大多数适用于 Java SE 的规则和建议同样适用于 Android 和 Dalvik 虚拟机。

2.2.1　Android 上的类型安全枚举

Java SE 5.0 新增了许多方便开发者的新特性。其中最值得期待的是引入了**类型安全枚举**。枚举在代码中用来表示属于某一组的几个选择。在早期版本的 Java 中，可以用多个整型常量解决这个问题。虽然这在技术上可行，但是很容易出错。请看下面的代码：

```
public class Machine {
    public static final int STOPPED = 10;
    public static final int INITIALIZING = 20;
    public static final int STARTING = 30;
    public static final int RUNNING = 40;
    public static final int STOPPING = 50;
    public static final int CRASHED = 60;
    private int mState;

    public Machine() {
        mState = STOPPED;
    }

    public int getState() {
        return mState;
    }

    public void setState(int state) {
        mState = state;
    }
}
```

问题是，虽然这些常量是期望的，但是没有机制保证 setState() 方法接收不同的值。如果要在设置方法中添加检查，那么一旦得到的是非预期值，开发者就需要处理错误。开发者所需要的是在编译时检查非法赋值。类型安全的枚举解决了这个问题，如下所示：

```
public class Machine {
    public enum State {
        STOPPED, INITIALIZING, STARTING, RUNNING, STOPPING, CRASHED
    }
    private State mState;
```

```
    public Machine() {
        mState = State.STOPPED;
    }

    public State getState() {
        return mState;
    }

    public void setState(State state) {
        mState = state;
    }
}
```

注意在声明不同类型安全值的地方新加的内部枚举类。这在编译时就会解决非法赋值的问题，所以代码更不容易出错。

如果Dalvik虚拟机还没有JIT编译器优化代码，不建议在Android平台上使用枚举类型，因为和使用整型常量相比，这种设计带来的内存和性能损失更大。这就是为什么在一些老版本的Android API中还存在如此多的整型常量的原因。如今有了更强的JIT编译器以及一个不断改进的Dalvik虚拟机，开发者不必再担心这个问题，放心大胆地使用类型安全枚举即可。

然而，仍然存在一些情况使用整型常量是更好的选择。像int这样的Java基本类型，不会增加GC的开销。此外，Android SDK中许多已有的API仍然依赖基本类型，比如2.4节描述的Handler类——在这种情况下，你没有太多的选择。

2.2.2 Android 中增强版的 for 循环

Java SE 5.0还引入了增强版的for循环，提供了一个通用的缩写表达式来遍历集合和数组。首先，比较以下五种方法：

```
void loopOne(String[] names) {
    int size = names.length;
    for (int i = 0; i < size; i++) {
        printName(names[i]);
    }
}

void loopTwo(String[] names) {
    for (String name : names) {
        printName(name);
    }
}

void loopThree(Collection<String> names) {
    for (String name : names) {
        printName(name);
    }
}
```

```
void loopFour(Collection<String> names) {
    Iterator<String> iterator = names.iterator();
    while (iterator.hasNext()) {
        printName(iterator.next());
    }
}

// 不要在ArrayList上使用增强版的for循环
void loopFive(ArrayList<String> names) {
    int size = names.size();
    for (int i = 0; i < size; i++) {
        printName(names.get(i));
    }
}
```

上面显示了四种不同遍历集合和数组的方式。前面两种有着相同的性能，所以如果只是读取元素的话，可以放心地对数组使用增强版for循环。对Collection对象来说，增强版for循环和使用迭代器遍历元素有着相同的性能。ArrayList对象应避免使用增强版for循环。

如果不仅需要遍历元素，而且需要元素的位置，就一定要使用数组或者ArrayList，因为所有其他Collection类在这些情况下会更慢。

一般情况下，如果在读取元素几乎不变的数据集时对性能要求很高，建议使用常规数组。然而，数组的大小固定，添加数据会影响性能，所以编写代码时要考虑所有因素。

2.2.3　队列、同步和锁

通常情况下，应用程序会在一个线程中生产数据，在另一个线程中使用它们。常见的例子是在一个线程中获取网络上的数据，在另一个线程（操作UI的主线程）中把这些数据展现给用户。这种模式称为**生产者/消费者**模式，在面向对象编程课程中，开发者用算法来实现该模式可能要花上几个小时。本节会介绍一些简化生产者/消费者模式实现的现成类。

1. 更智能的队列

虽然已有现成的类并能用更少的代码实现该功能，但许多Java开发者仍然选择使用LinkedList以及同步块实现队列功能。开发者可在java.util.concurrent包中找到同步相关的类。此外，本包还包含信号量、锁以及对单个变量进行原子操作的类。考虑下面使用标准的LinkedList实现线程安全队列的代码。

```
public class ThreadSafeQueue {
    private LinkedList<String> mList = new LinkedList<String>();
    private final Object mLock = new Object();

    public void offer(String value) {
        synchronized (mLock) {
            mList.offer(value);
            mLock.notifyAll();
        }
    }
```

```
public synchronized String poll() {
    synchronized (mLock) {
        while(mList.isEmpty()) {
            try {
                mLock.wait();
            } catch (InterruptedException e) {
                // 简洁起见忽略异常处理
            }
        }
        return mList.poll();
    }
}
```

虽然这段代码是正确的，并有可能在考试中得满分，但实现和测试这样一段代码只是在浪费时间。实际上，所有前面的代码可用下面一行代替。

```
LinkedBlockingQueue<String> blockingQueue =
        new LinkedBlockingQueue<String>();
```

上面的一行代码能像前面的例子一样提供相同类型的阻塞队列，甚至能提供额外的线程安全操作。java.util.concurrent包含许多可选的队列以及并发映射类，所以，一般情况下，建议使用它们，而不是像之前的示例那样使用更多代码。

2. 更智能的锁

Java提供的synchronized关键字允许开发者创建线程安全的方法和代码块。synchronized关键字易于使用，也很容易滥用，对性能造成负面影响。当需要区分读数据和写数据时，synchronized关键字并不是最有效的。幸好，java.util.concurrent.locks包中的工具类对这种情况提供了很好的支持。

```
public class ReadWriteLockDemo {
    private final ReentrantReadWriteLock mLock;
    private String mName;
    private int mAge;
    private String mAddress;

    public ReadWriteLockDemo() {
        mLock = new ReentrantReadWriteLock();
    }

    public void setPersonData(String name, int age, String address) {
        ReentrantReadWriteLock.WriteLock writeLock = mLock.writeLock();
        try {
            writeLock.lock();
            mName = name;
            mAge = age;
            mAddress = address;
        } finally {
            writeLock.unlock();
        }
    }
```

```
public String getName() {
    ReentrantReadWriteLock.ReadLock readLock = mLock.readLock();
    try {
        readLock.lock();
        return mName;
    } finally {
        readLock.unlock();
    }
}

// 重复代码不再赘述
}
```

上面的代码展示了在什么地方使用ReentrantReadWriteLock，它允许多个并发线程对数据进行只读访问，并确保同一时间只有一个线程写入相同的数据。

在代码中使用synchronized关键字仍然是处理锁问题的有效方法，但无论何种情况下，都要考虑ReentrantReadWriteLock是否是更有效的解决方案。

2.3 管理和分配内存

Java中的自动内存管理有效消除了软件开发过程中许多最常见的问题。当不再需要记住为每个新建的对象释放内存时，开发者可以用省下的时间改善功能以及软件的整体质量。

但需要为这个功能付出代价，因为自动垃圾回收器会和应用程序并行运行。垃圾回收器会一直运行，并检查是否有可以回收的内存。这种行为意味着应用程序进程会和垃圾回收器竞争CPU时间，所以至关重要的一点是，确保垃圾回收器不管何时运行都不会占用太长时间。

此外，自动内存管理并不能保证不会有内存泄漏。如果引用了不再需要的对象，垃圾回收器不会收集它们，这将导致内存的浪费。如果一直分配对象，但从不释放，最终会导致OutOfMemory异常，应用程序也会崩溃。所以，要尽量避免在Android的主要组件中引用对象，否则，这些对象在应用程序的生命周期中可能永远不会被"垃圾回收"。

减少对象分配

Java和Android中，自动内存管理最常见的问题是分配了无用的对象，导致垃圾回收器一直运行。考虑一种情况，一个代表一对整数的简单类：

```
public final class Pair {
    public int firstValue;
    public int secondValue;

    public Pair(int firstValue, int secondValue) {
        this.firstValue = firstValue;
        this.secondValue = secondValue;
    }
}
```

现在，假如在应用程序中接收了一个整数数组，把它们进行分组，然后使用sendPair方法。

下面是一个内存分配做得很差的例子：

```java
public void badObjectAllocationExample(int[] pairs) {
    if(pairs.length % 2 != 0) {
        throw new IllegalArgumentException("Bad array size!");
    }
    for(int i = 0; i < pairs.length; i+=2) {
        Pair pair = new Pair(pairs[i], pairs[i+1]);
        sendPair(pair);
    }
}
```

虽然这是个展示如何生成Pair对象的简单粗糙的例子（如果数组的大小是奇数的话可能会引起崩溃），但它说明了一个很常见的错误：在循环中分配对象。在上面的循环中，垃圾回收器将会做很多工作，并很可能耗尽CPU从而导致应用程序用户界面卡顿。如果开发者知道sendPair方法返回时并不会持有Pair对象的引用，那么解决方案很简单，在循环外创建Pair对象并重用，如下所示：

```java
public void betterObjectAllocationExample(int[] pairs) {
    if(pairs.length % 2 != 0) {
        throw new IllegalArgumentException ("Bad array size!");
    }
    Point thePair = new Point(0,0);
    for (int i = 0; i < pairs.length; i+=2) {
        thePair.set(pairs [i], pairs [i+1]);
        sendPair(thePair);
    }
}
```

新版的方法确保了在整个运行过程中一直重用该对象。当方法返回时，只会有一次垃圾回收。请记住，应尽可能避免在循环中分配对象。

然而有时候无法避免在循环中创建对象，所以还需要采用某种方法处理这种情况。本书的解决方案是使用一个**静态工厂方法**按需分配对象，Joshua Bloch在《Effective Java中文版》一书的第一条中详细地描述了该方法。

这种方法在Android框架和API中很常见，它允许开发者使用一个按需填充的对象缓存。唯一的缺点是需要手动回收这些对象，否则缓存会一直是空的。

基于前面的例子，通过重构Pair类来使用一个简单的对象池重用对象。

```java
public final class Pair {
    public int firstValue;
    public int secondValue;

    // 引用对象池中的下一个对象
    private Pair next;

    // 同步锁
    private static final Object sPoolSync = new Object();
    // 对象池中第一个可用的对象
    private static Pair sPool;
```

```
private static int sPoolSize = 0;
private static final int MAX_POOL_SIZE = 50;

/**
 * 只能用obtain()方法获取对象
 */
private Pair() { }

/**
 * 返回回收的对象或者当对象池为空时创建一个新对象
 */
public static Pair obtain() {
    synchronized (sPoolSync) {
        if (sPool != null) {
            Pair m = sPool;
            sPool = m.next;
            m.next = null;
            sPoolSize--;
            return m;
        }
    }
    return new Pair();
}

/**
 * 回收该对象。调用该方法后需要释放所有对该实例的引用
 */
public void recycle() {
    synchronized (sPoolSync) {
        if (sPoolSize < MAX_POOL_SIZE) {
            next = sPool;
            sPool = this;
            sPoolSize++;
        }
    }
}
```

注意，本例增加了多个字段，有静态的也有非静态的。可使用这些字段实现传统的Pair对象链表。只能通过obtain方法创建该类的对象。通过使用私有构造函数来防止在类外面创建对象。obtain方法首先会检查对象池中是否包含任何存在的对象，并删除列表中的第一个元素然后返回它。如果对象池为空，obtain方法会创建一个新的对象。要把对象重新放回池中，需要在使用完该对象时，对它调用recycle方法。这时，不能再有对该对象的引用。

修改Pair类后，之前的循环方法也需要修改。

```
public void bestObjectAllocationExample(int[] pairs) {
    if(pairs.length % 2 != 0) throw new IllegalArgumentException ("Bad array size!");

    for (int i = 0; i < pairs.length; i+=2) {
        Pair pair = Pair.obtain();
        pair.firstValue = pairs[i];
        pair.secondValue = pairs[i+1];
```

```
                  sendPair(pair);
                  pair.recycle();
              }
          }
```

　　第一次运行这个方法会创建一个新的`Pair`实例，接下来的每次迭代会重用改对象。不过，下次再运行该方法时，不会再创建新的对象。另外，由于`obtain`和`recycle`是线程安全的，可以在多个并发线程中安全地使用这两个方法。唯一的缺点是，必须记住要手动调用`recycle`方法，不过这是一个很小的代价。这样就只会在应用退出时才会对`Pair`类进行垃圾回收。

　　`Pair`类的例子很琐碎，但是它描述了一个模式能明显减少类的创建。这个设计可能看起来很熟悉，因为它出现在Android源代码和API的多个地方。一些经常使用的类，比如`Message`、`MotionEvent`以及`Parcel`都通过实现这个模式来减少不必要的垃圾回收。之前的`Pair`类基本上就是复制`Message`类的实现。使用这种方法时记得在使用完对象后调用`recycle`方法，否则对象池将一直是空的。

2.4　Android 中的多线程

　　编程中最难的部分之一编写在多个线程中执行的代码。这是对当今应用的一个要求，因为不可能只在一个线程中按顺序执行所有代码。Android应用程序从主线程开始运行，也称为UI线程（本书UI线程和主线程含义相同）。除非启动另一个线程或者通过隐式调用函数来启动一个线程，否则所有在Android应用中的操作都会运行在主线程中。这意味着，如果在主线程执行很耗时的操作（比如在`onResume`中运行代码），所有的绘制以及输入事件将被阻塞，直到该操作完成。所以，编写代码时首选需要牢记的是：确保永远不要阻塞主线程。

　　但是怎样才能知道一个方法是否在主线程中执行？Android官方文档指出："默认情况下，应用的所有组件都运行在同一个进程和线程中（主线程）。"更具体点儿，Android组件（`Activity`、`BroadcastReceiver`、`Service`以及`Application`）的所有回调（基本上是所有的onx方法）都运行在主线程里。因此，`Service`的`onStartCommand`方法和`Activity`的`onResume`也运行在同一个线程里。需要记住的时，阻塞上面任意一个方法，都可能导致系统"杀死"应用程序。

　　只要应用程序进程还在执行，主线程会一直运行。通过使用`Looper`类，主线程会在应用程序的生命周期中一直执行。`Looper`类会在当前线程中一直查询消息队列（使用`MessageQueue`类）。对该队列的查询会被阻塞直到有新的消息进入，这能确保空闲时线程进入休眠状态。所有对主线程的操作都是通过直接使用`Handler`对象或者间接使用部分Android API（比如，`runOnUiThread`方法）往队列里发送消息完成的。可以通过`Context.getMainLooper()`来查询应用程序主线程的`Looper`对象。

　　什么样的代码在主线程中执行才是安全的？什么样的代码需要放到其他线程中？严格地讲，只有那些必须在主线程执行的方法才能放在主线程中。其他一切操作都应放在另一个单独的线程中执行。实际情况下，那些不会耗时的操作也可以放在主线程中。如果能确保在另一个单独的线程中执行文件、数据库或者网络操作，通常主线程会是安全的。另外，对于某些应用或者游戏，开发人员可能会不定期执行一些与UI无关的计算，这些操作也应该放在一个单独的线程中执行。然而，也要确保同一时间不会运行太多线程，原因是CPU切换线程也会造成性能损失。本书后面的章节会详细地介绍何时才应把代码放到一个单独的线程中。

　　在编写Android代码时如何声明和管理各种线程？接下来的章节会介绍几种创建新线程的方法，会具体解释每一种方法的细节以及它们的优缺点。

2.4.1　Thread 类

　　Thread类是Android中所有线程的基类，Java SE中也包含它。如果要在线程中执行代码，既可以创建一个具体的类（即继承自Thread的新类），也可以把实现Runnable接口的类对象传给Thread的构造函数。本书的例子使用了后者。

　　本例需要遍历Objects的数组，从而把数据"上传"到服务器（用于上传的代码不是本例的一部分）。需要在一个单独的线程中执行此操作，否则会阻塞用户界面。此外，需要通过增加ProgressBar来更新上传的进度。下面的代码显示了通过实现Runnable接口来解决这个问题：

```java
public class MyThread implements Runnable {
    private Object[] mInput;
    private Activity mActivity;
    private int mProgress = 0;

    public MyThread(Activity activity, Object ... input) {
        mActivity = activity;
        mInput = input;
    }

    @Override
    public void run() {
        mProgress = 0;
        Runnable runnable = new Runnable() {
            public void run() {
                mActivity.findViewById(R.id.progressBar).
                        setVisibility(View.VISIBLE);
                ((ProgressBar) mActivity.
                    findViewById(R.id.progressBar)).setProgress(0);
            }
        };
        mActivity.runOnUiThread(runnable);

        // 循环并处理输入
        for (Object input : mInput) {
            // 上传到服务器（用睡眠模拟）
            SystemClock.sleep(50);

            runnable = new Runnable() {
                public void run() {
                    ((ProgressBar) mActivity.
                        findViewById(R.id.progressBar)).
                            setMax(++mProgress);
                    ((ProgressBar) mActivity.
                        findViewById(R.id.progressBar)).
```

```
                    setProgress(mInput.length);
                }
            };
            mActivity.runOnUiThread(runnable);
        }


        runnable = new Runnable() {
            public void run() {
                mActivity.findViewById(R.id.progressBar).
                        setVisibility(View.INVISIBLE);
            }
        )
        };
        mActivity.runOnUiThread(runnable);

    }
}
```

从上面的例子可以看出，每次更新UI都需要创建一个新的Runnable对象。这使得代码变得很乱，而且垃圾回收器还会进行不必要的对象回收，这些都是开发者要避免的。为了在主线程中使用runOnUiThread方法更新UI，必须使用Runnable。

这种方案还有一个问题：因为只能对Thread实例调用一次start方法，所以每次执行操作都需要创建一个新的Thread对象。不断创建新的线程是非常昂贵的，本例还有改进的空间。总之，这不是一个非常灵活的方法，开发者应避免直接使用Thread类。

2.4.2　AsyncTask

AsyncTask是Android中比较流行的几个类中的一个，因为它很容易使用。它允许开发者定义一个运行在单独线程中的任务，还能在任务的不同阶段提供回调函数。这些回调函数被设计成无需使用runOnUiThread方法即可更新UI，这非常适合表示长时间运行的操作的进度。下面的示例使用AsyncTask来完成Thread例子中的功能：

```
public class MyAsyncTask extends AsyncTask<String, Integer, Integer> {
    private Activity mActivity;

    public MyAsyncTask(Activity activity) {
        mActivity = activity;
    }

    @Override
    protected void onPreExecute() {
        super.onPreExecute();
        // 下面的代码会运行在主线程中
        mActivity.findViewById(R.id.progressBar).
                setVisibility(View.VISIBLE);
        ((ProgressBar) mActivity.findViewById(R.id.progressBar)).
                setProgress(0);
    }
```

```
@Override
protected Integer doInBackground(String... inputs) {
    // 下面的代码不会运行在主线程中
    int progress = 0;

    for (String input : inputs) {
        // 把输入上传到服务器（用睡眠代替）
        SystemClock.sleep(50);
        publishProgress(++progress, inputs.length);
    }
    return progress;
}

@Override
protected void onProgressUpdate(Integer... values) {
    // 下面的代码会运行在主线程中
    ((ProgressBar) mActivity.findViewById(R.id.progressBar)).
            setMax(values[1]);
    ((ProgressBar) mActivity.findViewById(R.id.progressBar)).
            setProgress(values[0]);
}

@Override
protected void onPostExecute(Integer i) {
    super.onPostExecute(i);
    // 下面的代码会运行在主线程中
    mActivity.findViewById(R.id.progressBar).
            setVisibility(View.INVISIBLE);
}
}
```

上面的例子实现了四个回调函数，并在代码注释中表明了它们会运行在哪个线程。可以看到，onPreExecute、onProgressUpdate和onPostExecute方法都运行在主线程，所以可以安全地在这些线程中更新UI。每次触发onProgressUpdate回调函数都会调用publishProgress，这样可以更新进度条。

通过AsyncTask类，开发者可以很容易在其他线程中执行耗时的任务，也可以在需要时很方便和主线程通信。使用AsyncTask唯一的问题是该类的实例只能使用一次，这意味着每次执行操作都要新建一个MyAsyncTask对象。虽然是个轻量级的类（实际的线程是由ExecutorService管理的），但它不适合那些频繁的操作，因为这会快速聚集需要垃圾回收的对象，并最终导致应用程序界面卡顿。

此外，AsyncTask不能对操作设置执行时间，也无法间隔一段时间执行操作。它适合文件下载，以及不会频繁发生或通过用户交互等类似情况的操作。然而，由于容易实现，AsyncTask很可能是开发时首选的类。

2.4.3 Handler 类

当需要更细粒度地控制在一个单独的线程中执行操作时，Handler类会是一个很有用的工具。该类允许开发者准确地控制操作的执行时间，还可以重复多次使用它。执行操作的线程会一直运行，直到被显式地终止。Looper 类会处理幕后的事情，但开发者很少需要直接和它打交道，相反可以通过包装类 HandlerThread 创建它。下面的例子展示了如何在 Activity 中创建一个 Handler 实例。

```
public class SampleActivity extends Activity implements Handler.Callback {
    private Handler mHandler;

    @Override
    public void onCreate(Bundle savedInstanceState) {
        super.onCreate(savedInstanceState);
        setContentView(R.layout.main);
        // 使用Looper开启一个新线程
        HandlerThread handlerThread
            = new HandlerThread("BackgroundThread");
        handlerThread.start();
    // 创建Handler对象
        mHandler = new Handler(handlerThread.getLooper(), this);
    }

    @Override
    protected void onDestroy() {
        super.onDestroy();
        // 关闭Looper线程
        mHandler.getLooper().quit();
    }

    @Override
    public boolean handleMessage(Message message) {
        // 处理消息...

        // 回收消息对象
        message.recycle();
        return true;
    }
}
```

通过新建的 Handler 对象，开发者可以安全地精确安排操作的执行时间。使用 Handler 类最常见的方式是发送 Message。当向后台线程传递数据和参数时，这些消息对象简单、易于创建，并且可以重用。Message 对象通常是由它的公有整型成员变量 what 定义的，可以在 handleMessage 回调函数中将其作为 switch-case 语句的一个标志位来使用它。还有两个名为 arg1 和 arg2 的整型成员变量，它们用于创建低开销的参数，以及 obj 成员变量（可以存储任意单个对象的引用）。如果需要的话，还可以用 setData(Bundle obj) 方法设置更复杂的数据。我们可以使用多种方法给 Handler 发送消息，下面列出最常见的三种：

```
public void sendMessageDemo(Object data) {
    // 创建一个带有data参数的Message，然后立刻把它发送到handler执行
    Message.obtain(mHandler, SYNC_DATA, data).sendToTarget();

    // 立刻给handler发送一个简单的空消息
```

```
mHandler.sendEmptyMessage(SYNC_DATA);

// 给handler发送一个简单的空消息，该消息会在30秒后执行
mHandler.sendEmptyMessageAtTime(SYNC_DATA,
        THIRTY_SECONDS_IN_MILLISECONDS);

// 给handler发送带有arguments和obj参数的消息，并在两分钟后执行
int recipient = getRecipientId();
int priority = 5;
Message msg = mHandler.obtainMessage(SYNC_DATA, recipient,
        priority, data);
mHandler.sendMessageDelayed(msg, TWO_MINUTES_IN_MILLISECONDS);
}
```

前面两个例子表明既可以用Message类也可以用Handler对象创建和发送消息。在第三个和第四个例子中，可以看到如何精确到毫秒来安排消息的处理。

循环线程会从消息队列中读取Message对象，然后把它发送到回调函数中。多个Handler对象可以共用一个回调函数，就像代理方法一样，处理应用程序消息会很有用。甚至可以在Activity和Service之间共享回调函数。实现回调函数最有效的方式是在实现它的类中保持所有代表what值的常量，然后用标准的switch-case语句处理每种消息类型。前面的例子在Activity中实现了回调函数，但是使用一个单独的类并把应用程序的Context传给它通常会更有用，因为这样就可以在应用程序的各个部分中使用它。下面是一个典型的回调函数示例：

```
// 用于what成员变量的常量值
public static final int SYNC_DATA = 10;
public static final int PING_SERVER = 20;

@Override
public boolean handleMessage(Message message) {
    switch (message.what) {
        case SYNC_DATA:
            // 执行耗时的网络输入/输出操作
            syncDataWithServer(message.obj);
            break;
        case PING_SERVER:
    // ping服务器，应该定期执行
            pingServer();
            break;
    }

    // 回收消息对象以便节省内存
    message.recycle();
    return true;
}
```

本例中的handleMessage回调只实现了两个操作，SYNC_DATA和PING_SERVER。第一个可能会被用户事件触发，比如，保存文件或者准备好将新数据上传到服务器。第二个应该每间隔一段时间执行一次。然而，Handler类并没有方法间隔地发送消息，所以开发者要自己实现这种行为。

1. 间隔地执行操作

假设Activity一启动，就每分钟ping一次服务器。退出Activity后停止执行ping操作。

接下来的例子在onResume()和onPause()中增加了对Handler的调用（本节前面有如何创建Handler实例的例子），这样就能在Activity显示或者消失时有效地执行上面的操作。在onResume方法中，把是否需要ping服务器的布尔值设置成true，然后立刻发送一个PING_SERVER消息（第一个ping操作应尽快发生）。消息会到达前面例子所述的回调函数中，并在该回调函数中执行pingServer()方法。

```java
public class SampleActivity extends Activity implements Handler.Callback {
    private static final String PING_URL = "http://www.server.com/ping";
    private static final int SIXTY_SECONDS_IN_MILLISECONDS = 60 * 1000;
    public static final int SYNC_DATA = 10;
    public static final int PING_SERVER = 20;
    private Handler mHandler;
    private boolean mPingServer = false;
    private int mFailedPings = 0;

    ... 简单起见，移除了前面例子的代码

    @Override
    protected void onResume() {
        super.onResume();
        mPingServer = true;
        mHandler.sendEmptyMessage(PING_SERVER);
    }

    @Override
    protected void onPause() {
        super.onPause();
        mPingServer = false;
        mHandler.removeMessages(PING_SERVER);
    }

    private void pingServer() {
        HttpURLConnection urlConnection
        try {
            URL pingUrl = new URL(PING_URL);
            urlConnection = (HttpURLConnection) pingUrl.openConnection();
            urlConnection.setRequestMethod("GET");
            urlConnection.connect();
                if(urlConnection.getResponseCode() == 200) {
                mFailedPings = 0;
        } // 这儿也需要处理网络失败的情况...
        } catch (IOException e) {
            // 还需要处理网络错误...
        } finally {
            if(urlConnection != null) urlConnection.disconnect();
        }

        if(mPingServer) {
```

```
        mHandler.sendEmptyMessageDelayed(PING_SERVER,
                SIXTY_SECONDS_IN_MILLISECONDS);
        }
    }
}
```

在 pingServer() 方法中，通过发送一个简单的 HTTP 请求来看服务器是否还处在活动中。一旦请求完成，需要检查是否要继续 ping 服务器，如果是的话，60 秒后再发送一个 PING_SERVER 消息。在 onPause() 方法中，把该布尔值设置成 false，然后移除消息队列中所有的 PING_SERVER 消息。

2. 在 Handler 中使用 MainLooper

因为在构造函数中传递 Looper 对象可以为 Handler 分配线程，所以我们可以创建一个处理主线程消息的 Handler。如果想避免使用 runOnUiThread() 方法，这样做特别有用。经常使用 runOnUiThread 会导致代码丑陋且低效。笔者经常在应用程序中使用这种方式，这样就可以在主线程和后台线程之间简单地发送消息。

```
@Override
public boolean handleMessage(Message message) {
    switch (message.what) {
        case SYNC_DATA:
            syncDataWithServer(message.obj);
            break;
        case SET_PROGRESS:
            ProgressBar progressBar =
                    (ProgressBar) findViewById(R.id.progressBar);
            progressBar.setProgress(message.arg1);
            progressBar.setMax(message.arg2);
            break;
    }

    message.recycle();
    return true;
}
```

前面的 handleMessage 例子可以接收两种类型的消息，SYNC_DATA 和 SET_PROGRESS。第一个需要运行在一个单独的线程中，而第二个由于要更新 UI 需要运行在主线程中。要做到这一点，需要创建一个额外的 Handler 对象来发送消息，以便主线程处理。

```
@Override
public void onCreate(Bundle savedInstanceState) {
    super.onCreate(savedInstanceState);
    setContentView(R.layout.main);
    mMainHandler = new Handler(getMainLooper(), this);
    HandlerThread handlerThread = new HandlerThread("BackgroundThread");
    handlerThread.start();
    mHandler = new Handler(handlerThread.getLooper(), this);
}
```

需要注意的是本例的 onCreate 方法和之前的基本相同。唯一例外的地方是创建 mMainHandler 的一行代码。不是启动一个 HandlerThread，而是简单地获取主线程的 Looper 对象。这并不影响主线程的运行，只需要一个额外的 `Handler`，然后在主线程处理回调。系统会在回调函数中处理发送给该 `Handler` 的消息，该回调函数同样会处理第二个用于后台操作 `Handler` 的消息。如果要更新 `ProgressBar`，只需如下所示发送一个简单的消息：

```
Message.obtain(mMainHandler, SET_PROGRESS, progress, maxValue).
sendToTarget();
```

任何必须在主线程运行的操作都可以使用这种方法。既可以像上面一样发送简单的 `Message` 对象，也可以给 `obj` 成员变量设置更复杂的数据，或者在 `setData` 中设置 `Bundle` 参数。只需要确保把消息发送给正确的 `Handler` 即可。

2.4.4　选择合适的线程

前面显示了三种在 Android 上创建和使用线程的方式。API 中和线程相关的类还有 `ExecutorService` 和 `Loader`。`ExecutorService` 适合处理并行运行的多个任务，这非常适合编写响应多客户端的服务器应用。`AsyncTask` 内部同样使用 `ExecutorService` 处理多线程。如果希望能够并行执行多个 `AsyncTask`，也可以通过使用正确的 `ExecutorService` 来完成。

如果需要一个专门的线程来进行操作，可以从前面所示的二个例子开始。不建议直接使用 `Thread` 类，除非是要完全控制线程的执行。大多数情况下推荐使用 `AsyncTask` 和 `Handler` 类，具体使用哪一个取决于具体的需求。如果不是很频繁地执行操作，比如超过每分钟一次，那么 `AsyncTask` 可能是个不错的选择。如果需要安排操作的时间或者需要快速间隔地执行操作，`Handler` 会是更好的选择。从长远来看，使用 `Handler` 生成的代码更少，不过 `AsyncTask` 更容易使用。

2.5　小结

本章介绍了 Java SE 5.0 的几个高级的特性，有了 JIT Dalvik 虚拟机，开发者就可以在 Android 上安全地使用它们了。了解和使用这些特性可以简化代码编写，从而让代码更易于测试和维护。本章同样介绍了怎样使用 java.util.concurrent 包中的并发 API，而不需要自己实现队列和锁。重复造轮子是一个很常见但是很大的错误：你需要测试和维护更多的代码，而代码多了也更容易引入 bug。

本章同样解释了怎样避免内存分配的诸多陷阱。如果在代码中创建了很多临时的、生命周期短的变量，应用程序很可能在用户界面上表现不佳。高效且安全地重用对象可以带来更流畅的用户体验。

本章最后介绍了三种在 Android 上使用线程的方法，但只推荐使用其中的两个（`AsyncTask` 和 `Handler`）。多线程是一个复杂的话题，往往是很多难以发现的 bug 的原因。始终尝试使用现有的工具类来处理线程，因为它们会让事情变得更简单，且允许开发者关注自己代码的功能。

Java 是一门强大的语言，它使开发人员更容易表达他们想要实现的目标。学会如何更有效地使用它会让你成为更优秀的开发者，并帮助开发者创建高质量的代码。

2.6　延伸阅读

1. 文档

❑ 推荐阅读性能技巧章节：http://developer.android.com/training/best-performance.html

2. 图书

❑ Bloch, Joshua.《Effective Java中文版（第二版）》. 机械工业出版社，2009

3. 在线资源

❑ Youtube上谷歌IO视频会话：www.youtube.com/user/GoogleDevelopers

Part 2

第二部分

充分利用组件

本部分内容

- 第 3 章　组件、清单及资源
- 第 4 章　Android 用户体验和界面设计
- 第 5 章　Android 用户界面操作
- 第 6 章　Service 和后台任务
- 第 7 章　Android IPC
- 第 8 章　掌握 BroadcastReceiver 以及配置更改
- 第 9 章　数据存储和序列化技术
- 第 10 章　编写自动化测试

组件、清单及资源

到目前为止，本书已经讨论了一般的开发过程，这些同样适用于通用的Java开发。本章首先会介绍一些特定的Android信息。（注意：本书假设开发者已经熟悉Android的基本概念，并且开发过应用。）

组件、清单以及资源是Android应用程序的三个核心概念。每个Android应用程序都要使用它们，所以开发者需要完全理解这些概念。虽然IDE可以帮助开发者节省不少时间，但仍有许多可以优化的地方。

本章首先会概述Android组件，以及如何使用它们来优化应用程序的软件架构。接下来会详细介绍Android清单文件，并解释如何在应用程序中正确地使用清单参数。最后会介绍资源和assets的一些高级内容以及如何使用它们。

3.1 Android 组件

当编写Android应用时，通常从定义一个主Activity开始。事实上，IDE可能会为开发者创建主Activity，并要求开发者提供主Activity的名称。开发者接下来还需要创建Service、BroadcastReceiver以及ContentProvider，并使用Intent来联系它们。我们通常将它们称为**组件**（component）。

最常用的Android组件有四个，分别为Activity、Service、BroadcastReceiver以及ContentProvider。Activity负责用户界面，Service在后台执行操作，BroadcastReceiver监听系统事件，ContentProvider存储应用程序数据。

它们都提供了一个可供扩展的基类，以及供Android系统使用的清单节点。还有第五个组件，名为Application，虽然很少使用，但在某些情况下非常有用。

在介绍标准的Android应用程序软件架构前，先了解一下这五个组件（本章稍后会在各节更详细地介绍各个组件）。

3.1.1 Activity

Android应用的用户界面是由Activity类管理的。应用程序可以有多个不同功能的Activity，但同一时间只能显示一个Activity。和其他组件一样，Activity会用一系列生命周期回调函数通知当前的状态。

　　Activity一般只处理用户界面相关的操作。虽然可以使用AsyncTask或者Handler（如第2章所述）在主线程外执行操作，但首选的做法是将耗时的任务委托给Service，且在单独的线程中执行，因为Activity的状态是由用户控制的，这导致在用户按下主屏幕按钮时取消正在运行的任务变得有点复杂。相反，开发者可以在Service中处理这些耗时的任务，而在Activity中关注用户界面。

　　从Android 3.0（蜂巢）开始，开发者可以使用Fragments API构建动态的用户界面。应用程序使用Fragments API适配不同尺寸的设备。使用Fragment能展现更多细节，而不是简单地在大尺寸设备上缩放整个应用。

3.1.2　Service

　　另一个经常使用的组件是Service。基本上，任何不涉及用户界面的操作都应该使用Service。需要记住的是所有组件都运行在同一个主线程里，所以要使用Handler或者AsyncTask把一些比较耗时的操作放到一个单独的线程中运行。把这些操作移到Service中可以保证在用户按下后退或者主屏幕键时仍能完成这些任务。通过把耗时的操作放在Service中，开发者可以更容易地追踪这些操作的状态。

　　建议每个任务都有一个对应的Service。可以使用一个Service来存储数据，另一个与在线Web服务进行通信。例如，如果要创建音乐播放器，可以用一个Service播放音乐，另一个Service处理无关的其他任务。我们可以针对不同的操作使用不同的Service，这样可以分开启动和重启它们。使用多个Service比使用一个Service来处理所有的操作会更简单。

　　第6章会有更多关于Service和后台操作的介绍。

3.1.3　BroadcastReceiver

　　BroadcastReceiver是比较特殊的组件，因为它是没有状态的，这意味着BroadcastReceiver对象仅在onReceive()被调用时是有效的。因此，不能在代码中持有对在清单文件中声明的BroadcastReceiver实例的引用。此外，也不能将该实例作为监听器或回调函数添加到异步操作中。基本上，在BroadcastReceiver的onReceive()方法中唯一应该做的是把调用委托给另一个组件，比如可以通过Context.startActivity()或者Context.startService()方法。

　　这种限制使得BroadcastReceiver只对一件事有用：监听系统事件。Android SDK定义了很多BroadcastIntent，它们能在多个API的类中被广播出去。开发者所能做的就是检查感兴趣的API，然后注册一个BroadcastIntent的监听。

　　BroadcastReceiver组件还有一点比较特殊，因为可以在Service或者Activity中声明它。开发者可在代码中手动注册和注销这些BroadcastReceiver实例。当在代码中注册一个BroadcastReceiver时，一定要相应地注销它，以免内存泄漏。

　　在代码中定义的BroadcastReceiver有时是监听某个特定广播的唯一途径。有些BroadcastIntent不能在清单文件中注册。比如，只能在用Context.registerReceiver()

注册的BroadcastReceiver中接收Intent.ACTION_BATTERY_CHANGED广播。

第8章会更详细地介绍BroadcastReceiver。

3.1.4 ContentProvider

不需要在Android应用中定义ContentProvider来存储数据。很多情况下，使用SharedPreferences存储简单的键/值对就足够了，而且也可以在Service和Activity中直接使用SQLite API将数据存储到SQLite数据库。在应用程序的data目录下存储文件是另一个持久化数据的方式。

但是，如果要存储的应用程序数据很适合SQL，通常会很容易实现ContentProvider，即使开发者不想跟其他应用程序共享数据。使用AdapterView（如列表或者网格）显示应用数据时ContentProvider会特别有用，因为Loader API提供了从ContentProvider加载数据的现成实现。

第9章会详细介绍Android平台上的各种数据存储技术。

3.1.5 Application

第五个组件简单地称为Application，虽然很少使用，但有时会很方便。可以认为Application是一个高级组件，它会先于Activity、Service以及BroadcastReceiver创建。

每个Android应用程序都会有一个Application组件，如果没有显式定义，系统会创建一个默认的Application。可以通过Context.getApplication()方法获取对Application的引用。因为每个Android应用都只有一个Application实例，开发者可以使用它共享变量并和应用中的其他组件通信。虽然使用单例也可以共享全局状态，但是Application更有优势，因为它还实现了应用生命周期的回调。

下面的代码是一个自定义的Application组件。该示例展示了如何共享全局变量，以及添加、修改或者删除这些变量时如何通知监听器。虽然很简单，但本例展示了在不使用单例的情况下如何利用现有的组件来共享数据。

```java
public class MyApplication extends Application {
    private ConcurrentHashMap<String, String> mGlobalVariables;
    private Set<AppStateListener> mAppStateListeners;

    @Override
    public void onCreate() {
        super.onCreate();
        // 在其他组件创建之前调用
        mGlobalVariables = new ConcurrentHashMap<String, String>();
        mAppStateListeners = Collections.synchronizedSet(new
HashSet<AppStateListener>());
    }

    public String getGlobalVariable(String key) {
        return mGlobalVariables.get(key);
    }
```

```
        public String removeGlobalVariable(String key) {
            String value = mGlobalVariables.remove(key);
            notifyListeners(key, null);
            return value;
        }

        public void putGlobalVariable(String key, String value) {
            mGlobalVariables.put(key, value);
            notifyListeners(key, value);
        }

        public void addAppStateListener(AppStateListener appStateListener) {
            mAppStateListeners.add(appStateListener);
        }

        public void removeAppStateListener(AppStateListener appStateListener) {
            mAppStateListeners.remove(appStateListener);
        }

        private void notifyListeners(String key, String value) {
            for (AppStateListener appStateListener : mAppStateListeners) {
                appStateListener.onStateChanged(key, value);
            }
        }

        public interface AppStateListener {
            void onStateChanged(String key, String value);
        }
    }
```

每个清单文件（AndroidManifest.xml）都有一个application元素。然而，为了让Android
系统识别自定义的Application组件而不是使用默认的，需要在android:name属性中声明自定
义的Application组件（请参阅以下示例中的粗体文字）。

```
<application android:label="@string/app_name"
            android:icon="@drawable/app_icon"
            android:name=".MyApplication">
    <!-- 所有其他组件都在这里声明 -->
</application>
```

如上所示，声明自定义Application组件和声明Activity或者Service是一样的。只需在
android:name属性中添加类名就可以了。

```
public class MyActivity extends Activity
        implements MyApplication.AppStateListener {

    @Override
    protected void onResume() {
        super.onResume();
        MyApplication myApplication = (MyApplication) getApplication();
        myApplication.addAppStateListener(this);
    }

    @Override
```

```
protected void onPause() {
    super.onPause();
    MyApplication myApplication = (MyApplication) getApplication();
    myApplication.removeAppStateListener(this);
}

@Override
public void onStateChanged(String key, String value) {
    // 处理状态变化
}
}
```

要在代码中使用自定义Application组件，只需要调用Context.getApplication()并把结果强制转换为自定义的类，如前面例子所示。因为本例使用了监听器模式，要确保在onResume()和onPause()方法中正确地注册和注销该监听器。

3.1.6　应用架构

一般来说，Android开发者通过创建Activity，并设计用户界面来开始一个新项目。虽然这种做法是可行的，还是建议首先从更广的角度考虑整体应用架构。如果打算做网络调用，将它们移到一个单独的Service是不错的做法。如果需要监听某些系统广播，创建一个BroadcastReceiver并决定将事件委托在什么地方会是个明智的做法。如果应用程序不止存储键/值对，建议使用ContentProvider。最后，如果应用程序很复杂，有必要添加自定义Application组件来跟踪全局状态并和其他组件通信。

笔者通常使用组件描绘应用的整体架构。首先会考虑需要什么样的Activity和Service，接下来会考虑广播事件以及ContentProvider。这个架构不需要反映应用程序的实际用户界面，因为可以在Activitiy中使用Fragment创建动态的用户界面。尽可能使用基本组件的现有扩展类。比如，可以使用PreferenceActivity类创建应用程序设置部分的用户界面。

图3-1是一个简单的示意图，展示如何通过组合Android中的组件来创建一个精心设计的架构。确保每个组件只处理自身相关的操作，这样会有一个稳定的应用程序开发基础。

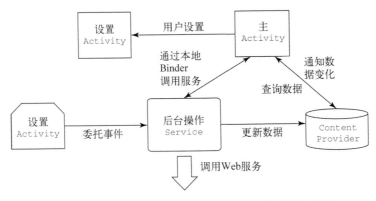

图3-1　展示典型Android应用中各组件之间关系的示意图

开发者现在应该对Android中的组件有了一个大致的了解，但在用Java代码编写这些组件的实现时，还需要把它们添加到应用程序的清单文件中，下一节会介绍该主题。

3.2　应用程序清单

AndroidManifest是一个定义各种组件以及声明应用程序各个方面的XML文件。该清单是所有Android应用的核心，所以充分了解如何构建该文件是非常重要的。清单中的小失误可能会导致应用程序的性能问题（可能会影响整个系统）、不必要的电池消耗（可能导致电池耗尽）和安全问题（可能泄露敏感信息给其他应用程序），并在一定条件下可能会导致应用程序崩溃。

好在Android SDK中的lint工具（参见第1章）提供了对清单文件的检查，所以IDE会让开发者了解文件中哪一部分需要修复。本节会提供一些技巧，开发者可用来优化应用程序，这对进行更高级的开发有益。

3.2.1　`manifest` 元素

AndroidManifest.xml文件的根节点元素是`manifest`。应用程序的包名和唯一识别符都定义在该节点中。还可在该节点元素中定义Linux用户ID和名称（应用程序将运行在该ID下）、应用的版本信息、APK文件的安装位置。

下面的例子显示了所有可能的属性都被赋值的`manifest`标签。第一个属性是`package`，它定义了应用程序在Android系统的唯一识别符、应用程序的进程名以及默认的`Activity`任务归属名称。确保选择好包名，因为一旦发布应用该名称就不能再修改了。

```xml
<?xml version="1.0" encoding="utf-8"?>
<manifest xmlns:android="http://schemas.android.com/apk/res/android"
          package="com.aapt1.pushingthelimits.sample"
          android:sharedUserId="com.apptl.userid"
          android:sharedUserLabel="@string/userLabel"
          android:installLocation="auto"
          android:versionCode="1"
          android:versionName="1.0">

</manifest>
```

> 决定包名时，最好使用发布应用的公司或者组织的域名，并把发布在 Google Play 的应用程序的缩写及小写名称附加在后面。如果是开发顾问或者自由开发者，一定要使用客户的域名称，而不是自己的。

`android:sharedUserId`和`android:sharedUserLabel`是Linux用户ID和名称，应用程序将会运行在上面。默认情况下，这些都是由系统分配的，但是当为所有使用证书发布的应用设置同样的值时，开发者可以访问相同的数据，甚至能共享这些应用的进程。如果正在构建应用程序套件，或者有一个免费和付费版本，使用这种方式是非常有帮助的。

提一下游戏的免费和付费版。当人们试用了免费版，决定购买付费版时，他们不想失去在购买前所取得的进展。为解决这个问题，确保两个版本使用同一个用户 ID，然后在启动时将数据从免费版同步到付费版。

多个应用共享同一个进程可以节省应用程序使用的RAM总量。然而，如果其中一个应用出现了运行时错误，所有共享相同进程的其他应用也会崩溃。

可以使用`android:installLocation`属性来控制应用程序的安装位置。既可以在设备的内部存储器（**data分区**）安装应用程序，也可以在外部存储装置（如SD卡）安装。**注意**：只能通过这个属性控制APK文件的安装位置。应用程序数据仍然安全地存储在内部存储器中。

在 Google Play发布应用时，版本信息很重要。Google Play Store会读取`android:versionCode`属性的值，而`android:versionName`会呈现给用户。建议使用一个版本号来简化工作。最简单的方案是版本号从1开始，每当有新版本就把值加1。强烈建议在持续集成系统中设置构建脚本，将每日构建的版本号加1；或者提交代码到仓库时手动增加版本号。无论哪种方式，在Google Play发布新版都要增加版本号。

3.2.2　Google Play 过滤器和权限

清单文件接下来的部分应该包含应用在Google Play是否可见以及应用正在使用的平台特性等详细信息。在这里，开发者还需要声明使用权限，以及为其他应用程序提供接口所需的新权限。

第12章会有更多关于权限的介绍。此时，只要记得声明所需的权限，否则当应用程序试图访问受限制的API时会得到一个讨厌的错误。如果应用程序要提供一个接口（通过`Service`、`ContentProvider`，或者自定义`BroadcastIntent`），要确保在清单文件中定义自己的权限。

`AndroidManifest.xml`文件一个最重要但也常常被遗忘的部分是`uses-feature`元素。Google Play用它过滤哪个应用在哪台设备上可见。比如，如果应用程序需要发送短信的功能，开发者很可能要排除掉缺乏这种功能的设备（比如只支持Wi-Fi的平板电脑），并在清单中添加一个表示需要电话支持的元素。

此外，随着新型Android设备的出现，一些开发者期待Android设备具备的功能可能并不总是存在。例如，虽然大部分Android设备都有触摸屏，但Android电视很可能就没有。如果应用程序需要一个触摸屏并且不能使用鼠标，一定要在清单中声明这一点。下面的示例演示如何在应用程序中添加电话支持以及支持全"Jazz Hands"多点触控的触摸屏。

```
<uses-feature android:name="android.hardware.microphone" />
<uses-feature android:name="android.hardware.telephony" />
<uses-feature android:name="android.hardware.touchscreen.multitouch.jazzhand" />
```

可在http://developer.android.com/guide/topics/manifest/uses-feature-element.html#features-reference 找到 Android 所有标准特性的完整列表。

　　默认情况下，Android支持很多种屏幕尺寸的设备，但开发者并非总是希望应用程序支持所有尺寸。比如，开发用于平板电脑的应用程序可能会限制应用只用于该尺寸的设备。开发者可以使用supports-screens元素，它允许指定应用程序在哪种尺寸的设备上运行以及所需的最小尺寸。下面的例子展示了如何在应用中只支持平板电脑。

```
<supports-screens android:smallScreens="false"
                  android:normalScreens="false"
                  android:largeScreens="false"
                  android:xlargeScreens="true" />
```

　　清单文件另一个重要的功能是确定应用程序支持的API级别。可以定义minimum、target和maximum三个级别：minimum定义了应用程序支持的最低Android版本，而maximum定义了应用程序支持的最高Android版本。当一个应用有多个APK来支持不同的Android版本，或者为Android新版推迟发布应用直到有时间验证应用程序时，maximum很有用。建议尽可能避免android:maxSdkVersion属性。

　　uses-sdk元素中有趣的属性是android:targetSdkVersion。该属性告诉设备应用程序支持的目标API级别。尽管android:minSdkVersion可以限制应用支持的最低Android版本，但它不会开启目标版本的任何兼容行为。更确切地讲，这种结合允许开发者在应用程序中优雅地为老版本降低功能支持，同时为新版本保持最新的用户界面和功能。

```
<uses-sdk android:minSdkVersion="11" android:targetSdkVersion="16"/>
```

　　如前面例子所示，建议始终指定android:minSdkVersion和android:targetSdkVersion属性。除非显式指定android:minSdkVersion，否则默认是1（即Android版本为1），这可能是开发者希望避免的。通过指定android:targetSdkVersion属性，可以更容易增加对新版本的支持。

> 可在http://developer.android.com/guide/topics/manifest/uses-sdk-element.html找到所有API级别的完整列表以及它们代表的Android版本。

3.2.3　application 节点元素

　　正如前面所述，还有一个很少使用、称为Application的第五种组件。该组件是由清单文件中的application节点元素表示的。除非使用android:name属性提供自定义的Application类，否则系统将使用默认的。

　　application节点元素包含多种重要的属性。其中一些属性提供了应用程序的额外功能，有些则仅供参考。下面会介绍一些笔者认为比较重要的属性：

```
<application
        android:label="@string/app_name"
        android:description="@string/app_description"
        android:icon="@drawable/app_icon"
        android:name=".MyApplication"
```

```
android:backupAgent=".MyBackupAgent"
android:largeHeap="false"
android:process="com.aapt1.sharedProcess">

<!-- activity、service、receiver和provider定义在这里 -->

</application>
```

用户可能安装了成百个不同的应用，如果开发者能提供尽可能多的应用程序信息将会有很大帮助。建议把android:label和android:description属性都设置成本地化值（即能翻译成多种语言）。description属性还应包含描述应用程序功能的更详细的文字，这样，用户在设置页看到应用就知道应用是做什么的。

最终，用户会更换手机，他们希望能够把所有的应用，包括数据都迁移到新设备上。幸好谷歌提供的一个备份服务可以帮助解决这个问题，但需要开发者在清单文件中声明并且实现自己的备份代理。只需使用android:backupAgent属性，并指向实现备份代理功能的类即可。第9章会详细介绍备份代理，最好总是从一开始就提供该功能以免以后忘记。

如果正在构建一个需要大量内存的应用程序，开发者很快就会发现Dalvik虚拟机默认的堆大小将不能满足要求。可在应用清单文件中添加android:largeHeap属性，让系统知道应用程序需要更多的内存来解决这个问题。然而，除非确实需要，否则不要这样做。因为这样会浪费资源，而且系统会更快地终止应用程序。对大多数应用来说，该属性是没有必要的，应该避免使用。

如果有应用程序套件共享同一个用户ID（如之前manifest节点元素描述的），通过设置android:process属性为同一个值，可强制这些应用共享同一个进程。这有助于减少应用程序资源的使用，但是如果其中一个应用崩溃可能导致所有应用都受影响。如果开发者有一个支持从Google Play安装插件的应用，最有可能会出现这种情况。**注意**：要使用同一个进程，所有的应用必须共享同一个用户ID且用同一个证书签名。

最后，可以使用android:theme属性设置整个应用的主题（在application节点元素中）或者单个Activity的主题。

3.2.4　组件元素和属性

每个标准组件（Activity、Service、BroadcastReceiver和ContentProvider）在清单文件中都有自己的节点元素。Android Studio创建的默认属性通常能满足大部分情况，不过开发者每次都应该检查它们，确保使用了最佳的值。

我们定义的所有组件默认都是启用的。设置android:enabled="false"属性可以修改默认行为，这将阻止组件接收Intent。禁用的Activity不会显示在应用程序启动器中，禁用的Service不会响应startService()调用，禁用的BroadcastReceiver不会监听BroadcastIntent，禁用的ContentProvider不会响应ContentResolver。可以在代码中更改此设置，如果想确保在用户完成特定配置步骤前禁止应用程序的部分功能，这样做会特别有效。

下面的XML文件定义了两个Activity，其中第二个默认是禁用的。开发者可能希望用户在主Activity显示之前启动和完成设置过程，一旦完成就把设置Activity隐藏。

```
<activity
        android:name=".SetupActivity"
        android:label="@string/app_name_setup"
        android:icon="@drawable/app_setup_icon"
        android:enabled="true">
    <intent-filter>
        <action android:name="android.intent.action.MAIN"/>
        <category android:name="android.intent.category.LAUNCHER"/>
    </intent-filter>
</activity>
<activity
        android:name=".MainActivity"
        android:label="@string/app_name"
        android:icon="@string/app_icon"
        android:enabled="false">
    <intent-filter>
        <action android:name="android.intent.action.MAIN"/>
        <category android:name="android.intent.category.LAUNCHER"/>
    </intent-filter>
</activity>
```

下面的代码演示了使用PackageManager API在什么位置控制Activity的启用和禁用。通过这种方式，还可以改变显示在启动器中的Activity。

```
private void toggleActivities() {
    PackageManager packageManager = getPackageManager();
    // 启用主activity
    packageManager.setComponentEnabledSetting(new ComponentName(this,
MainActivity.class),
            PackageManager.COMPONENT_ENABLED_STATE_ENABLED,
PackageManager.DONT_KILL_APP);
    // 禁用设置activity
    packageManager.setComponentEnabledSetting(new ComponentName(this,
SetupActivity.class),
            PackageManager.COMPONENT_ENABLED_STATE_DISABLED,
PackageManager.DONT_KILL_APP);
}
```

有时候，出于安全的原因，开发者不想把某个组件（通常是一个Service）暴露给系统的其余部分。要做到这一点，可以将android:exported属性设置为false，这会有效地把该组件从系统的其余部分隐藏掉。

如果开发者想设置一个组件供其他应用程序使用，但又想提供某个安全级别，则可以定义权限，那么调用该组件的应用需要在自己的清单中指定该权限（使用uses-permission）。通常情况下，可以定义自己的权限（在manifest元素下定义permission元素），然后将其应用到需要它的组件。通过设置android:permission属性来给组件应用所需的权限。

3.2.5　Intent 过滤

在Android中，所有的组件都是通过Intent访问的。Intent抽象地描述了要执行的操作。Intent会被发送给Activity、Service或者BroadcastReceiver。一旦发送，Android系统的

Intent决议会决定将Intent分发给哪个组件。

Intent决议的第一件事是确定它是一个显式的还是隐式的Intent。显式Intent包含有关包和组件的名称信息，它们可以立即分发，因为只能匹配一个组件。此方法通常用于应用程序的内部通信。隐式Intent的决议取决于三个因素：action、数据的URI和类型，以及类别。extras和flags对Intent决议没有影响。

action是最重要的测试，通常也是唯一应该重点关注的。Android有许多预定义的action，开发者也可定义自己的action。开发者定义自己的action时，通常会在前面加上包名，这样不同的应用之间就不会有action冲突了。

data并没有实际的数据，而是包含URI和MIME类型，使用Activity打开只包含特定类型的文件时非常有用。

category和Activity最相关。所有通过startActivity()发送的隐式Intent都至少定义了一个category（android.intent.category.DEFAULT），所以除非Activity的intent-filter也包含这个category，否则就不会通过Intent决议测试。唯一的例外是桌面启动器的intent-filter。

下面的XML显示了有两个intent-filter的Activity，一个用于桌面启动器，另一个用于打开以video开头的MIME类型的文件。

```
<activity
        android:name=".VideoPlayer"
        android:label="@string/app_name_setup"
        android:icon="@drawable/app_setup_icon"
        android:enabled="true">
    <intent-filter>
        <action android:name="android.intent.action.MAIN"/>
        <category android:name="android.intent.category.LAUNCHER"/>
    </intent-filter>
    <intent-filter>
        <action android:name="android.intent.action.VIEW" />
        <category android:name="android.intent.category.DEFAULT" />
        <data android:mimeType="video/*" />
    </intent-filter>
</activity>
```

第一个intent-filter不需要android.intent.category.DEFAULT，因为它将由启动器程序管理。当用户使用View action打开视频文件时，第二个intent-filter会匹配，不管该视频文件是存储于本地还是存储于网络，只要MIME类型以video开头就可以。

可在http://developer.android.com/guide/components/intents-filters.html阅读更多关于 Intent 以及 Intent 决议的内容。

3.3 resources 和 assets

虽然开发者大部分工作是在和代码打交道，还是有一些像XML布局、图标、文本值等这样的内容。这些静态内容存储在APK文件的resources或者assets目录中。所有的资源都属于一个特定的类型（比如layout、drawable等），而assets是简单地存储在应用内的通用文件。大多数非代码的内容都以资源的形式呈现，因为它们紧密集成在Android API中。

从开发者的角度看，Android中的资源特性是平台最强大的功能之一。它允许开发者根据屏幕尺寸、定位参数、设备能力等来提供多个版本的资源。最常见的解决方案是通过在不同的文件中提供多个版本的文本字符串来支持多语言，或者通过提供不同的布局和不同大小的图标来支持各种屏幕尺寸。

在应用中定义资源需要遵循几个规则。首先，一定要在应用程序中为每种类型的资源提供一个默认值，这意味着，要在没有任何限定符的资源目录中提供默认的图片、图标、文本字符串和布局。这样在和提供的所有资源都不匹配的设备上运行时可确保应用不会崩溃。确保这一点最简单的方法是先从默认的资源开始，有需要时再提供替代版本。

此外，尽可能的使用资源，避免硬编码字符串和值。不要把显示在用户界面的字符串放在应用程序的代码中，而是把它们放在strings.xml文件中。尽量把字符串放在资源文件中。这样做可能需要一些额外的工作，但一旦习惯总是在资源文件中定义字符串和其他值，开发者将发现一些比较复杂的任务变得更简单了。如果所有的文字从一开始就都定义成资源，本地化、增加对多语言的支持等工作会变得更容易。改变字体、外边距、内边距和其他属性的尺寸也会变得更容易。

可以通过提供限定符来过滤资源。例如，如果想为高密度像素的设备提供一套高分辨率的图标，可以通过在drawable-xhdpi目录内存储一套单独的图标来完成。限定符常用于屏幕旋转和尺寸、语言和区域。用限定符命名目录时，正确的顺序很重要。否则，Android会忽略该目录。比如，语言和区域限定符应该总是放在屏幕尺寸限定符前面。

> 可在http://developer.android.com/guide/topics/resources/providing-resources.html#table2找到所有资源限定符的列表，以及它们的优先次序和含义。

可以通过两种方式访问资源：XML或者Java代码。访问这些资源时开发者不需要提供限定符，系统会自动处理。

现在来看一些使用资源的高级示例。第4章会介绍`drawable`等用户界面资源，这里关注更通用的类型。

3.3.1 高级 string 资源

通常，应用中的所有字符串都应该放到string资源中。如下面例子所示，有几个选项优于Java的字符串处理，并消除了许多问题，特别是当涉及格式字符串和本地化时。

```xml
<?xml version="1.0" encoding="utf-8"?>
<resources>
    <string name="personal_welcome_message">Welcome %s!</string>
    <plurals name="inbox_message_count">
        <item quantity="zero">Your inbox is completely empty!</item>
        <item quantity="one">You one message in your inbox!</item>
        <item quantity="two">You two messages waiting to be read!</item>
        <item quantity="few">You have %d messages waiting!</item>
        <item quantity="many">%1$d messages in your inbox! %2$s, you should really
login here more often!</item>
        <item quantity="other">%1$d messages in your inbox! %2$s, you should really
login here more often!</item>
    </plurals>
    <string-array name="default_categories">
        <item>Work</item>
        <item>Personal</item>
        <item>Private</item>
        <item>Spam</item>
        <item>Trash</item>
        <item>Draft</item>
    </string-array>
</resources>
```

本例定义了三种类型的字符串资源。文件应该命名为strings.xml（只要以.xml结尾的名字都可以）并放到values资源目录内。接下来为每种支持的语言都提供这样的文件，并把它们放在values-目录内。

前面的例子是一个简单的字符串，它接受一个字符串参数作为输入，并在%s处插入。下面的代码片段显示了如何使用getString方法来访问资源，并传递一个String变量作为输入。

```java
public void showWelcomeMessage(String name) {
    ((TextView) findViewById(R.id.welcome_message_field)).
            setText(getString(R.string.personal_welcome_message, name));
}
```

可在http://developer.android.com/reference/java/util/Formatter.html找到java.util.Formatter
类格式化字符串资源的详细规则。

前面的代码片段是一个复数形式的资源，它允许根据输入的数量来定义不同的字符串。这特别有用，因为很难使用正常的字符串操作来管理语言的语法。下面的例子演示了如何首先获取Resources对象，然后根据输入调用getQuantityString来获取正确的字符串值。如果有选项需要的话，该方法也可以带格式化参数。

```java
public void showInboxCountMessage(int inboxCount, String name) {
    Resources res = getResources();
    String inboxCountMessage = res.
            getQuantityString(R.plurals.inbox_message_count, inboxCount, name);
    ((TextView) findViewById(R.id.inbox_count_field)).
            setText(inboxCountMessage);
}
```

前面的例子演示了如何提供字符串数组。要提供常量字符串数组时，该方法会很有用。下面的代码演示了使用ArrayAdapter与先前声明的字符串数组来填充一个ListView。

```
public void displayCategories() {
    ListView listView = (ListView) findViewById(R.id.category_list);
    Resources res = getResources();
    String[] categories = res.getStringArray(R.array.default_categories);
    ArrayAdapter<String> categoriesadapter = new ArrayAdapter<String>(this,
            android.R.layout.simple_list_item_1, android.R.id.text1,
            categories);
    listView.setAdapter(categoriesadapter);
}
```

3.3.2　本地化

如之前所述，Android中的资源可以有效地用于提供本地化支持。要做到这一点，把默认的字符串资源复制到一个有适当语言和地区限定符的新目录中，然后开始翻译文本。

虽然Android SDK没有现成的工具来帮助翻译语言，但内置的lint工具（见第1章）会告诉开发者是否有某个语言的资源目录没有翻译。

因为不可能知道所有要支持的语言（如果你知道，请告诉我，让我们成为朋友吧!），开发者需要一些帮助来翻译字符串资源。第一个选择（特别是预算比较紧时）是使用谷歌翻译工具包Google Translator Toolkit，如图3-2所示。这是谷歌的一个服务，它允许开发者上传Android资源文件，然后将字符串自动翻译为一种新语言。结果可能是不完美的，但归功于谷歌的努力，该服务一直在改进。

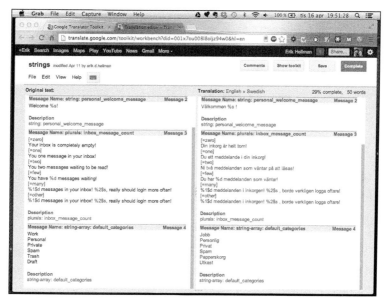

图3-2　把strings.xml中的英文翻译成瑞典语后的谷歌翻译工具包

可在http://translate.google.com/toolkit访问谷歌翻译工具包。

也可以聘请专业的翻译服务来做这项工作。虽然质量很可能要比使用自动工具好得多，但如果有多种语言需要翻译，专业的服务将花费不少。另外，更新应用并且添加新的资源后还需提交新的字符串，这会进一步提高应用开发的成本。

3.3.3　使用资源限定符

针对不同的屏幕尺寸和区域设置（语言和区域）提供可供选择的资源是相当简单的，所以本章不会过多涵盖该主题。但是，还可使用资源限定符做一些其他事情。

基于一些可表示成资源限定符的内容，可在应用中使用Android资源来控制应用程序的逻辑。

考虑下面的例子：开发者在Google Play上提供了一款十分流行的免费应用。该游戏通过应用内的广告收费，用户可以通过简单的游戏内购买来禁止广告。然而，一家大型运营商表示愿意购买无广告的版本，并提供给它所有的客户。

处理这个问题的一种方法是复制一份之前的游戏，并在Google Play上针对特定区域和运营商发布该游戏。虽然这在技术上是可行的，但是接下来要做更多的工作，因为需要发布游戏的两个不同的版本。此外，玩家在Google Play上同时发现两个版本的游戏时也会很困惑。一种可行的方案是根据游戏的运营商来决定是否要打开或者关闭广告。通过Java编程可以做到这一点，但使用一个布尔资源会更优雅。

www.mcc-mnc.com上有各种移动国家码（MCC）和移动网络号码（MNC）。

下面的代码显示了一个包含布尔表达式的默认资源文件。把该文件放在默认的values目录（即res/values），然后创建一个具有正确限定符的资源目录。例如，如果运营商是英国沃达丰，资源目录应该命名为values-mcc234-mnc15。接下来只需复制该资源文件，并把布尔值修改成true。

```xml
<?xml version="1.0" encoding="utf-8"?>
<resources>
    <bool name="disable_ads_by_default">false</bool>
</resources>
```

当在装有英国沃达丰SIM卡的设备上打开应用时，下面的代码示例将会返回true。

```java
public boolean disableAdsByDefault() {
    return getResources().getBoolean(R.bool.disable_ads_by_default);
}
```

上面的代码显示了如何在Java代码中检索资源。虽然微不足道，但它在展示强大的Android资源特性方面还是很有用的。开发者也可以使用一个整型资源告诉玩家需要多少游戏币才能开始游戏，或者为某个特定运营商的用户提供更高质量的图标和图片（使用带有限定符的drawable）。

使用带有 MCC 和 MNC 限定符的资源控制应用程序逻辑实际上并不安全。一个技术熟练的用户可以相对轻松地绕过这个检查。然而，在大多数情况下，可以认为这样做足够安全。但要注意的是，设备安装了电话支持才能过滤 MCC 和 MNC。

虽然资源限定符大多用来提供本地化和各种屏幕尺寸的支持，开发者也可以在很多其他方面使用它。不要害怕尝试资源限定符，只要始终提供一个默认版本备用。

3.3.4　使用 assets

在Android 2.3之前，一个资源文件的最大限制为1 M，如果使用的资源比这还大就会带来问题，这就是为什么开发者还可以在项目的assets目录中存放任意文件的原因。这种限制已经不再是问题，所以现在可以安全地在raw资源目录里存储任意文件了。然而，由于assets目录支持子文件夹，在某些情况下，开发者可能仍然要使用assets。

考虑一款有许多音效的游戏。首先，可以在assets文件夹内创建一个soundfx目录，接下来把所有的音频文件都放到该目录里。

下面的代码显示了如何使用SoundPool和AssetManager API加载assets/soundfx目录内的音频文件。记得关闭AssetManager打开的文件，否则应用程序可能发生内存泄漏。

```java
public HashMap<String, Integer> loadSoundEffects(SoundPool soundPool) throws
IOException {
    AssetManager assetManager = getAssets();
    String[] soundEffectFiles = assetManager.list("soundfx");
    HashMap<String, Integer> soundEffectMap = new HashMap<String, Integer>();
    for (String soundEffectFile : soundEffectFiles) {
        AssetFileDescriptor fileDescriptor = assetManager.openFd("soundfx/" +
soundEffectFile);
        int id = soundPool.load(fileDescriptor, 1);
        soundEffectMap.put(soundEffectFile, id);
        fileDescriptor.close();
    }
    return soundEffectMap;
}
```

当然，前面的例子也可改为使用raw资源，就把它作为练习留给读者探索。

3.4　小结

本章介绍了Android应用的三个主要元素：组件、清单文件和资源。在成为Android开发高手前，开发者要花时间了解它们是如何工作的，以及如何使用它们提供的特性。

尝试根据组件来设计应用程序，因为它们提供了由系统管理的生命周期回调，让开发者专注于应用中的业务部分。优先使用组件可以更轻松地创建易于维护的应用程序。

清单文件是应用程序的实际定义，开发者在构建和使用各元素属性时要格外小心。记得要声明应用程序需要的所有功能特性，即使是那些显而易见的，比如触摸屏或者相机。开发中一个常见的错误是忘记声明权限，要确保为应用所需的每个权限都添加uses-permission元素。

通过使用android:enabled和android:exported属性，开发者可以动态地改变组件的行为并保护组件。最起码要确保所有的Service和ContentProvider的exported属性都为false，除非有其他应用访问它们。

确保充分了解Intent决议是如何工作的。很小的失误都可能导致应用程序不按预期运行（或者根本不响应）。

涉及静态内容时，尽可能把它们放到资源目录里。确保所有的文本字符串都来自资源文件，而不是使用代码中的常量值。记得在默认的资源目录里定义资源（即没有使用限定符的目录），需要时再复制到新的限定符表示的目录里。

谷歌翻译工具包可以帮助开发者本地化字符串资源。也可以考虑使用资源控制应用的逻辑，比如网络运营商或者区域都可能是影响应用程序逻辑的因素。

3.5 延伸阅读

文档

❑ http://developer.android.com/guide/components/fundamentals.html

❑ http://developer.android.com/guide/topics/manifest/manifest-intro.html

❑ http://developer.android.com/guide/topics/resources/index.html

第 4 章

Android用户体验和界面设计

多年来Android的用户界面已经改变了不少。最大的改变之一是Android 3.0（蜂巢）引入了新的Holo主题。从那时起，Android的UI体验变得更加流畅和时尚，很容易吸引不同背景的用户。

在解释如何把一致的设计应用到应用程序方面，谷歌的Android UI设计团队已经做了一些伟大的工作。http://developer.android.com/design/index.html上有更详细的介绍。强烈建议所有Android开发人员都仔细阅读这些指南，以便充分了解如何和Android UI设计的不同方面打交道。

本章将从更加理论的方面介绍Android应用的UI设计。虽然上面提到的Android设计网站确实涉及许多开发者和UI设计师需要知道的东西，但要想设计一流的用户界面，开发人员还需要更深入地理解某些内容。

本章首先介绍如何识别应用程序UI的不同部分以及它们是如何工作的。接下来会描述Android平台一些特定的UI概念，比如导航、尺寸和颜色。本章还有一节涵盖了可用性以及设计详细用户界面时需要考虑的问题。本章最后一部分介绍游戏化模式，并解释如何使用它来吸引更多的用户。

4.1 用户故事

开始设计应用程序时，首先要做的事就是写下**用户故事**（user story）来描述用户能够使用应用做什么。用户故事经常用在敏捷软件开发中定义产品的需求。通常情况下，用户故事使用下面的形式（有时会有些小变化）：

作为某个<角色>，我想要<目标/要求>以便<获益>。

比如，如果正在设计一个素描应用，其中一个用户故事可能如下所述：

作为一个用户，我想改变当前绘图工具的颜色，以便只在下次使用该工具时影响绘图的颜色。

有时，最后的"获益"部分可能显而易见，这种情况可以省略。

用户故事应该简短和具体。每个故事只关注一件事。两个类似的故事比一个冗长且复杂的故事要好。首先从最明显的用户故事开始，然后分割它们，再添加一些合适的故事。一旦大功告成，最后可能会有很多用户故事。但是该过程对设计用户界面很有帮助，因为每个故事应该简单地对应用户界面里的一个操作。虽然不是所有的用户故事都会对应一个用户界面，但它们肯定以某种方式影响用户界面。例如，一个关于闹钟的用户故事可以如下描述：

> 作为一个用户，当预设的闹钟结束后，我想在屏幕上看到当前时间。

用户故事也可用来跟踪开发工作的进展情况。尽量集中精力一次只完成一个用户故事，一旦完成了整个故事并且测试通过就可以把该故事标为"已完成"状态。

当编写用户故事时，有几件事情需要牢记。首先，不同的故事可以共用通用的组件。不过，这在第一次编写用户故事时可能不明显，但开始编写代码时就会变得显而易见。例如，如果应用要列出不同类别的项目并且提供一个搜索界面，那么它们或许可以使用相同的 `Activity` 和 `View` 布局。这就是为什么要尽可能早地对用户故事进行分类，这样就可以很容易识别哪些用户故事可以共用同一个 `Activity` 或者 `View`。

使用人物角色更好地了解用户

编写用户故事时，开发者很容易根据自己的经验和观点来假定情节如何进展。问题是，真实的用户并不知道你的应用是干什么的。可以通过创建**人物角色**（persona）解决这个问题，这些角色是一些虚构的人物，它们代表一些典型的用户。例如，如果正在设计一个新闻阅读器，开发者可以创建一些他们认为属于最为常见的用户的人物角色。

人物角色应该有全名、描述、年龄、性别、教育背景以及其他相关信息。此外，还应列出用户使用应用的一些目标（例如，乘公交时了解新闻）。最后，还应根据相对重要程度为每个角色定义一个优先级。下面的例子显示了设计新闻阅读器应用时可以定义的人物角色：

姓名：约翰·史密斯

性别：男

年龄：31

描述：

❏ 乘公交上班时阅读新闻

❏ 在办公室上班

❏ 主要用智能手机阅读新闻

优先级：高

应该为目标用户定义一些人物角色。试着想象每个角色如何使用应用程序，以及他们的需求是什么。

为最重要的用户创建人物角色之后，就可以很容易定义满足应用最关键需求的用户故事。现在可以很轻松地为项目中的每个用户故事安排优先级了。

4.2　Android UI 设计

在为 Android 应用程序规划和设计用户界面（UI）时需要遵循几个基本原则。在规划用户界面时，首先需要考虑屏幕的问题。设计者需要建立多屏幕块的应用程序模型，每个屏幕块都对应着用户可执行的操作。例如，一个标准的新闻阅读器应用程序应该有一个屏幕块显示新闻条目，一个添加新闻源，一个阅读新闻内容，可能还需一个用来搜索。

在定义屏幕块时无需考虑用户界面的细节，只需确定每个屏幕块上要展示什么信息，至于如何排列可以放到后面再考虑。

4.2.1 导航

一旦确定了屏幕块的分布，就需考虑如何在各屏幕块之间进行导航。导航设计要简单直接，方便用户使用。Android提供了许多导航设计概念，简化导航过程。在开始设计导航结构时，可能会根据需求再增加相应的屏幕块。

Android应用程序的导航可以分为四类：时间导航（temporal）、返回导航（ancestral）、子导航（descendant）和横向导航（lateral）。

使用Android的返回按钮可以移到前一个浏览的页面，实现时间导航。Android框架会自动处理这种导航方式，开发者不需要编写任何特别的代码。然而，有些情况下可能希望改变返回按钮的默认处理方式。比如，当用内嵌的WebView显示网页时，可能希望使用后退按钮来浏览之前的网页而不是返回前一个Activity。

返回导航是指用户通过应用的层次结构向上移动到父页面，比如移到应用的开始页面。通过在清单文件中为每个Activity使用android:parentActivityName属性，可以在Android 4.1及后续版本中实现该导航方式。对于早期版本的Android，则需要配合使用支持库和meta-data标签（见http://developer.android.com/training/implementing-navigation/ancestral.html）。

子导航用于从上级页面切换到下级页面，比如单击列表中的某个项目。子导航是Android应用中最常见的导航形式，通常通过组合Activity和Fragment来实现。这种导航一般按照信息的层次结构向下移动，但是也可以用来显示当前对象的详细信息。

横向导航用于在同层级的页面间进行切换，例如切换不同的选项卡。当应用包含类别不同而类型相似的多个列表时，该导航会非常有用。最常见的一个例子是Google Play Store应用程序中不同类型的应用程序列表。

4.2.2 用户界面原型

一旦完成屏幕块和导航的设计，就可以开始用户界面的原型设计了。开始原型设计的最佳方法是使用纸和铅笔。这种方式廉价、快速，由于用户使用手指与应用程序交互，所以很容易感觉到它的易用性。还要为每个屏幕块画一个素描并添加UI注释。接下来就可以浏览这些原型屏幕块了，在某种程度上很像用户在真实的设备上浏览应用程序。

在纸上进行原型设计时，刚开始可以很简单，不关注具体细节，最后再演变成描述用户界面外观的完整草图。最重要的是尝试几种不同的设计，而不仅仅是坚持最先想到的。最后应该比较所有的草图，并从中选择最适合的方案。

一旦开发者觉得已经有了不错的纸上原型，接下来就可以使用Android Studio来创建一个更高级的用户界面原型了。

Android Studio UI Designer

Android Studio UI Designer是Android应用程序UI原型设计最好的工具之一。它允许开发者直接编辑XML布局，并在不同尺寸的设备上显示界面效果（见图4-1）。可以很容易地创建用于设备或模拟器的快速模型。

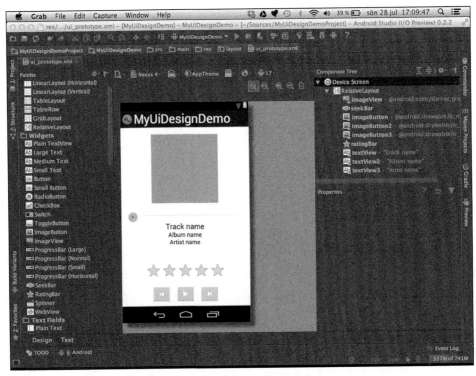

图4-1　使用Android Studio进行UI原型设计

Android Studio UI Designer的一个优点是它紧密地与代码集成。开发者可以在不同的屏幕尺寸、区域设置和屏幕方向之间轻松地切换，并能立刻看到效果。

通过使用Android Studio和它的UI Designer工具，开发者可以为用户界面创建一个能工作的模型，并能在真实设备上查看效果。可能需要添加少量的代码来提供假数据，但是只需很少的工作量，就可以很快为应用程序创建一个可以工作的模型。

4.3　Android 用户界面元素

在开发Android应用时，开发者可以在Android SDK中找到大量现成的用户界面元素，称为部件（widget）。这些小部件可以在Android API的android.widget包中找到，开发者应该尽量使用这些现成的部件。但是，如果应用程序的视图层级过于复杂，则需考虑创建自定义视图，具体内容将在第5章介绍。

尽量使用现成部件的主要原因是它们更容易被用户识别。许多情况下，开发者都希望自己开发的应用程序能在多个平台上发布，这就导致他们喜欢在不同的平台使用一样的用户界面设计。尽管他们一开始都觉得"一次设计、到处运行"的概念很好，但可能出现不同用户有不同体验的情况，进而产生负面效果，疏远了用户。

这也是为什么开发者应尽量避免根据个人感觉和喜好而更改现有部件的设计。用户运行应用程序时突然发现按键的设计都改变了，会很困惑。更多关于"纯正的Android"（Pure Android）内容详见http://developer.android.com/design/patterns/pure-android.html。

4.4　Android 应用程序文本

任何应用程序最重要的考量之一就是文本。尽管UI组件的布局很重要，但文本和图片相互组合才能向用户传达信息。布局很差的文本（字体不当或字号过小）会导致整体的用户体验很差。

此外，如何用文本传达信息也很重要，详细内容请见网站（http://developer.android.com/design/style/writing.html）的Writing Stylc（写作风格）部分。

4.4.1　字体

近年来有关字体的争论不断，特别是到底该用serif（衬线体）还是sans serif（无衬线体），但研究表明两者均无法显著影响人们的阅读速度。

所以开发者**应该**关心的是，什么字体容易被人识别。人脑利用图像识别来辨清文本中的字母，所以逻辑上讲，开发者应该使用容易辨认的字体，而高度装饰字体只用于标识（logo）等其他场合。

谷歌为Android设计出了一款默认字体Roboto（见图4-2），在此建议开发者使用这款字体，除非自己能设计出一款更好的字体。在设计这款字体时，谷歌已将现代Android设备的各方面考虑进去，如高分辨率屏幕。

The quick brown fox jumps over the lazy dog

图4-2　Android Roboto字体示例

4.4.2　文本布局

关于可读性的另一个有趣的现象是，当文本行很长时，人的阅读速度更快，但人们更喜欢阅读比较短的文本。这就是为什么报纸版面会分成较窄的若干栏。所以，设计应用程序时要考虑到所要呈现的文本中什么是最重要的。只有阅读速度是最重要的方面时才需使用长行。当然，应用程序里的文本一般较短，所以这个问题不大。需要注意的是，确保每行文本45～72个字符。

编写在手机上以竖屏模式运行的应用程序时，文本长度问题不大，因为这种情况下文本很少会很长。但是，如果编写的应用程序在平板电脑或是智能手机上以横屏模式运行，开发者需特别注意文本长度这个问题。当用户界面很宽时，尽量把每行分栏，每栏文字限定在45～72个字符。图4-3展示了使用长文本行和短文本行的区别。

图4-3   长文本行和短文本行的布局区别

4.5   尺寸和大小

Android程序员都知道，在指定UI元素的大小时，单位应该使用dp（density-independent，密度无关像素）。根本原因在于这样定义可以使Android应用程序文本在不同屏幕尺寸、分辨率和像素密度的手机上自动调整大小。使用dp的目的是绘制一个View（视图），使其在所有屏幕上同比例显示。1 dp约等于160 dpi屏幕上的1个真实像素。

开发者在定义UI尺寸时都需要用dp单位，有一种情况除外：指定字体大小使用sp单位。sp单位基于dp单位，但可以根据用户对字体大小的首选项进行调整。因此，字体大小使用sp单位可以确保文字按照用户选择的大小显示。

> Android 支持的像素单位还有 pt（points，磅）、px（pixel，像素）、mm（millimeter，毫米）、in（inch，英寸）。这些单位只在某些特殊情况下才使用，所有默认尺寸尽可能使用 dp 或 sp。

4.5.1   推荐尺寸

Android应用程序的按钮应该多大？外边距和内边距需要多宽？图标应该多大？如果不是采用dp单位，上面的问题会很难回答，但现在可以简单地回答"48个dp"。48个dp转换过来基本上相当于9毫米，这个尺寸大小合适，用户可以用手指在触摸屏上轻松交互应用。

这并不意味着所有UI元素都必须是48 dp，但用户需要与之交互的UI组件必须大于48 dp。如果UI组件必须大于48 dp，最好将其大小设计成48 dp的倍数，以使UI布局保持一致（见图4-4，来源：http://developer.android.com/design/style/metrics-grids.html）。

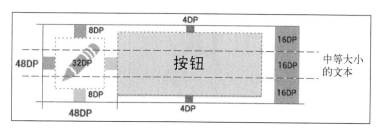

图4-4 如何保持Android UI对象48 dp大小的图示

4.5.2 图标大小

dp单位只适用于Android，开发者必须为支持的不同分辨率创建不同版本的图标。Android Studio可以帮助开发者创建启动图标，开发者将这些图标大小作为其他图标的模板。需要的分辨率有48像素（MDPI）、72像素（HDPI）、96像素（XHDPI）及144像素（XXHDPI），这就是所谓的2∶3∶4∶6比例，其他像素大小可参考该比例。图4-5（来源：http://developer.android.com/design/style/iconography.html）展示了不同像素下图标的相对大小。

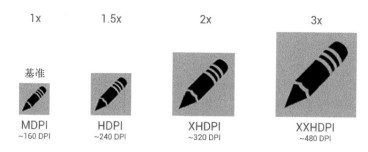

图4-5 在Android不同屏幕下图标的相对大小

如果将位图作为Android图标，应该使用dp而不是像素作为`View`的单位。一个正常的图标，如主屏幕上的启动图标，应该为48 dp×48 dp，而操作栏（action bar）的图标应为32 dp×32 dp，通知栏的图标为24 dp×24 dp，更小的图标为16 dp×16 dp。不要设计小于16 dp的图标，因为有些用户可能会无法辨识。

4.5.3 字体大小

谷歌创建的Roboto字体被用于所有标准的Android应用程序。尽管开发者可以采用其他的字体，但建议使用Roboto，以便与标准UI规范保持一致。

字体的大小非常重要，因为它涉及阅读的便利性。图4-6展示了字体大小是如何衡量的。不同字体的尺寸即使一样，实际看起来可能也会不同，主要是因为它们的x-height（x高度）不同。x-height即为该字体中小写字母x的高度。x-height大的字体看起来更大，更便于阅读。经常使用的x-height较大的字体有Arial和Verdana。

图4-6   字体大小衡量方式图示（以Roboto为例）

谷歌为Android字体定义了四个标准大小：micro（极小，12 sp）、small（小，14 sp）、medium（中，18 sp）、large（大，22 sp）。在应用程序中使用前面定义的大小可以与Android框架保持一致。请注意，字体大小使用sp单位，而不是dp，以便用户可以根据个人偏好在Settings（设置）中调节字体的缩放比例。

4.6   颜色

其实笔者最不够格讨论颜色这一节，因为笔者严重色盲，挑选衣服还需妻子帮忙。选择适当的UI颜色对于正常人就是一项艰巨的任务，而色盲使得这项任务变得更加复杂。幸好有些原理即便是笔者这样的色盲也可以理解和遵循。

首先，黑白是最保险的颜色组合，它们对比鲜明，尤其是在Android设备屏幕上。如果开发者不确定选什么颜色，那就用黑白两色，需要突出强调某些细节的时候再选用其他颜色。

关于文本和背景颜色的选取，有一些基本规则。Android设备通常使用的液晶屏和纸差异很大。首先，液晶屏会发光，容易导致眼疲劳，不适合长时间阅读。其次，由于液晶屏频繁刷新，即便移动设备不动，屏幕上的图像也不稳定。大多数液晶屏的刷新率为60赫兹，但有些屏幕的刷新率更高。

研究表明，在液晶屏上阅读文本时，文字和背景颜色的对比度越大越好，这就是为什么黑白是显示文本很好的颜色组合。最好文字使用黑色，而背景选白色，因为事实证明黑色背景白色文字没前者更适合阅读（见图4-7）。

阅读此处的文本很轻松。白色背景黑色字体对比鲜明，尽量使用此种搭配。	阅读此处的文本稍费力，但还能接受。必要时使用这种搭配，但千万不要用于大段文本。	由于颜色对比度小，阅读此处的文本很费力。在挑选其他的颜色搭配时千万小心，因为有时颜色搭配不当会给阅读带来不便。

图4-7   颜色对比度影响可读性示例

应用程序中避免使用太多颜色的另一个原因是，不同用户对颜色有不同的诠释。世界不同地区赋予了颜色不同的文化含义。例如，在西欧、北美和许多穆斯林国家，绿色代表幸运，而非洲、东欧和中国则用红色。选错颜色可能会严重影响应用程序的用户群。关于不同文化中不同颜色的含义，David McCandles的色轮是非常好的资料，详见http://www.informationisbeautiful.net/visualizations/colours-in-cultures。

谷歌建议开发者用原色作为强调。Android设计指南（Android Design Guidelines，见 http://developer.android.com/design/style/color.html）中有大量标准色板可用于应用程序。请挑选与品牌匹配的配色方案。

色盲

色盲有不同种类，但大多数情况下，色盲是指无法分辨某些颜色，最常见的色盲是红绿色盲，而红绿两色的辨别有时可能对于正常人也比较困难。世界上约9%的男性和1%的女性为色盲患者。

想知道自己在色盲人眼中长什么样吗？Vischeck（http://www.vischeck.com）可以帮你实现。它还可以帮助矫正色盲眼中的图像。

4.7 图像和图标

任一应用程序至少包含一个图像，即应用程序启动图标。当然，你的应用程序可能包含许多其他的图标和图像，而开发者如何设计这些图标和图像将对用户如何看待该应用程序产生巨大影响。

包含各种复杂对象的图标可能对用户如何看待应用程序产生负面影响。所以，开发者应该特别小心应用程序启动图标的设计，让其易于识别，且在亮色和暗色背景下都能显示，因为无法确定用户会选择什么样的背景。

4.7.1 典型透视

当我们请人们凭记忆画一个物体时，大多数人会从一个略高于它的角度来描绘它，这叫做典型透视（canonical perspective），这也诠释了我们是如何记住物体的。例如，请在一张纸上画个茶杯，很可能大家画的都与图4-8很像。

图4-8 典型透视下的茶杯

如果开发者想提供一个很逼真的图标，那么使用典型透视来设计它可就帮了用户天大的忙，因为这样用户可以很快识别，把它和它所代表的真实物体联系起来。

4.7.2   几何离子

另一个有关物体的有趣现象是，人们是如何在记忆中构建物体的。研究表明，人们能通过把复杂物体拆分成简单的组成部分（也叫几何离子，geon）进行识别，也能在大脑中利用这些几何离子构建更复杂的物体。如图4-9所示，人们可以凭借回忆把左边的几何离子重建成现实生活中的物体。

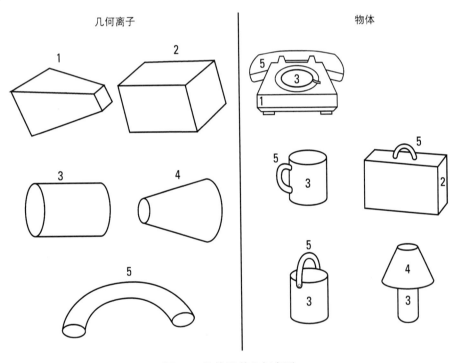

图4-9   物体及其几何离子

开发者为应用程序设计图标时，最好用简单的几何图形构造，而且构造图标使用的几何离子越少，用户就能越快识别图标代表的是什么。

4.7.3   人脸识别

人类很擅长人脸识别，许多人可以轻松地从一堆人中认出自己的朋友。实际上，相对于识别物体，我们能更快识别人脸。此外，我们对文字的理解远远慢于识别人脸。了解这些将极大改进开发者的UI设计。

如果应用程序需要与诸如Twitter或Facebook这样的社交网络整合，那开发者就可以利用这个优势。直接使用头像显示用户的好友，不要罗列一大串名字，这样既能在屏幕上显示更多信息，又能让用户更快地锁定要找的人。

4.8 可用性

根据Steve Krug所著的《点石成金》一书，可用性的第一条定律就是，不要让用户思考！用户不应该花大量的时间来研究如何使用应用程序。史蒂夫认为，开发者应该让第一次看到应用程序UI的用户无需质疑下一步该如何操作，下一步的操作应该简单明了。

从UI导航的整体设计到单个模块的UI设计，这个定律同样使用。例如，用户能立刻识别标准按钮，而设计新奇的按钮需要用户下意识地反应、识别。那么，相对标准按钮，开发者即使更青睐后者，最好还是使用标准按钮，因为那是用户期望在设备上看到的。

所以，遵循Android设计原则很重要。当然，开发者也可以在UI设计上使用自己独特的外观和风格，但如果这么做，最好确保提供一个用户友好的界面。实际上，**只有你知道如何有效地打破规则的时候才能打破规则！**

视觉线索

为了设计出用户友好的界面，开发者需要考虑UI元素的视觉线索。**视觉线索**（visual cue）是指一个物体向用户发出的如何与之交互的信息。由于不清晰或复杂而导致难以理解的用户线索可能会导致用户出错或以错误的方式使用该物体。

一个Android应用程序有许多视觉线索。Android设备上的主屏幕按键和返回键很容易识别，其视觉线索很清晰地告知用户它们的功能及使用方法。当然，视觉线索同样适用于其他很多操作按键，比如大多数Android应用程序内置的"分享"操作。

由于人们对文字的理解慢于对简单图标的理解，所以给所有的按钮提供一个合适的图标将大大减少用户的麻烦。如果按钮只有文字，那代表该按钮操作的视觉线索就很难识别，用户需要花费更多的时间来理解。

以Android上的文件浏览器应用为例，在列出文件时，开发者会设计两个按键：发送键和删除键。如果按钮只有文字而没有添加图标，那用户更有可能无意按错。如果图标和文字只能选择一个，那么优先选择图标。

Android Design网站（http://developer.android.com/design/style/iconography.html）提供了许多免费图标，开发人员可用在自己的应用程序设计中。利用它们可以设计出很容易识别的图标，减少用户理解应用程序所需的时间，且把误操作的风险降至最低。

4.9 用户奖励机制

无论什么类型的应用程序，用户都期望能看到成果。这个成果可以看成是对用户使用应用程序的一种奖励。这方面的相关研究已向开发者提供了一些设计过程中可用的工具。现今的世界到处都是互联网连接的应用程序和网页，而**游戏化**这个术语也应运而生，成为如何有效实行奖励的代名词。

游戏化

游戏化这一术语由英国程序员 Nick Pelling 于 2002 年创造，尽管当时这一术语已被采用，但直到 2010 年左右才得以普及。

游戏化的理论就是在游戏世界以外的世界（现实世界或基于计算机的虚拟世界），游戏的基本原理和方法能提高用户的参与度。人们本能地会努力竞争，获得新的成就，取得更高的地位。比如，如果用户因经常使用应用程序而获得奖励，他会变得更热衷使用。如果用户在完成每项任务时能立即得到一些奖励，那他会比没有这种游戏化激励的情况反应更积极。如果应用程序中引入了与其他用户竞争的机制（比如，使用得分榜列出"最好的玩家"），则可以进一步提高用户的参与度。这反过来又可以增强用户对应用程序的熟悉程度，增加使用量，自然而然利润也随之而来，也为开发者提供了更多用于优化应用程序的数据。应用于网页或应用程序，游戏化会是一个很强大的工具。

移动应用程序使用游戏化最著名的案例之一就是 Foursquare，这是一个基于地理位置的社交网络服务，可以让用户在某处签到。如果用户在新的地点签到，或者在一段时间内经常在同一地点签到，或者在某一地点的签到次数最多，就可以获得 Foursquare 的徽章。结果，Foursquare 获得了有关世界旅游胜地的巨大数据库，因为大量用户使用，Foursquare 就知道哪些地方人们感兴趣，及人们这些名胜古迹之间游玩的交通方式。这些数据可以授权给那些想提供相关景点信息的第三方。

事实上，任何应用程序都可以使用游戏化来增加使用量和用户参与度。笔者曾在一个笔记本应用中使用了游戏化来达到上述目的。为了让用户尽可能多地使用这个笔记本应用，用户使用应用记录一定数量的文字、笔记或页数后，就可以获得一些奖励（详见图 4-10）。如果应用程序中引入用户可见的排行榜，那参与度将更高。

在应用程序中使用游戏化策略的确可以提高用户参与度，快速增加用户量。但是，这也存在风险。如果竞争太简单，用户会因为缺乏挑战性而不再使用；但如果太难，用户会直接放弃。而且，有些用户可能会作弊，一旦用户很容易作弊，那游戏化最终对于应用程序来说就是一个破坏性元素。

避免在整个用户体验过程中都使用游戏化策略。例如，Foursquare 会根据用户在某个地点签到的次数和他们签到地点的数量让用户相互竞争，但该应用也提供了其他很好的功能，如为用户发现旅游胜地，并提供其他游客的评论。

开发者也可以利用游戏化策略来教用户如何使用应用，如果应用很复杂，需要一些培训，这会非常有用。

图4-10 将游戏化策略用于笔记本应用程序的例子（图中英文的意思是"恭喜您获得了莎士比亚徽章！"）

4.10 小结

本章主要围绕UI设计概念的相关理论展开。若开发者能将Android Design网站上的所有指南和技巧都过一遍，相信能学到很多本章没有涵盖的内容。此外，强烈推荐4.11节所列的书籍和参考文献。

一名出色的开发者并非一定是一位优秀的UI设计师。但是，通过了解用户对UI的反应及原因等基本知识，开发者可以避免很多设计缺陷。

也就是说，没什么能胜过一个专业的交互和UI设计师。如果可以的话，希望你的团队中拥有这样一名了解Android设计指南的优秀设计师。

4.11 延伸阅读

1. 图书

❑ Weinschenk, Susan.《设计师要懂心理学》. 人民邮电出版社，2013

❑ Krug, Steve.《点石成金：访客至上的网页设计秘笈》. 机械工业出版社，2006

❑ Lehtimäki, Juhani. Juhani Lehtimäki. *Smashing Android UI*. Wiley, 2012

2. 网站

❑ Android设计：http://developer.android.com/design/index.html

❑ 编写好的用户故事的简单方法：

　http://codesqueeze.com/the-easy-way-to-writing-good-user- stories/

❑ Susan M. Weinschenks关于人们如何思考和举止的博客：http://www.blog.theteamw.com/

❑ YouTube上的Android Developers频道，尤其是Android Design系列：

　http://www.youtube.com/ user/androiddevelopers

第 5 章

Android用户界面操作 5

第4章介绍了如何设计优秀的用户界面，但这只完成了一半，知道如何用Android API实现这些用户界面同样重要。Android开发者（Android Developers）网站上有许多教程和指南，对于开发者学习一般的编程实例很有用，但编写自定义视图或检测高级多点触控手势却无法直接从标准API中获取，操作过程会复杂很多。

本章首先简单介绍Activity和Fragment及如何使用新的Presentation API在辅助屏幕上展示用户界面。

Activity和Fragment是Android用户界面的重要组成部分，但本书对此只做简单介绍，因为Android开发者网站和其他教程对这两个概念已经做了很详细的说明。而且，由于它们是Android应用程序至关重要的组成部分，相信大多数读者对它们都已经很了解了。

接下来本章会概述Android上的视图（View）系统，其中包括一些关键问题，如怎样实现自定义视图，如何在不同屏幕尺寸上绘制视图。

本章还将介绍如何在应用程序中实现高级的多点触控功能。Android自身支持某些多点触控手势，但对于更高级的手势，开发者需要创建自己的手势检测组件。

5.1　Activity 和 Fragment

如果开发者很熟悉图5-1所示的Activity和Fragment的生命周期，那Android用户界面这部分就基本没有什么问题了。需要注意的是，如果在生命周期的回调中进行了初始化操作，则还需在对应的生命周期回调函数中执行清理任务（停止和解绑Service，关闭连接等）。例如，如果在Activity.onResume()中绑定了一个Service，开发者还需要在Activity.onPause()中执行解除绑定操作。这样才能降低应用程序意外泄漏资源的风险。

当开发者需要复用UI来支持不同的屏幕尺寸，Fragment就很有用。并非强制开发者必须使用Fragment，但如果应用程序分别为手机和平板电脑设计了UI，那强烈建议使用Fragment。

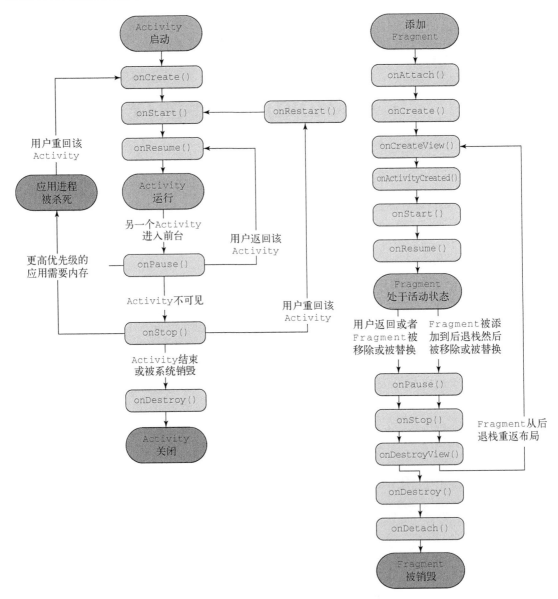

图5-1 Activity和Fragment的生命周期示意图

Android Studio提供了创建Master/Detail Flow UI的优秀模板。该模板在平板电脑上会并排显示两个Fragment（见图5-2），而在小屏幕的手机上则使用两个单独的Activity。如果开发者需要在同一个APK中创建支持不同尺寸屏幕的应用，建议使用上述UI。

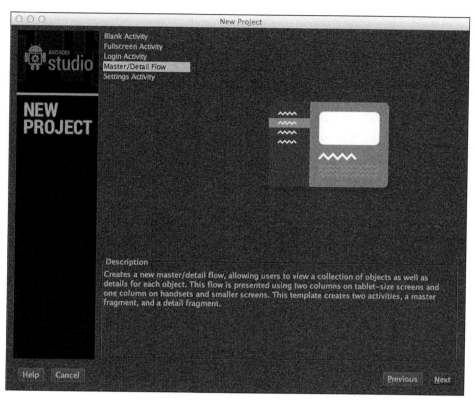

图5-2 使用Android Studio创建Master/Detail Flow模板

5.2 使用多个屏幕

随着Android 4.2的发布，开发者可以在`Activity`中使用多个屏幕来展示UI。这是通过`Presentation API`完成的，它允许开发者枚举可用的`Display`，并为每个`Display`对象分配一个单独的`View`。

在Android中，通过继承`Presentation`类并给它添加一个`View`对象来定义辅助屏幕。实际的显示屏幕可能是HDMI设备或是无线显示器，比如Miracast接收器。开发者不需要关心不同类型的显示器，只需使用`Display`类即可轻松应对。

下面的例子显示了如何使用`DisplayManager`来枚举所有可用的`Display`对象：

```java
public class SecondDisplayDemo extends Activity {
    private Presentation mPresentation;

    @Override
    protected void onCreate(Bundle savedInstanceState) {
        super.onCreate(savedInstanceState);
        setContentView(R.layout.device_screen);
    }
```

```
@Override
protected void onResume() {
    super.onResume();
    setupSecondDisplay();
}

@Override
protected void onPause() {
    super.onPause();
    if (mPresentation != null) {
        mPresentation.cancel();
    }
}

private void setupSecondDisplay() {
    DisplayManager displayManager = (DisplayManager)
            getSystemService(Context.DISPLAY_SERVICE);
    Display defaultDisplay = displayManager.
            getDisplay(Display.DEFAULT_DISPLAY);
    Display[] presentationDisplays = displayManager.
            getDisplays(DisplayManager.DISPLAY_CATEGORY_PRESENTATION);
    if (presentationDisplays.length > 0) {
        for (Display presentationDisplay : presentationDisplays) {
            if (presentationDisplay.getDisplayId()
                    != defaultDisplay.getDisplayId()) {
                Presentation presentation =
                        new MyPresentation(this, presentationDisplay);
                presentation.show();
                mPresentation = presentation;
                return;
            }
        }
    }
    Toast.makeText(this, "No second display found!",
            Toast.LENGTH_SHORT).show();
}

private class MyPresentation extends Presentation {
    public MyPresentation(Context context, Display display) {
        super(context, display);
        // 用于第二个屏幕的视图
        setContentView(R.layout.second_screen);
    }
}
}
```

　　本例首先找出第一个非默认的 Display 对象（即设备上的物理屏幕）。接着继承 Presentation 类，并添加了一个不同的 View。Presentation 实例和 Activity 有着相同的生命周期，所以当用户离开应用时，第二个屏幕（通常是克隆默认的屏幕）也会随之销毁。

　　在开发过程中测试使用多个屏幕可能有点困难，但是开发者可以使用 Settings（设置）→Developer Options（开发者选项）→Simulate Secondary Displays（模拟辅助显示设备）命令来模拟多屏幕。可在开发过程中使用该模拟屏幕来模拟使用辅助显示设备。

5.3　设计自定义视图

尽管Android API提供了一些UI小部件可以组合成更复杂的组件，但有时候有必要从头开始设计自己的自定义视图。在开始实现自定义视图之前，还有一些细节需要注意，本节接下来就会阐述。

通过下面的例子，开发者将构建一个自定义的钢琴键盘视图。此视图会展示键盘，当按下按键时还会播放正确的键音并改变按键的外观。在展示该视图代码前，请允许笔者带大家一起过一下View的生命周期。

5.3.1　**View** 的生命周期

就像Fragment和Activity都有生命周期一样，View也有自己的生命周期。该生命周期并不直接和展示它的Fragment或者Activity相连；相反，它和显示它的窗口状态以及渲染循环相关。

当视图被添加到View层次结构中时，第一个被回调的函数是View.onAttachedToWindow()，这标志着它现在可以加载所需的资源了。构建自定义视图时，开发者应该重载该方法，并在该方法中加载所有资源并初始化视图所需的依赖。基本上，所有耗时的初始化操作都应放在该方法中。

还有一个匹配的回调名为View.onDetachedFromWindow()，从View层次结构中移除视图时调用这个方法。在这里，开发者需要关注那些需要显式清理的操作，比如所有被加载的资源、启动的Service，或者其他依赖。

视图被添加到View层次结构中之后，它会经过一个循环，该循环首先计算动画，接下来会依次回调View.onMeasure()、View.onLayout()、View.onDraw()等方法，如图5-3所示。系统会确保这些方法每次都按完全相同的顺序被调用。

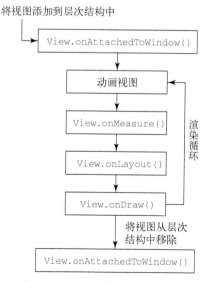

图5-3　View生命周期回调图

5.3.2 钢琴键盘部件

本节描述的视图（见图5-4）允许用户点击按键，然后播放音符。所有这些都是由View类管理，所以它需要加载所有的音频剪辑并管理不同的状态。最后，用户还应该能用多个手指演奏，这需要使用Android API中的多点触控功能。

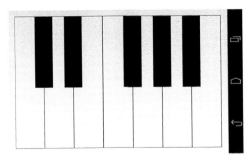

图5-4 钢琴键盘自定义视图

以下是新自定义View的第一部分：

```
public class PianoKeyboard extends View {
    public static final String TAG = "PianoKeyboard";
    public static final int MAX_FINGERS = 5;
    public static final int WHITE_KEYS_COUNT = 7;
    public static final int BLACK_KEYS_COUNT = 5;
    public static final float BLACK_TO_WHITE_WIDTH_RATIO = 0.625f;
    public static final float BLACK_TO_WHITE_HEIGHT_RATIO = 0.54f;
    private Paint mWhiteKeyPaint, mBlackKeyPaint,
                mBlackKeyHitPaint, mWhiteKeyHitPaint;
    // 最多支持5个手指
    private Point[] mFingerPoints = new Point[MAX_FINGERS];
    private int[] mFingerTones = new int[MAX_FINGERS];
    private SoundPool mSoundPool;
    private SparseIntArray mToneToIndexMap = new SparseIntArray();
    private Paint mCKeyPaint, mCSharpKeyPaint, mDKeyPaint,
            mDSharpKeyPaint, mEKeyPaint, mFKeyPaint,
            mFSharpKeyPaint, mGKeyPaint, mGSharpKeyPaint,
            mAKeyPaint, mASharpKeyPaint, mBKeyPaint;
    private Rect mCKey = new Rect(), mCSharpKey = new Rect(),
            mDKey = new Rect(), mDSharpKey = new Rect(),
            mEKey = new Rect(), mFKey = new Rect(),
            mFSharpKey = new Rect(), mGKey = new Rect(),
            mGSharpKey = new Rect(), mAKey = new Rect(),
            mASharpKey = new Rect(), mBKey = new Rect();
    private MotionEvent.PointerCoords mPointerCoords;

    public PianoKeyboard(Context context) {
        super(context);
    }

    public PianoKeyboard(Context context, AttributeSet attrs) {
```

```
                super(context, attrs);
        }

        public PianoKeyboard(Context context, AttributeSet attrs,
                             int defStyle) {
                super(context, attrs, defStyle);
        }

        @Override
        protected void onAttachedToWindow() {
                super.onAttachedToWindow();
                mPointerCoords = new MotionEvent.PointerCoords();
                Arrays.fill(mFingerPoints, null);
                Arrays.fill(mFingerTones, -1);
                loadKeySamples(getContext());
                setupPaints();
        }

        @Override
        protected void onDetachedFromWindow() {
                super.onDetachedFromWindow();
                releaseKeySamples();
        }

        private void setupPaints() {
                ... 简单起见, 省略部分代码
        }

        private void loadKeySamples(Context context) {
                mSoundPool = new SoundPool(5, AudioManager.STREAM_MUSIC, 0);
                mToneToIndexMap.put(R.raw.c, mSoundPool.load(context, R.raw.c, 1));

                ... 简单起见, 省略部分代码
        }

        public void releaseKeySamples() {
                mToneToIndexMap.clear();
                mSoundPool.release();
        }
```

这段代码显示了PianoKeyboard类所需的成员变量以及构造函数和onAttachedToWindow/onDetachedFromWindow回调。onAttachedToWindow()函数中重置了成员变量，并加载了音频剪辑。接下来创建了不同的Paint对象，每个对象对应一个可能的按键状态。最后，用SoundPool加载存储在raw资源文件夹中的音频剪辑。

另外需要注意的是，这里为每个按键创建了一个Rect成员对象，并用默认值初始化这些变量。虽然可以在onDraw()方法中创建这些对象，但是前面的例子将减少垃圾回收的次数，而过多的垃圾回收将影响性能。

接下来的部分是onLayout()和onDraw()方法：

```
        @Override
        protected void onLayout(boolean changed, int left, int top,
```

```
                                    int right, int bottom) {
        super.onLayout(changed, left, top, right, bottom);
        // 计算每个按键的大小
        int width = getWidth();
        int height = getHeight();
        int whiteKeyWidth = width / WHITE_KEYS_COUNT;
        int blackKeyWidth = (int) (whiteKeyWidth *
                                BLACK_TO_WHITE_WIDTH_RATIO);
        int blackKeyHeight = (int) (height * BLACK_TO_WHITE_HEIGHT_RATIO);

        // 为每个按键定义一个Rect对象
        mCKey.set(0, 0, whiteKeyWidth, height);
        mCSharpKey.set(whiteKeyWidth - (blackKeyWidth / 2), 0,
                whiteKeyWidth + (blackKeyWidth / 2), blackKeyHeight);

        // 简单起见，省略其他按键
    }

    @Override
    protected void onDraw(Canvas canvas) {
        super.onDraw(canvas);

        // 开始绘制白色的按键
        canvas.drawRect(mCKey, mCKeyPaint);
        canvas.drawRect(mDKey, mDKeyPaint);
        canvas.drawRect(mEKey, mEKeyPaint);
        canvas.drawRect(mFKey, mFKeyPaint);
        canvas.drawRect(mGKey, mGKeyPaint);
        canvas.drawRect(mAKey, mAKeyPaint);
        canvas.drawRect(mBKey, mBKeyPaint);

        // 最后再绘制黑色按键，因为它们会"覆盖"白色的按键
        canvas.drawRect(mCSharpKey, mCSharpKeyPaint);
        canvas.drawRect(mDSharpKey, mDSharpKeyPaint);
        canvas.drawRect(mFSharpKey, mFSharpKeyPaint);
        canvas.drawRect(mGSharpKey, mGSharpKeyPaint);
        canvas.drawRect(mASharpKey, mASharpKeyPaint);
    }
```

　　在 onLayout() 方法中（在布局过程被调用），计算了每个按键的大小和位置。在 onDraw() 方法中，应避免执行任何耗时的操作，而只关注实际的绘制，从而避免潜在的性能问题。**注意：本例没有重写 onMeasure() 方法，因为父类的 onMeasure() 就能满足要求。**

　　最后一部分是 onTouchEvent() 回调，它会执行视频剪辑实际的播放效果，并改变按键的绘制状态。

```
    @Override
    public boolean onTouchEvent(MotionEvent event) {
        int pointerCount = event.getPointerCount();
        int cappedPointerCount = pointerCount > MAX_FINGERS ?
                                        MAX_FINGERS :
                                        pointerCount;
        int actionIndex = event.getActionIndex();
```

```
        int action = event.getActionMasked();
        int id = event.getPointerId(actionIndex);

        // 检查是否收到了手指的按下或者抬起动作
        if ((action == MotionEvent.ACTION_DOWN ||
              action == MotionEvent.ACTION_POINTER_DOWN) &&
              id < MAX_FINGERS) {
            mFingerPoints[id] = new Point((int) event.getX(actionIndex),
                                          (int) event.getY(actionIndex));
        } else if ((action == MotionEvent.ACTION_POINTER_UP ||
                    action == MotionEvent.ACTION_UP)
                    && id < MAX_FINGERS) {
            mFingerPoints[id] = null;
            invalidateKey(mFingerTones[id]);
            mFingerTones[id] = -1;
        }

        for (int i = 0; i < cappedPointerCount; i++) {
            int index = event.findPointerIndex(i);
            if (mFingerPoints[i] != null && index != -1) {
                mFingerPoints[i].set((int) event.getX(index),
                                     (int) event.getY(index));
                int tone = getToneForPoint(mFingerPoints[i]);
                if (tone != mFingerTones[i] && tone != -1) {
                    invalidateKey(mFingerTones[i]);
                    mFingerTones[i] = tone;
                    invalidateKey(mFingerTones[i]);
                    if (!isKeyDown(i)) {
                        int poolIndex =
                                mToneToIndexMap.get(mFingerTones[i]);
                        event.getPointerCoords(index, mPointerCoords);
                        float volume = mPointerCoords.
                                getAxisValue(MotionEvent.AXIS_PRESSURE);
                        volume = volume > 1f ? 1f : volume;
                        mSoundPool.play(poolIndex, volume, volume,
                                0, 0, 1f);
                    }
                }
            }
        }

        updatePaints();

        return true;
    }

// 检查当前手指按下的按键是否已被其他手指按下
private boolean isKeyDown(int finger) {
    int key = getToneForPoint(mFingerPoints[finger]);

    for (int i = 0; i < mFingerPoints.length; i++) {
        if (i != finger) {
            Point fingerPoint = mFingerPoints[i];
            if (fingerPoint != null) {
```

```
                        int otherKey = getToneForPoint(fingerPoint);
                        if (otherKey == key) {
                            return true;
                        }
                    }
                }
            }

        return false;
    }

    private void invalidateKey(int tone) {
        switch (tone) {
            case R.raw.c:
                invalidate(mCKey);
                break;
            // 简单起见, 省略其他情况
        }
    }

    private void updatePaints() {
        // 首先清除所有的按键状态
        mCKeyPaint = mWhiteKeyPaint;
        ... 简单起见, 省略其他键

        // 给所有手指触摸的按键设置mBlackKeyHitPaint或者mWhiteKeyHitPaint,
        // 首先从黑色的按键开始
        for (Point fingerPoint : mFingerPoints) {
            if (fingerPoint != null) {
                if (mCSharpKey.contains(fingerPoint.x, fingerPoint.y)) {
                    mCSharpKeyPaint = mBlackKeyHitPaint;
                } else if (mDSharpKey.contains(fingerPoint.x,
                                                fingerPoint.y)) {
                    ... 简单起见, 省略其他键
                }
            }
        }
    }

    private int getToneForPoint(Point point) {
        // 首先检查黑色按键
        if (mCSharpKey.contains(point.x, point.y))
            return R.raw.c_sharp;

        ... 简单起见, 省略其他键

        return -1;
    }
}
```

对于每个MotionEvent事件，都要检查是否有新的手指触摸了屏幕。如果有的话，需要新建一个Point对象，并把它存储到数组中以便追踪用户的手指轨迹。如果有ACTION_UP事件发生，则需移除相应的Point对象。

接下来要遍历所有通过`MotionEvent`追踪的`point`,并检查在上一次调用该方法后它们是否已被移除。如果是的话,播放当前处于按下状态的按键音符。该方法还确保当第二个手指移过处于已按下状态的按键时不会播放音符。

发生`MotionEvent`事件时,还要使用`invalidateKey()`方法来重绘视图。该方法需要按键的ID作为参数,并且只会让该按键所对应的矩形块无效。每当重绘视图,只对需要的矩形块调用该方法,这样做会显著提高渲染速度。

5.4　多点触控

自从Android第一次实现对多点触控技术的支持,用户就已经习惯在应用中使用多个手指做一些更高级的导航操作。谷歌地图可能是这方面做得最突出的应用。它结合了大部分的触控操作,比如双指缩放、倾斜屏幕、旋转等。需要多个手指进行操作的游戏是另一个多点触控比较流行的区域,如上一节`PianoKeyboard`例子所示。多点触控技术在其他领域也同样有用。

使用多点触控的一个挑战是跟踪每个手指。Android中的`MotionEvent`类是所有`pointer`相关操作的核心,`pointer`意味着手指、手写笔、一个普通的电脑鼠标,或者是一个外部的触摸板。

来看看另一个多点触控的例子。此例创建了一个用来绘制手指轨迹的自定义视图,并使用`Path`类(来自android.graphics包)追踪手指正在绘制的内容。前面钢琴用到的原理(即自定义视图涉及的方法)同样适用于这个例子,但是本例使用了更少的代码。

具体点说,下面的代码是一个很简单的手指绘画应用的例子,支持多点触控。

```java
public class PaintView extends View {
    public static final int MAX_FINGERS = 5;
    private Path[] mFingerPaths = new Path[MAX_FINGERS];
    private Paint mFingerPaint;
    private ArrayList<Path> mCompletedPaths;
    private RectF mPathBounds = new RectF();

    public PaintView(Context context) {
        super(context);
    }

    public PaintView(Context context, AttributeSet attrs) {
        super(context, attrs);
    }

    public PaintView(Context context, AttributeSet attrs, int defStyle) {
        super(context, attrs, defStyle);
    }

    @Override
    protected void onAttachedToWindow() {
        super.onAttachedToWindow();
        mCompletedPaths = new ArrayList<Path>();
        mFingerPaint = new Paint();
        mFingerPaint.setAntiAlias(true);
```

```java
        mFingerPaint.setColor(Color.BLACK);
        mFingerPaint.setStyle(Paint.Style.STROKE);
        mFingerPaint.setStrokeWidth(6);
        mFingerPaint.setStrokeCap(Paint.Cap.BUTT);
    }

    @Override
    protected void onDraw(Canvas canvas) {
        super.onDraw(canvas);

        for (Path completedPath : mCompletedPaths) {
            canvas.drawPath(completedPath, mFingerPaint);
        }

        for (Path fingerPath : mFingerPaths) {
            if (fingerPath != null) {
                canvas.drawPath(fingerPath, mFingerPaint);
            }
        }
    }

    @Override
    public boolean onTouchEvent(MotionEvent event) {
        int pointerCount = event.getPointerCount();
        int cappedPointerCount = pointerCount > MAX_FINGERS ?
                                               MAX_FINGERS :
                                               pointerCount;
        int actionIndex = event.getActionIndex();
        int action = event.getActionMasked();
        int id = event.getPointerId(actionIndex);

        if ((action == MotionEvent.ACTION_DOWN ||
             action == MotionEvent.ACTION_POINTER_DOWN) &&
             id < MAX_FINGERS) {
            mFingerPaths[id] = new Path();
            mFingerPaths[id].moveTo(event.getX(actionIndex),
                            event.getY(actionIndex));
        } else if ((action == MotionEvent.ACTION_POINTER_UP ||
                    action == MotionEvent.ACTION_UP)
                    && id < MAX_FINGERS) {
            mFingerPaths[id].setLastPoint(event.getX(actionIndex),
                                        event.getY(actionIndex));
            mCompletedPaths.add(mFingerPaths[id]);
            mFingerPaths[id].computeBounds(mPathBounds, true);
            invalidate((int) mPathBounds.left, (int) mPathBounds.top,
                    (int) mPathBounds.right, (int) mPathBounds.bottom);
            mFingerPaths[id] = null;
        }

        for(int i = 0; i < cappedPointerCount; i++) {
            if(mFingerPaths[i] != null) {
                int index = event.findPointerIndex(i);
                mFingerPaths[i].lineTo(event.getX(index),
                                    event.getY(index));
```

```
        mFingerPaths[i].computeBounds(mPathBounds, true);
        invalidate((int) mPathBounds.left, (int) mPathBounds.top,
                (int) mPathBounds.right,
                (int) mPathBounds.bottom);
        }
    }

    return true;
    }
}
```

注意如何使用Path类为每个新的事件添加一条新线。虽然这个类并不是完全准确（在添加新线之前要确保该pointer确实移动了），但它展示了如何创建一个更复杂的绘图应用程序。

5.4.1 PointerCoordinates

MotionEvent对象包含pointer的所有信息。因为有多种不同类型的输入设备（比如手指、手写笔或者鼠标）都能生成pointer，所以MotionEvent不止包含x, y坐标信息。Android API支持所有Linux内核定义的输入设备。因为不同设备的输入参数可能不同，所以pointer被设计成有多个坐标轴。最为常用的两个坐标轴是x, y坐标，但也有描述其他信息的坐标轴，比如压力、距离、方向等。另外，MotionEvent类不仅支持生成pointer坐标的输入设备，还支持游戏控制相关的坐标轴信息以及诸如节流阀、方向舵、倾斜、滚轮之类的输入来源。MotionEvent类适合那些需要外部输入的应用，比如游戏。

下面是之前PianoKeyboard例子的代码片段：

```
event.getPointerCoords(index, mPointerCoords);
float volume = mPointerCoords.getAxisValue(MotionEvent.AXIS_PRESSURE);
volume = volume > 1f ? 1f : volume;
mSoundPool.play(poolIndex, volume, volume, 0, 0, 1f);
```

这段代码展示了如何用指定的pointer数据填充PointerCoords对象。本例使用按键的力度来设置音频剪辑播放的音量。

前面例子用到的压力坐标（AXIS_PRESSURE）通常是一个虚拟值，由手指覆盖的表面计算而来。通常情况下，现今智能手机的电容式触摸屏不支持真正的触摸压力值。

5.4.2 旋转手势

Android API中有两个工具类能帮助开发者检测各种手势：GestureDetector类和ScaleGestureDetector类。第一个类支持一些简单的单点触控手势，比如长按、双击、快速滑动等。第二个类能检测谷歌地图所用的双指缩放手势以及图片的放大手势。然而，Android API并没有提供检测屏幕旋转的类。

下面的类演示了如何实现View的旋转手势检测，相关代码已用粗体标记。

```
public class RotateView extends View {
    public static final String TAG = "RotateView";
    private static final double MAX_ANGLE = 1e-1;
    private Paint mPaint;
    private float mRotation;
    private Float mPreviousAngle;

    public RotateView(Context context) {
        super(context);
    }

    public RotateView(Context context, AttributeSet attrs) {
        super(context, attrs);
    }

    public RotateView(Context context, AttributeSet attrs, int defStyle) {
        super(context, attrs, defStyle);
    }

    @Override
    protected void onAttachedToWindow() {
        super.onAttachedToWindow();

        mPaint = new Paint();
        mPaint.setColor(Color.BLACK);
        mPaint.setStyle(Paint.Style.STROKE);
        mPaint.setStrokeWidth(10);
        mPaint.setAntiAlias(true);

        mPreviousAngle = null;
    }

    @Override
    protected void onDraw(Canvas canvas) {
        super.onDraw(canvas);
        int width = getWidth();
        int height = getHeight();
        int radius = (int) (width > height ?
                        height * 0.666f : width * 0.666f) / 2;

        canvas.drawCircle(width / 2, height / 2, radius, mPaint);
        canvas.save();
        canvas.rotate(mRotation, width / 2, height / 2);
        canvas.drawLine(width / 2, height * 0.1f,
                    width / 2, height * 0.9f, mPaint);
        canvas.restore();
    }

    @Override
    public boolean onTouchEvent(MotionEvent event) {
        if(event.getPointerCount() == 2) {
            float currentAngle = (float) angle(event);
            if(mPreviousAngle != null) {
                mRotation -= Math.toDegrees(clamp(mPreviousAngle -
                                            currentAngle,
                                    -MAX_ANGLE, MAX_ANGLE));
```

```
                    invalidate();
                }
                mPreviousAngle = currentAngle;
            } else {
                mPreviousAngle = null;
            }

            return true;
        }

    private static double angle(MotionEvent event) {
        double deltaX = (event.getX(0) - event.getX(1));
        double deltaY = (event.getY(0) - event.getY(1));
        return Math.atan2(deltaY, deltaX);
    }

    private static double clamp(double value, double min, double max) {
        if (value < min) {
            return min;
        }
        if (value > max) {
            return max;
        }
        return value;
    }
}
```

窍门在于使用Math.atan2()计算当前的角度。该方法实现了两个参数的反正切函数，反正切函数用于计算由两个参数限定的坐标和水平面上正向x轴之间的夹角。接下来，从当前角度减去之前计算的角度，并把结果限定在最小值和最大值之间。最后，由于Canvas的旋转操作需要使用度数，所以还需使用Math.toDegrees()方法把结果转化成度数。

5.5 OpenGL ES

虽然可以使用SDK提供的部件，或者使用自定义的视图来构建大部分的Android应用，但开发者有时还需要更底层和更高性能的图形API，主要是用于游戏。OpenGL ES（嵌入式子系统）很适合这种情况，Android系统最高能支持OpenGL ES 3.0版本（这取决于硬件和Android版本）。Android 4.3支持最新的OpenGL ES 3.0标准，这是第一个支持OpenGL ES的移动平台，开发者可以使用它创建图形效果更出色的游戏。

Android已经在标准的UI框架中使用OpenGL ES 2.0来启用硬件加速，但是并没有对开发者开放。本节会介绍OpenGL ES 2.0和OpenGL ES 3.0。3.0完全向后兼容2.0，所以开发者可以基于3.0构建应用程序，并能很好地兼容旧设备。

如果想简要了解Android平台的OpenGL ES，推荐Android开发者网站上的指南文章（http://developer.android.com/guide/topics/graphics/opengl.html）。然而，如果需要在应用或者游戏中使用OpenGL ES，开发者很可能不会去编写该指南描述的所有OpenGL ES代码。相反，开发者应该使用场景图框架或者游戏引擎，它们会隐藏OpenGL ES的大部分复杂细节，给出一套易于使用的API。

场景图和图形引擎

使用OpenGL ES最简单的方式是使用场景图，基本上它的每个节点都包含被渲染场景的信息。开发者可能会编写自己的场景图，但使用现有的在线场景图会是更好的选择。它们中有些是免费和开源的，有些是商业的。场景图也被称为3D引擎、图像引擎，或者游戏引擎，因为它们也含有特定的高级图形和游戏功能。

其中一个比较好且最活跃的开源3D引擎是Rajawali，由Dennis Ippel开发。开发者可在https://github.com/MasDennis/Rajawali找到Rajawali的所有信息，其中还包括一些不错的教程。

商业的游戏引擎中，由Unity Technology开发的Unity3D是个不错的选择。它不光是一个游戏引擎，还为游戏开发者提供了一个完整的开发平台。http://unity3d.com/上有更多Unity3D的信息。

在选择3D引擎之前，要想清楚应用或者游戏的需求，因为开发后期再更换游戏引擎会非常困难。其中要考虑的最重要的事情之一是，是否希望能够轻松地把游戏移植到不同的平台（如iOS）。在这种情况下，选择一个支持所有目标平台的3D引擎（Unity3D具备良好的跨平台支持）。

5.6　小结

本章介绍了高级的UI操作，开发者可以使用它们来提高应用程序的性能。比如，应用可能要支持HDMI或者Miracast辅助设备，这时`Presentation` API会很有用。

最终，所有的Android开发者都会在应用中创建自定义的`View`类。如此，需要确保遵循`View`的生命周期并正确地使用不同的回调函数。

如果应用需要支持高级的多点触控交互，开发者必须要区别不同的`pointer`，并能分别追踪它们。正如本章所展示的，`MotionEvent`对象包含所有`pointer`的当前信息。

当开发者创建高级和高性能的图形应用时，他们很可能需要使用OpenGL ES。最起码可以使用OpenGL ES 2.0。对于更高级的图形需求，如果用户的手机支持，可以考虑使用OpenGL ES 3.0。另外，强烈建议在开发游戏时使用一个完整的3D或者游戏引擎，这样做将使工作更加容易。

5.7　延伸阅读

1. 图书

❑ Lehtimäki, Juhani. *Smashing Android UI*. Wiley, 2012

2. 网站

❑ Android开发者网站上的OpenGL ES指南：

   http://developer.android.com/guide/topics/graphics/ opengl.html

❑ 使用`Fragment` API：http://developer.android.com/training/basics/fragments/index.html

❑ 如何编写自定义`View`：https://developers.google.com/events/io/sessions/325615129

第6章

Service和后台任务

开发Android应用一个重要的方面是确保把耗时和阻塞的操作放到后台执行，以免阻塞主线程。虽然也可在Activity中启动一个新的线程运行这些任务，但是更好的方法是把它们移到一个单独的Service中。Service组件能有效地把处理后台任务的应用逻辑和处理用户界面的代码分开。

本章将介绍使用Service组件处理后台操作。首先会解释哪些情况适合使用Service以及如何更优地设计和配置该组件，然后详细描述Service的生命周期，接下来会详细解释Service和其他组件之间的通信，最后介绍在后台线程运行Service任务的一些最佳实践。

6.1 何时以及如何使用 Service

Android文档关于Service组件的部分首先描述如下（建议在开发Android应用时牢记在心）：

Service组件表示在不影响用户的情况下执行耗时的操作或者提供供其他应用使用的功能。

本章将关注使用Service执行耗时的操作，第7章会介绍上述引用中的第二部分，以及如何在两个应用间通信。

Android中，所有的组件都运行在应用进程的主线程上，使用Service可能有点多余，因为开发者还是需要把耗时的操作放到一个单独的线程中执行。之所以使用Service，是因为Service和Activity有着不同的生命周期。6.2节会详细介绍Service的生命周期。但基本上，Service比Activity更适合管理耗时的操作。

其他要考虑的问题有：怎样判断一个操作是耗时的？什么时候应该把操作移到后台线程中执行？在Activity中使用诸如AsyncTask之类的线程而不使用Service是否可行？

建议把所有和用户界面无关的操作都放到后台线程中执行，并确保由Service来启动和控制该线程。不过有时还应视情况而定。比如，所有的网络操作都应放在Service中执行。然而，通常可以在Activity中把一些由用户界面产生的数据写到诸如ContentProvider或者SharedPreference文件之类的本地存储中，比如编辑联系人信息。

另一个例子是在应用中播放音频。通常由Service控制音乐播放器的MediaPlayer或者AudioTrack对象，而由Activity控制应用或者游戏的音效。如果还不确定，建议把操作移到Service后台线程中执行，这样做通常是安全的。

Service 类型

有两种类型的Service。第一种用来执行和用户输入无关的操作。例如，音乐播放器能够在用户从前台退出应用的情况下还能继续播放音乐。当当前曲目结束时，Service会播放列表里的下一首曲目。另一个例子是即时通讯应用，在用户退出前它要一直保持运行并接收消息。

另一种类型的Service直接由用户触发，比如照片共享应用。用户拍完照后，应用使用Intent把照片发送给Service（或者更确切地说，使用指向本地照片的Uri）。接下来Service启动并解析Intent里的数据，最后在后台线程中上传该照片。当操作完成后，系统会自动停止Service。

6.2　理解 Service 生命周期

在Android中，Service跟Activity的生命周期略微不同。首先，用户操作并不能直接影响Service的生命周期。在Activity中，用户按下主按键总是会调用onPause()；但是对于Service，并没有类似的由用户操作直接触发的回调。相反，Service只有两个必定被调用的回调的函数：onCreate()和onDestroy()。

（Service还有其他的回调函数，但它们是否被调用取决于具体的交互，或者系统和设备发生变化时，比如从横屏转到竖屏。）

简单地说，Service只有启动或者停止状态，这让它比生命周期比较复杂的Activity更容易处理。开发者所要做的就是在onCreate()中创建耗时的对象，并在onDestroy()中执行清理操作。

6.2.1　Service 的创建和销毁

Service只有两个生命周期回调函数，绝大多数的初始化以及清理工作也都在这两个回调函数中完成。在onCreate()方法中，开发者初始化新的Handler对象，获取系统服务，注册BroadcastReceiver以及执行Service操作需要的其他初始化工作。需要注意的是onCreate()方法也运行在主线程中，所以还需使用AsyncTask、Handler或者第2章介绍的其他方法在后台线程中执行耗时或者可能引起阻塞的操作。

所有的清理工作都应在onDestroy()方法中完成。特别地，需要停止所有已经启动的HandlerThread对象，并且注销之前注册的BroadcastReceiver。同样，onDestroy()方法也运行在主线程中，所以一些耗时的清理工作需要放到一个单独的线程中执行。例如，开发者可能需要AsyncTask来正常地关闭网络服务器。

当系统确定可以关闭和移除Service时会调用onDestroy()方法，这通常发生在前台已经看不到Service所属应用的情况下。

6.2.2　启动 Service

Service可通过两种方式启动：通过Context.startService()方法接收一个Intent，或

者客户端（本地或远程）通过`Context.bindService()`方法来绑定它。这两种方法都会启动`Service`。

调用`Context.startService()`时，参数中的`Intent`必须匹配`Service`定义的`intent-filter`。（也可显式地使用`Service`的`ComponentName`而不再定义`intent-filter`。）该方法不提供任何对`Service`的引用，但它在执行基于消息的触发操作方面很有用。该方法适合执行由用户触发并且运行时间不确定的操作，比如上传照片或者向服务器发送状态更新。它在为其他应用提供简单的接口方面也很有用，第7章会详细描述。

使用`Context.startService()`启动`Service`时，`Service`的`onStartCommand()`方法会被调用，并收到发送给`Service`的`Intent`。该方法返回一个整型常量，用来告诉系统如何处理`Service`的重启操作。这是`Service`最复杂的一部分，并且很容易出错。开发者需要记住三种返回值（出于兼容性的原因，还有第四种，但不在本书介绍范围内）：`START_STICKY`，`START_NOT_STICKY`以及`START_REDELIVER_INTENT`。

返回`START_STICKY`代表当系统出于某些原因关闭`Service`时（通常是由于内存不足），`Service`会被重新启动。然而，当系统重新启动`Service`时，`onStartCommand()`参数中的`Intent`会被置为`null`，开发者需要在代码中考虑到这一点。使用`START_STICKY`返回值的一个典型例子是音乐播放器，其中`Service`都以相同的方式启动。这意味着需要在`onDestroy()`方法中存储`Service`的内部状态。

返回`START_NOT_STICKY`意味着`Service`不会在系统关闭它后重新启动。这在使用`Service`执行一次性操作时会特别有用，比如上传东西到服务器。如果`Service`在完成任务前就被系统关闭了，它不应该再尝试重复之前的操作。

返回的第三种常量是`START_REDELIVER_INTENT`，它和`START_STICKY`基本一样，不过当系统重启`Service`时，`onStartCommand()`会收到`Service`被销毁之前接收到的最后一个`Intent`。

不管`onStartCommand()`返回哪个值，开发者都要同时处理好`Service`的启动和停止过程。如果处理不当，返回`START_REDELIVER_INTENT`或者`START_STICKY`很可能会导致不可预见的结果。

`onStartCommand()`方法一共有三个参数。第一个是`Intent`，根据前面调用的返回值，该参数的值有可能为`null`。第二个是一个标志位，标识本次启动请求，可能的值有0、`START_FLAG_RETRY`、`START_FLAG_REDELIVERY`。第三个参数名为`startId`，如果多次调用`onStartCommand()`且需要安全地停止`Service`，该参数会很有用。

可以把`Context.startService()`当做一个异步调用（见图6-1），所以还需有一种方式告诉`Activity`操作已经完成。其中一种方式是在代码中使用`BroadcastReceiver`（6.4.1节会有概述，更多详细介绍请见第8章）。

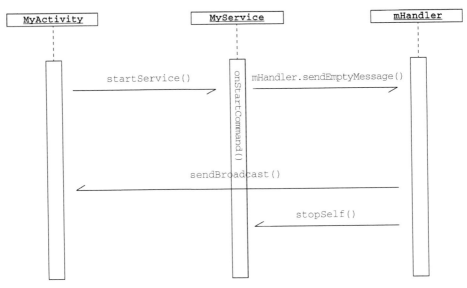

图6-1   Service异步交互序列图

6.2.3   绑定 Service

第二种启动Service的方法是使用Context.bindService()。被绑定的Service会一直运行，直到所有绑定的客户端都断开后才会停止。在同一个应用进程中绑定Service只需获取Service对象的引用，并调用对象相应的方法即可。这种方式称为**本地binder**，如图6-2所示。

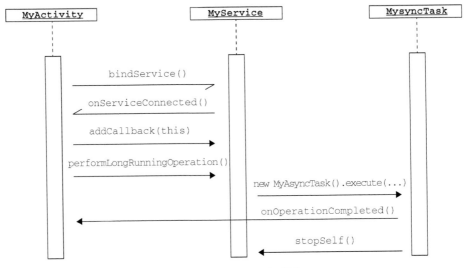

图6-2   本地binder序列图

　　下面的代码演示了如何实现一个本地的Binder，该方法只能在应用程序内访问Service，如果要跨应用访问，则需要使用AIDL（用来实现Android中进程间方法调用序列化，第7章会有详细介绍）。

```
public class MyLocalService extends Service {
    private LocalBinder mLocalBinder = new LocalBinder();

    public IBinder onBind(Intent intent) {
        return mLocalBinder;
    }

    public void doLongRunningOperation() {
        // TODO：为耗时操作启动新线程
    }

    public class LocalBinder extends Binder {
        public MyLocalService getService() {
            return MyLocalService.this;
        }
    }
}
```

　　如果onBind()方法只返回null，则可以从其他组件绑定该Service。如果要在Activity中使用上面的Service，通常需要在onResume()和onPause()方法中实现绑定和解绑操作，如下代码所示。

```
public class MyActivity extends Activity implements ServiceConnection {
    private MyLocalService mService;

    @Override
    public void onCreate(Bundle savedInstanceState) {
        super.onCreate(savedInstanceState);
        setContentView(R.layout.main);
    }


    @Override
    protected void onResume() {
        super.onResume();
        Intent bindIntent = new Intent(this, MyLocalService.class);
        bindService(bindIntent, this, BIND_AUTO_CREATE);
    }

    @Override
    protected void onPause() {
        super.onPause();
        if (mService != null) {
            unbindService(this);
        }
    }

    @Override
```

6

```
public void onServiceConnected(ComponentName componentName,
                               IBinder iBinder) {
    mService = ((MyLocalService.LocalBinder) iBinder).getService();
}

@Override
public void onServiceDisconnected(ComponentName componentName) {
    mService = null;
}
}
```

在上面的 Activity 示例中，对 bindService() 的调用是异步的，onBind() 方法返回的 IBinder 会传给 onServiceConnected() 方法。onPause() 方法中的 unbindService() 调用会触发另一个回调函数：onServiceDisconnected()。这种设计能在 Activity 处于活动或者不可见状态时有效地绑定和解绑 Service。也可在 onServiceConnected() 中获取 Service 对象的引用，然后更新 UI，控制按钮或者其他组件的状态。获取对 Service 对象的引用后，就可以把它当做一个普通的 Java 对象使用了。不过不要忘记在 onPause() 方法中释放掉对 Service 对象的引用。

6.2.4　保持活跃

当 Service 已经启动，并且应用程序仍在前台运行（也就是说，当前正在展示应用的某个 Activity），那么该 Service 会是最后一个被系统杀死（如果有可能的话）。然而，一旦用户离开了应用，Service 就不再在前台运行，并且可能被系统杀死。如果需要在应用不处于活动状态的情况下仍继续保持 Service 在前台运行，则可以调用 Service.startForeground()。

> 系统会试图尽可能长地保持 Service 处于活动和运行状态。只有当资源耗尽，通常是没有足够的内存（RAM），才有可能去停止 Service。然而，开发者应当假定系统可能随时会停止 Service。

下面是一段在 onStartCommand() 方法中上传照片的例子。该方法同时会确保 Service 在前台运行，并且还会弹出通知告诉用户有操作在后台运行。

```
@Override
public int onStartCommand(Intent intent, int flags, int startId) {
    if (intent != null) {
        String action = intent.getAction();

        if (ACTION_SHARE_PHOTO.equals(action)) {
            // 构建要显示的通知
            Notification.Builder builder = new Notification.Builder(this);
            builder.setSmallIcon(R.drawable.notification_icon);
            builder.setContentTitle(getString(R.string.notification_title));
            builder.setContentText(getString(R.string.notification_text));
            Notification notification = builder.build();
```

```
    // 在前台运行Service
    startForeground(NOTIFICATION_ID, notification);

    // 执行后台操作
    String photoText = intent.getStringExtra(EXTRA_PHOTO_TEXT);
    Bitmap photoBitmap =
            intent.getParcelableExtra(EXTRA_PHOTO_BITMAP);
    uploadPhotoWithText(photoBitmap, photoText);
    }
  }
  return START_NOT_STICKY;
}
```

首先，创建一个通知，用来提示有后台操作在运行。接下来，使用一个唯一ID和刚才创建的通知调用startForeground()方法。这时会在通知栏上显示一个通知，直到停止Service（见下节）或者调用stopForeground(true)方法，通知才会消失。

虽然推荐使用这种方法来确保即便应用在后台运行也能让Service处于活动状态，但如非确实需要还是不要这么做——因为该方法最终很可能导致资源浪费。另外，操作完成后还应确保一切都正确地退出，这样做可以避免资源浪费。

6.2.5　停止 Service

一旦Service启动，它会尽可能长地运行。根据启动方式的不同，系统会在系统资源不足杀掉Service后重新启它。

> 当 Service 再次启动时，可能会出现一些意想不到的结果（即使用户没有打开应用）。所以，适当地停止 Service 很重要。

6

如果使用Context.bindService()方式启动，Service会一直运行直到没有客户端连接为止（使用Context.unbindService()断开连接）。有一种例外情况，即最后连接的客户端调用Service.startForeground()时还会保持 Service 运行，所以正确地调用 Service.stopForeground()也很重要。

如果开发者使用Context.startService()启动Service，则只能通过调用Service.stopSelf()或者Context.stopService()来停止Service。这标志着系统需要停止和移除Service。重新启动Service的唯一方法是显式调用Context.startService()或者Context.bindService()。此外，当通过startService()启动 Service 时，不管调用多少次onStartCommand()（即调用Context.startService()不会叠加），调用Service.stopSelf()或者Context.stopService()一定会停止Service。

下面的代码展示了一个（非常）简单地使用Service的音乐播放器。它唯一的功能就是往播放队列里添加曲目。如果队列为空，当有新曲目时，播放器会立即开始播放它，否则会把它放到队尾。一旦有曲目播放完毕，将会调用onCompletion()回调，并检查队列是否为空。如果队列不为空，MediaPlayer会准备播放下一个曲目。如果队列为空，调用Service.stopSelf()关闭Service并释放MediaPlayer。

```java
public class MyMusicPlayer extends Service
            implements MediaPlayer.OnCompletionListener {
    public static final String ACTION_ADD_TO_QUEUE =
                            "com.apt1.services.ADD_TO_QUEUE";
    private ConcurrentLinkedQueue<Uri> mTrackQueue;
    private MediaPlayer mMediaPlayer;

    public IBinder onBind(Intent intent) {
        return null;
    }

    @Override
    public void onCreate() {
        super.onCreate();
        mTrackQueue = new ConcurrentLinkedQueue<Uri>();
    }

    @Override
    public int onStartCommand(Intent intent, int flags, int startId) {
        String action = intent.getAction();
        if (ACTION_ADD_TO_QUEUE.equals(action)) {
            Uri trackUri = intent.getData();
            addTrackToQueue(trackUri);
        }
        return START_NOT_STICKY;
    }

    @Override
    public void onDestroy() {
        super.onDestroy();
        if(mMediaPlayer != null) {
            mMediaPlayer.release();
            mMediaPlayer = null;
        }
    }

    /**
     * 如果已经开始播放就往队尾添加新曲目，否则创建MediaPlayer并开始播放
     */
    private synchronized void addTrackToQueue(Uri trackUri) {
        if(mMediaPlayer == null) {
            try {
                mMediaPlayer = MediaPlayer.create(this, trackUri);
                mMediaPlayer.setOnCompletionListener(this);
                mMediaPlayer.prepare();
                mMediaPlayer.start();
            } catch (IOException e) {
                stopSelf();
            }
        } else {
            mTrackQueue.offer(trackUri);
```

```
            }
        }

        // 曲目播放完毕, 开始播放下一首或者停止Service
        @Override
        public void onCompletion(MediaPlayer mediaPlayer) {
            mediaPlayer.reset();
            Uri nextTrackUri = mTrackQueue.poll();
            if(nextTrackUri != null) {
                try {
                    mMediaPlayer.setDataSource(this, nextTrackUri);
                    mMediaPlayer.prepare();
                    mMediaPlayer.start();
                } catch (IOException e) {
                    stopSelf();
                }
            } else {
                stopSelf();
            }
        }
    }
```

本例说明了如何使用Service.stopSelf()来确保Service不使用任何不必要的资源。一个好的Android应用需要尽可能快尽可能多地释放资源。

6.3 在后台运行

即便应用程序不在前台, Service也会继续运行, 但这并不意味它不能在主线程中执行。因为所有组件的生命周期回调都在应用程序的主线程执行, 开发者需要确保把Service中耗时的操作都移到一个单独的线程中执行。(请参阅第2章, 该章解释了如何使用Handler或者AsyncTask启动主线程上的操作。本节将介绍另外两个在主线程执行操作的方法。)

6.3.1 IntentService

事实证明结合使用Handler和Service非常有效。为此, 谷歌提供了一个名为IntentService的工具类, 它在Service中包装了一个处理后台线程的Handler。开发者只需继承该类, 实现onHandleIntent()方法, 并添加希望Service能够接收的action, 如下所示:

```
public class MyIntentService extends IntentService {
    private static final String NAME = "MyIntentService";
    public static final String ACTION_UPLOAD_PHOTO =
                            "com.aptl.services.UPLOAD_PHOTO";
    public static final String EXTRA_PHOTO = "bitmapPhoto";
    public static final String ACTION_SEND_MESSAGE =
                            "com.aptl.services.SEND_MESSAGE";
    public static final String EXTRA_MESSAGE = "messageText";
    public static final String EXTRA_RECIPIENT = "messageRecipient";

    public MyIntentService() {
```

```
        super(NAME);
        // 不希望重新分发Intent，以防程序意外关闭
        setIntentRedelivery(false);
    }

    /**
     * 该方法运行在它自己的线程中，每次只处理一个Intent...
     */
    @Override
    protected void onHandleIntent(Intent intent) {
        String action = intent.getAction();

        if(ACTION_SEND_MESSAGE.equals(action)) {
            String messageText = intent.getStringExtra(EXTRA_MESSAGE);
            String messageRecipient =
                intent.getStringExtra(EXTRA_RECIPIENT);
            sendMessage(messageRecipient, messageText);
        } else if(ACTION_UPLOAD_PHOTO.equals(action)) {
            Bitmap photo = intent.getParcelableExtra(EXTRA_PHOTO);
            uploadPhoto(photo);
        }
    }

    private void sendMessage(String messageRecipient,
                             String messageText) {
        // 发起网络请求

        // 发送操作完成的广播
    }

    private void uploadPhoto(Bitmap photo) {
        // 发起网络请求

        // 发送操作完成的广播
    }
}
```

上例中的MyIntentService类继承自IntentService，它能够处理两个不同的action，
一个用于上传照片，另一个用于发送消息。同样，需要在清单文件中为Service添加相应的
intent-filter。如果要触发某个action，只需组装带有特定操作和额外信息的Intent，并
以它为参数调用Context.startService()方法。多个调用会被内部的Handler放到队列中，
所以该类能够确保任意时间只有一个Intent被处理。基于IntentService的Service会一直处
于启动状态，直到队列中没有要处理的操作为止。

6.3.2   并行执行

前面描述的IntentService类在大多数情况下都非常有用，开发者所要做的只是生成后台
操作，而不用关心启动时机。如果给IntentService发送5个Intent，这些Intent会按顺序执
行，每次只执行一个。通常情况下，这是一个很好的做法，但有时会造成问题。假设我们想让每
个操作都尽可能快地执行，就需要某种并行机制来保证这一点。因为IntentService内置的

Handler只有一个线程，所以开发者还需要其他的线程机制来处理上述情况。

正如第2章所述，可以在AsyncTask中使用Executor并行地执行操作。但是，由于AysncTask只适合执行运行时间至多几秒的操作，要执行耗时的操作，开发者还需做更多工作。

下面的例子中使用Service把媒体文件转码成新的格式（如从WAV到MP3）。本例略了实际的转码步骤，而关注使用ExecutorService建立并行执行。为确保Service一直保持活动状态（即便应用不在前台运行），需要调用Service.startForeground()方法。由于Service.startForeground()和Service.stopForeground()并不会叠加，所以还需维护一个内部计数器，用来记录活跃的任务，一旦计数器为0则调用Service.stopForeground()。

```java
public class MediaTranscoder extends Service {
    private static final int NOTIFICATION_ID = 1001;
    public static final String ACTION_TRANSCODE_MEDIA =
                            "com.aptl.services.TRANSCODE_MEDIA";
    public static final String EXTRA_OUTPUT_TYPE = "outputType";
    private ExecutorService mExecutorService;
    private int mRunningJobs = 0;
    private final Object mLock = new Object();
    private boolean mIsForeground = false;

    public IBinder onBind(Intent intent) {
        return null;
    }

    @Override
    public void onCreate() {
        super.onCreate();
        mExecutorService = Executors.newCachedThreadPool();
    }

    @Override
    public int onStartCommand(Intent intent, int flags, int startId) {
        String action = intent.getAction();
        if(ACTION_TRANSCODE_MEDIA.equals(action)) {
            String outputType = intent.getStringExtra(EXTRA_OUTPUT_TYPE);

            // 启动新的作业，并增加计数器
            synchronized (mLock) {
                TranscodeRunnable transcodeRunnable =
                    new TranscodeRunnable(intent.getData(), outputType);
                mExecutorService.execute(transcodeRunnable);
                mRunningJobs++;
                startForegroundIfNeeded();
            }
        }
        return START_NOT_STICKY;
    }

    @Override
    public void onDestroy() {
        super.onDestroy();
        mExecutorService.shutdownNow();
```

```
        synchronized (mLock) {
            mRunningJobs = 0;
            stopForegroundIfAllDone();
        }
    }

    public void startForegroundIfNeeded() {
        if(!mIsForeground) {
            Notification notification = buildNotification();
            startForeground(NOTIFICATION_ID, notification);
            mIsForeGround = true;
        }
    }

    private Notification buildNotification() {
        Notification notification = null;
        // 在这里构建通知
        return notification;
    }

    private void stopForegroundIfAllDone() {
        if(mRunningJobs == 0 && mIsForeground) {
            stopForeground(true);
            mIsForeground = false;
        }
    }

    private class TranscodeRunnable implements Runnable {
        private Uri mInData;
        private String mOutputType;

        private TranscodeRunnable(Uri inData, String outputType) {
            mInData = inData;
            mOutputType = outputType;
        }

        @Override
        public void run() {
            // 在这里执行转码操作

            // 转码完后，计数器减1
            synchronized (mLock) {
                mRunningJobs--;
                stopForegroundIfAllDone();
            }
        }
    }
}
```

　　因为大多数处理线程的代码都包含在 ExecutorService 中，所以建议使用此方法来实现并行执行。另外，本例中的 ExecutorService 在空闲时不会消耗资源，并且缓存了线程以减少不必要的线程创建。

6.4 和 **Service** 通信

一旦知道什么时候使用Service，以及如何执行Service，接下来就需要了解一些Service跟其他组件通信的方法。有两种方法可供选择：使用Context.startService()或者使用Context.bindService()。Context.startService()会把Intent分发给Service.onStartCommand()方法，在该方法中可以触发后台操作，然后通过广播或者其他方式再把结果分发给调用组件。通过Context.bindService()方法可以获取Binder对象，使用它可以直接调用Service对象。本节首先介绍如何用Intent和Service通信。

6.4.1 使用 **Intent** 进行异步消息传递

本章前面所示的IntentService例子为Service和其他组件（通常是Activity）提供了一个易于使用的单向通信。但开发者通常想知道操作的结果，所以还要确保一旦操作完成，Service能够报告执行的结果。有多种方法可以实现这种机制，但是如果想保持IntentService的异步行为，最好的方法还是发送广播，该方法和在IntentService中启动一个操作一样简单。开发者只需实现一个BroadcastReceiver来监听响应即可。图6-3显示了这种广播通信方式。

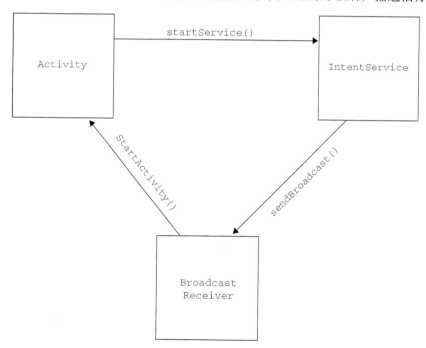

图6-3　Activity、Service、BroadcastReceiver之间的异步通信示意图

下面的代码是前面的例子中uploadPhoto()方法的改进版。这里只是发送了一个没有任何额外信息的广播，但只要参数能放入Intent，也可以使用该方法发送更复杂的响应。

```
private void uploadPhoto(Bitmap photo) {
    // TODO：网络调用

    sendBroadcast(new Intent(BROADCAST_UPLOAD_COMPLETED));
}
```

这种方法的优点是，Android提供了现成的机制，而不需要开发者自己构建复杂的组件间消息处理系统。开发者只需声明表示异步消息的action，并在相应的组件中注册这些广播。即便Service属于其他应用或者运行在一个单独的进程中，该方法也同样生效。

这种解决方案的缺点是通知的结果受限于Intent。此外，该方法也不适合在IntentService和Activity之间进行大规模快速更新操作，比如更新进度条，因为这会阻塞系统。如果确实需要这样做，可以使用绑定的Service（见下节）。

第8章会详细介绍如何声明和建立BroadcastReceiver。

6.4.2 本地绑定的 Servcie

本章前面的例子展示了如何在同一个应用中使用本地binder模式绑定Service。当Service提供的接口太过复杂，很难用Intent消息机制解决，而普通的Java方法又很容易实现时，该解决方案会非常有用。

另一个使用绑定本地Service的原因是可以在Service中给Activity提供更复杂的回调。因为那些耗时的操作必须要放到Service的后台线程中，所以Service的大部分回调应该是异步的。实际的调用触发后台操作后立即返回。一旦操作完成，Servcie使用回调接口来通知Activity相应的执行结果。

下面使用本地Binder来修改之前的例子。本例添加了一个回调接口和一个实现AsyncTask的类，该类用来模拟后台操作。Service的onBind()方法返回了一个LocalBinder对象，通过该对象客户端可以获取对Service的引用，并能执行doLongRunningOperation()方法。此方法创建一个新的AsyncTask，并用客户端传递进来的参数执行execute()函数。在执行过程中，回调函数会通知客户端更新进度，当执行完毕会回调执行的结果。

```
public class MyLocalService extends Service {
    private static final int NOTIFICATION_ID = 1001;
    private LocalBinder mLocalBinder = new LocalBinder();
    private Callback mCallback;

    public IBinder onBind(Intent intent) {
        return mLocalBinder;
    }

    public void doLongRunningOperation(MyComplexDataObject dataObject) {
        new MyAsyncTask().execute(dataObject);
    }

    public void setCallback(Callback callback) {
        mCallback = callback;
    }
```

```
public class LocalBinder extends Binder {
    public MyLocalService getService() {
        return MyLocalService.this;
    }
}

public interface Callback {
    void onOperationProgress(int progress);
    void onOperationCompleted(MyComplexResult complexResult);
}

private final class MyAsyncTask
            extends AsyncTask<MyComplexDataObject, Integer,
            MyComplexResult> {

    @Override
    protected void onPreExecute() {
        super.onPreExecute();
        startForeground(NOTIFICATION_ID, buildNotification());
    }

    @Override
    protected void onProgressUpdate(Integer... values) {
        if(mCallback != null && values.length > 0) {
            for (Integer value : values) {
                mCallback.onOperationProgress(value);
            }
        }
    }

    @Override
    protected MyComplexResult doInBackground(MyComplexDataObject...
myComplexDataObjects) {
        MyComplexResult complexResult = new MyComplexResult();
        // 简单起见，省略实际操作
        return complexResult;
    }

    @Override
    protected void onPostExecute(MyComplexResult myComplexResult) {
        if(mCallback != null ) {
            mCallback.onOperationCompleted(myComplexResult);
        }
        stopForeground(true);
    }

    @Override
    protected void onCancelled(MyComplexResult complexResult) {
        super.onCancelled(complexResult);
        stopForeground(true);
    }
}
```

```
    private Notification buildNotification() {
        // 为service创建一个通知
        return notification;
    }
}
```

此外，MyAsyncTask类会分别调用startForeground()和stopForeground()方法，并确保在耗时操作完成前Service一直处于活跃状态，即便没有客户端绑定到Service。（使用计数器记录方法调用次数不在本例的讨论范围内，如有需要，可参考并行执行的示例。）

下面的代码显示了更新后的 Activity 。值得注意的变化是 Activity 实现了MyLocalService.Callback接口。当在onServiceConnected()方法中获取到对Service的引用后，调用setCallback(this)方法，以便Activity能在操作执行期间收到回调通知。还有一点非常重要，当用户离开Activity或者调用onPause()时，不要忘记移除回调监听（也就是调用setCallback(null)方法），否则可能会导致内存泄漏。

```
public class MyActivity extends Activity
        implements ServiceConnection, MyLocalService.Callback {
    private MyLocalService mService;

    @Override
    public void onCreate(Bundle savedInstanceState) {
        super.onCreate(savedInstanceState);
        setContentView(R.layout.main);
    }

    @Override
    protected void onResume() {
        super.onResume();
        Intent bindIntent = new Intent(this, MyLocalService.class);
        bindService(bindIntent, this, BIND_AUTO_CREATE);
    }

    @Override
    protected void onPause() {
        super.onPause();
        if (mService != null) {
            mService.setCallback(null); // 对于避免内存泄漏非常重要
            unbindService(this);
        }
    }

    // 将回调函数指派给UI中按钮的onClick
    public void onTriggerLongRunningOperation(View view) {
        if(mService != null) {
            mService.doLongRunningOperation(new MyComplexDataObject());
        }
    }

    @Override
    public void onOperationProgress(int progress) {
        // 更新进度条
```

```
    }

    @Override
    public void onOperationCompleted(MyComplexResult complexResult) {
        // 展示结果
    }

    @Override
    public void onServiceConnected(ComponentName componentName,
                                   IBinder iBinder) {
        mService = ((MyLocalService.LocalBinder) iBinder).getService();
        mService.setCallback(this);

        // 一旦获取对Service的引用，接下来就可以更新UI，把之前处于disabled状态的按钮变为
        //   enabled状态
        findViewById(R.id.trigger_operation_button).setEnabled(true);
    }

    @Override
    public void onServiceDisconnected(ComponentName componentName) {
        // 当Service断开后，把按钮置为disabled状态
        findViewById(R.id.trigger_operation_button).setEnabled(false);
        mService = null;
    }
}
```

　　此外，在onServiceConnected()和onServiceDisconnected()方法中，可以更新那些依赖于Service的用户界面。本例会更新触发耗时操作按钮的状态。

　　如果用户在操作执行完前离开了Activity（即按下主按键或者返回键），Service还会继续执行，因为显式调用了startForeground()方法。如果Activity在操作结束前又重新恢复，它会在成功绑定到Service后继续接收回调。这种行为很容易把耗时的操作和用户界面分开，并且允许Activity恢复后还能继续获取运行的状态。

　　如果Servcie内部维护了一些状态，允许客户端（比如Activity）获取这些状态以及订阅这些状态的变化（使用如上所述的回调机制）是个很好的做法，因为当Activity重新恢复并绑定到Service后，这些状态可能已经发生了变化。

6.5　小结

　　Service是一个强大的组件，使用时很容易变得复杂。一共有两种启动Service的方法，选择不同的方法会影响Service的生命周期。前面的几个例子演示了如何实现和控制Service，以便安全地与用户界面断开连接或者重新连接。

　　当谈到Android中的Service时，建议为每种和用户界面无关的操作都创建一个Service。有时，开发者可能在开始阶段把代码都写在Activity中，后来发现这样做不对，这时候再把代码移到Service就会花费大量精力。强烈建议在开始项目之前就创建相应的Service，以避免上述的问题。把操作从Service移到Activity会更容易点儿。

另外，Service的启动方式也很重要。使用Context.startService()启动需要从onStartCommand()方法返回适当的值。否则，如果系统由于资源不足杀死Service，错误的值可能会导致无法预见的后果。当没有任何操作要执行时，显式地停止Service是个很好的做法。

如果需要在Service和Activity之间进行双向通信，建议使用本地binder模式，并使用一个由Activity实现的回调接口。另一种方法是使用Intent消息机制，当操作完成后，让Service发送广播。第一种方法更强大，并且允许开发者在Service和Activity之间进行频繁的进度更新操作，而第二种方法只需很少的代码就能实现，但是没有那么强大。

最后，请记住，Service的生命周期回调，像onCreate()、onStartCommand()、onDestroy()，都在应用程序的主线程上执行。Activity和其他组件也使用这个主线程。所以，如果你执行的操作可能阻塞主线程几毫秒以上，那么应该把它们放到Handler或者AsyncTask中。

6.6 延伸阅读

博客

❑ 谷歌关于Service API的变更记录：

http://android-developers.blogspot.se/2010/02/service-api- changes-starting-with.html

❑ Dianne Hackborn：http://android-developers.blogspot.se/2010/04/multitasking-android-way.html

第 7 章

Android IPC

7

Android有一个强大的功能，就是能够在两个不同的应用程序之间进行通信。开发者可在代码中使用多种方式建立这种通信，但是所有这些通信都由幕后的Binder IPC（Inter-Process Communication，进程间通信）进行处理。

Android中的Binder有着悠久的历史。它最初称为OpenBinder，是Be公司在Dianne Hackborn的领导下开发的Be操作系统（BeOS）。后来被移植到Android平台，并且进行了重写以支持应用程序间的IPC。基本上，Binder提供了在不同执行环境间绑定功能和数据的特性。Binder非常适合在Android应用程序间进行通信，因为每个Android应用程序都运行在自己的Dalvik虚拟机里，而每个Dalvik虚拟机又都是一个独立的运行环境。

> 早在 2009 年，Linux 社区就谷歌选择 Binder 而非 dbus 的原因有过很长的争论，在此之前 Linux 内核一直使用 dbus 来实现 IPC 机制。最简单的解释可能是由于 Dianne Hackborn，她是 Android 框架的首席工程师之一，也在 Be 公司带领过 OpenBinder 的开发。最开始开发 Android 时，Binder 成了 IPC 的最佳选择，如今它已成为 Android 系统的一个组成部分。Linux 中的 dbus 机制也用在许多 Android 设备上，特别是为无线接口层（Radio Interface Layer，RIL）通信以及 Android 4.3 以后的蓝牙通信。但是，Android 中大多数 IPC 还是通过 Binder 机制实现。

除了用于Android应用程序间通信，Binder也是应用程序和Android系统间进行通信的必要组成部分。使用`Context.getSystemService()`方法获取系统`Service`时，Binder在幕后为应用程序提供了一个`Service`包装对象。Binder不光用于`Service`，它还处理Android组件以及Android系统间的所有通信。

通常情况下，Android应用程序不需要跟底层的Binder打交道，因为Android API提供了一套很容易使用的IPC封装类。本章将描述Binder是如何工作的，并提供一些例子来展示如何为其他应用程序构建远程API。

7.1 Binder 简介

正如介绍中提到的，Binder一开始名为OpenBinder，是为BeOS操作系统设计的，而不是为

Android内核所运行的Linux操作系统设计的。在早期的版本中，实现Android Binder的Linux内核驱动使用了相同的OpenBinder代码。但这不是最优的，因为BeOS的架构和Linux架构有很大的不同。在较新版本的Android中，为了更适合Linux内核架构，谷歌重写了Binder的实现。

使用Binder IPC进行通信时，两个应用程序使用内核驱动来传递消息（见图7-1）。除了能够发送消息，Binder还提供了其他功能，比如识别远程调用者（进程ID和用户ID）以及当远程进程被杀死（link-to-death）时发送通知。

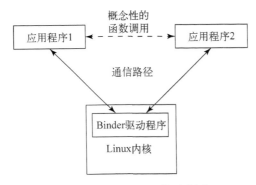

图7-1   Binder IPC通信示意图

例如，当系统Service（通过WindowManager管理Android中所有的窗口）为每个应用保持一个Binder引用时会调用这些附加函数，当应用窗口关闭时会收到link-to-death通知。

Binder通信遵循客户端–服务器模式。客户端使用客户端代理来处理与内核驱动程序的通信。在服务器端，Binder框架维护了一系列Binder线程。内核驱动会使用服务器端的Binder线程把消息从客户端代理分发给接收对象。这一点需要特别注意，因为当通过Binder接收Service调用时，它们并不会运行在应用程序的主线程上。这样一来，客户端到远程Service的连接就不会阻塞应用的主线程。

开发者使用Binder基类以及IBinder接口实现Binder机制。如第6章所示，Service组件的Service.onBind()方法会返回实现IBinder接口的类。当Service发布远程API时，开发者通常使用AIDL文件来生成IBinder类，但如接下来要描述的，还有其他方法能生成IBinder类。

7.1.1   Binder 地址

使用Binder通信时，客户端需要知道远程Binder对象的地址。然而，Binder的设计要求只有实现类（比如要调用的Service）才知道该地址。开发者使用Intent解析来进行Binder寻址。客户端使用action字符串或者组件名（ComponentName）来构造Intent对象，然后使用它初始化与远程应用程序的通信。然而，Intent只是实际Binder地址的抽象描述，为了能够建立通信，还需要翻译成实际的地址。

ServiceManager是一个特殊的Binder节点，它运行在Android系统服务内，管理所有的地址解析，是唯一一个有全局地址的Binder节点。因为所有的Android组件都使用Binder进行通信，它们需要使用ServiceManager进行注册，通过如上所述的地址来进行通信（见图7-2）。

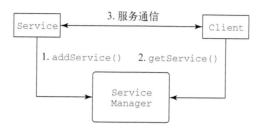

图7-2　通过ServiceManager进行服务注册和查找

客户端要想和Service或其他组件通信，需隐式地通过Intent查询ServiceManager来接收Binder地址。

7.1.2　Binder 事务

在Android中，**事务**（transaction）是指从一个进程发送数据到另一个进程。在Binder上开启事务首先会在客户端调用IBinder.transact()，然后Service收到Binder.onTransact()方法回调，如下所示：

```
public String performCustomBinderTransaction(IBinder binder, String arg0,
                                        int arg1, float arg2)
        throws RemoteException {
    Parcel request = Parcel.obtain();
    Parcel response = Parcel.obtain();

    // 生成请求数据
    request.writeString(arg0);
    request.writeInt(arg1);
    request.writeFloat(arg2);

    // 执行事务
    binder.transact(IBinder.FIRST_CALL_TRANSACTION, request, response, 0);

    // 从响应中读取结果
    String result = response.readString();

    // 循环利用对象
    request.recycle();
    response.recycle();

    return result;
}
```

前例所示的方法演示了如何在客户端使用IBinder引用向Service执行自定义的Binder事务。下面的例子会详细讲述Parcel对象。它们是简单的数据容器，用来传递事务中使用的数据。

```
public class CustomBinder extends Binder {
```

```
@Override
protected boolean onTransact(int code, Parcel request,
                            Parcel response, int flags)
            throws RemoteException {
    // 读取请求中的数据
    String arg0 = request.readString();
    int arg1 = request.readInt();
    float arg2 = request.readFloat();

    String result = buildResult(arg0, arg1, arg2);

    // 把结果写入响应Parcel
    response.writeString(result);

    // 成功后返回true
    return true;
}

private String buildResult(String arg0, int arg1, float arg2) {
    String result = null;
    // 构建结果
    return result;
}
}
```

如果在 Service 中实现自定义的 Binder 对象时没有使用 AIDL，开发者还需自己实现 Binder.onTransact() 方法，如上例所示。本例只是简单地用相关数据填充第二个 Parcel 对象来响应到来的事务。

上面的结果是一个通过 Binder IPC 进行的同步双向调用。也可在客户端执行单向的调用，只需在 IBinder.transact() 调用中把标志位设置为 FLAG_ONEWAY，这样就可以把第二个 Parcel 参数设置为 null。单向调用会提供更好的性能，因为只需对一个 Parcel 对象进行编解码操作。

如果打算发布供其他开发者使用的 API，不建议使用这种底层的方式在两个应用程序间执行事务。然而，如果需要更细粒度地控制数据是如何在应用间发送的，这种方法会更有效。书中的例子只是用来描述 Binder 是如何工作的。大多数情况下，开发者会使用 AIDL 或者 Messenger，如 7.2.2 节所述。

7.1.3　Parcel

Binder 事务通常会传递事务数据，如前面例子所述。这种数据被称为 parcel（包裹）。Android 提供了相应的 API，允许开发者为大多数 Java 对象创建 parcel。

Android 中的 Parcel 和 Java SE 中的序列化对象类似。不同之处在于，开发者需要使用 Parcelable 接口实现对象的编解码工作。该接口定义了两个编写 Parcel 对象的方法，以及一个静态的不可被复写的 Creator 对象，该对象用来从 Parcel 中读取相应的对象，如下所示：

```
public class CustomData implements Parcelable {
    public static final Parcelable.Creator<CustomData> CREATOR
            = new Parcelable.Creator<CustomData>() {
```

```java
        @Override
        public CustomData createFromParcel(Parcel parcel) {
            CustomData customData = new CustomData();
            customData.mName = parcel.readString();
            customData.mReferences = new ArrayList<String>();
            parcel.readStringList(customData.mReferences);
            customData.mCreated = new Date(parcel.readLong());
            return customData;
        }

        @Override
        public CustomData[] newArray(int size) {
            return new CustomData[size];
        }
    };
    private String mName;
    private List<String> mReferences;
    private Date mCreated;

    public CustomData() {
        mName = "";  // 默认为空字符串
        mReferences = new ArrayList<String>();
        mCreated = new Date();  // 默认为当前时间
    }

    @Override
    public int describeContents() {
        return 0;

    }

    @Override
    public void writeToParcel(Parcel parcel, int flags) {
        parcel.writeString(mName);
        parcel.writeStringList(mReferences);
        parcel.writeLong(mCreated.getTime());
    }

    @Override
    public boolean equals(Object o) {
        if (this == o) return true;
        if (o == null || getClass() != o.getClass()) return false;
        CustomData that = (CustomData) o;
        return mCreated.equals(that.mCreated) && mName.equals(that.mName);
    }

    @Override
    public int hashCode() {
        int result = mName.hashCode();
        result = 31 * result + mCreated.hashCode();
        return result;
    }
}
```

前面的代码显示了实现`Parcelable`接口的`CustomData`类。注意`CREATOR`成员对象的实现，以及`createFromParcel()`如何使用`Parcel.readStringList()`方法来读取整个`List`对象，而不需要指定列表的长度（`Parcel`对象内部会处理这种情况）。

实现该接口后就可以通过Binder IPC在应用间发送该类的对象了。

7.1.4   link to death

Binder的另一个特点是，允许客户端在`Service`被终止时收到通知。正如前面提到的，这被称为**link to death**，Binder的`IBinder.linkToDeath()`方法实现了该机制。当客户端在`onService-Connected()`方法中收到`IBinder`对象时，它可以用实现了`IBinder.DeathRecipient`接口的参数调用`linkToDeath()`方法。因为Android应用可能在资源不足（可用的RAM等）时被系统杀死，在客户端注册远端被终止的监听通知会很有用。下面的代码显示了如何使用有效的`IBinder`注册link to death。

```
public class LinkToDeathSample extends Service {
    private static final String TAG = "LinkToDeathSample";
    // 简单起见，移除了Service相关的代码

    private void notifyRemoteServiceDeath(IBinder iBinder) {
        try {
            iBinder.linkToDeath(new MyLinkToDeathCallback(), 0);
        } catch (RemoteException e) {
            Log.e(TAG, "Error registering for link to death.", e);
        }
    }

    class MyLinkToDeathCallback implements IBinder.DeathRecipient {
        @Override
        public void binderDied() {
            // 处理远端binder被杀死的情况
        }
    }
}
```

也可以调用`IBinder.pingBinder()`检查远端的`Binder`进程是否仍处于活跃状态。如果结果为`true`，表明远端的进程处于活跃可用的状态。

如果是绑定到`Service`，该方法就没有必要了，因为断开连接时总是会调用`ServiceConnection.onServiceDisconnected()`回调函数。但是，如果用其他方式接收到`Binder`对象，该方法可能是有用的。

7.2   设计 API

大多数应用程序很少需要为第三方应用实现一套API，因为这超出了应用程序的功能范围。但是，那些提供插件机制的应用例外。如果在Google Play Store搜索关键词"插件"（plugin），会发现很多这类应用。如果开发者开发这类应用，那么为第三方应用准备一套API会大有裨益。

可以使用Service或者ContentProvider为第三方应用开发API。本节将介绍如何使用Service设计API；第9章会展示如何使用ContentProvider。当实现API时，开发者需要考虑一些事情。是否需要处理并发请求？每次只处理一个客户端请求是否足够？API是否只包含一个或是很少的操作？或者是一组更加复杂的方法？这些问题的答案将决定实现远程API最合适的方法。

另一个要考虑的细节是是否与其他开发者分享该API，或者是只用于自己的应用（也就是说只有开发者自己发布该插件）。如果是第一种情况，可以考虑构建一个库工程，使用易于使用的Java API包装客户端的实现。如果只是自己使用API，可以使用AIDL或者Messenger，接下来两节会分别介绍它们。

如果只是单向地使用API，第6章所述的IntentService即可满足需求。在这种情况下，只需在清单文件中添加必要的权限，并确保Service的android:exported属性设为true。

7.2.1 AIDL

在软件工程中，接口定义语言（Interface Definition Language，IDL）已成为通用术语，是用来描述软件组件接口的特定语言。在Android中，该IDL被称为Android接口定义语言（AIDL），它是纯文本文件，使用Java类似语法编写。但是，编写Java接口和编写AIDL文件还是有些不同的。

首先，对所有的非原始类型参数，需要指定如下三种类型方向指示符之一：in、out、inout。in类型方向指示符只用于输入，客户端不会看到Service对对象的修改。out类型表明输入对象不包含相关的数据，但会由Service生成相关的数据。inout类型是上面两种类型的结合。切记只使用需要的类型，因为每种类型都有相应的消耗。

另一个需要记住的是，所有用于通信的自定义类都需要创建一个AIDL文件，用来声明该类实现了Parcelable接口。

下面的代码片段是一个名为CustomData.aidl的AIDL文件示例。它应该和Java源代码文件放在同一个包里。

```
package com.aptl.sampleapi;

parcelable CustomData;
```

最后，需要在AIDL文件中引入所有需要的自定义类，如下所示：

```
package com.aptl.sampleapi;

import com.aptl.sampleapi.CustomData;

interface ApiInterfaceV1 {
    /**
     * 用于检查数字是否为素数的简单远程方法
     */
    boolean isPrime(long value);

    /**
```

```
 * 检索timestamp以后的所有CustomData对象，至多获取result.length个对象
 */
void getAllDataSince(long timestamp, out CustomData[] result);

/**
 * 存储CustomData对象
 */
void storeData(in CustomData data);
}
```

该例中的AIDL文件共有三个方法。**注意：原始类型参数不需要方向指示符（总是调用它们的值）**

切记，一旦实现了客户端代码，就不能再修改或者移除AIDL文件中的任何方法。可以在**文件末尾添加新的方法**，但是因为AIDL编译器会为每个方法生成标识符，所以不能修改现存的方法，否则不能向后兼容老版本。需要处理新版的API时，建议创建一个新的AIDL文件。这样做允许保持与老版本客户端的兼容。正如前例的AIDL文件名所示，可以在第一版的文件名后附加v1标识符来处理版本问题。再添加新方法就可以创建一个以v2结尾的文件，以此类推。

上面所示的版本处理方法是使用AIDL文件的缺点之一。解决该问题的一种方法是提供Java包装类，并以库工程或者JAR文件的形式发布以便开发者使用。这样一来，客户端就不必实现多个AIDL，但是可以下载最新版本的包装类，并确保它是兼容的。7.2.3节会介绍如何创建这种包装类。

准备好AIDL文件后，需要同时在服务器端和客户端实现它，如下所示：

```java
public class AidlService extends Service {
    private ArrayList<CustomData> mCustomDataCollection;

    @Override
    public void onCreate() {
        super.onCreate();
        mCustomDataCollection = new ArrayList<CustomData>();
        // 使用存储的数据填充列表
    }


    public IBinder onBind(Intent intent) {
        return mBinder;
    }

    public static boolean isPrimeImpl(long number) {
        // 略去具体的实现
        return false;
    }

    private void getDataSinceImpl(CustomData[] result, Date since) {
        int size = mCustomDataCollection.size();
        int pos = 0;
        for(int i = 0; i < size && pos < result.length; i++) {
            CustomData storedValue = mCustomDataCollection.get(i);
            if(since.after(storedValue.getCreated())) {
```

```
                    result[pos++] = storedValue;
                }
            }
        }

    private void storeDataImpl(CustomData data) {
        int size = mCustomDataCollection.size();
        for (int i = 0; i < size; i++) {
            CustomData customData = mCustomDataCollection.get(i);
            if(customData.equals(data)) {
                mCustomDataCollection.set(i, data);
                return;
            }
        }
        mCustomDataCollection.add(data);
    }

    private final ApiInterfaceV1.Stub mBinder
            = new ApiInterfaceV1.Stub() {

        @Override
        public boolean isPrime(long value) throws RemoteException {
            return isPrimeImpl(value);
        }

        @Override
        public void getAllDataSince(long timestamp, CustomData[] result)
                                    throws RemoteException {
            getDataSinceImpl(result, new Date(timestamp));
        }

        @Override
        public void storeData(CustomData data) throws RemoteException {
            storeDataImpl(data);
        }
    };
}
```

前例中的Service在代码末尾实现了ApiInterfaceV1.Stub。该对象也会在onBind()方法中返回给绑定到Service的客户端。注意，每次对Service API的调用都运行在自身的线程上，因为Binder提供了一个线程池用于执行所有的客户端调用。这意味着使用这种方法时，客户端不会阻塞Service所属的主线程。

下面的Activity展示了如何绑定到一个远程Service以及检索ApiInterfaceV1接口。如果是该API的唯一用户，可以同时管理客户端和服务器端的版本（或者在同一个开发团队），那么这是首选的解决方案。

```
public class MyApiClient extends Activity implements ServiceConnection {
    private ApiInterfaceV1 mService;

    @Override
    public void onCreate(Bundle savedInstanceState) {
```

```
        super.onCreate(savedInstanceState);
        setContentView(R.layout.main);
    }

    @Override
    protected void onResume() {
        super.onResume();
        bindService(new Intent("com.aptl.sampleapi.AIDL_SERVICE"),
                    this, BIND_AUTO_CREATE);
    }

    public void onCheckForPrime(View view) {
        EditText numberToCheck = (EditText) findViewById(R.id.number_input);
        long number = Long.valueOf(numberToCheck.getText().toString());
        boolean isPrime = mService.isPrime(number);
        String message = isPrime ?
                getString(R.string.number_is_prime, number)
                : getString(R.string.number_not_prime, number);
        Toast.makeText(this, message, Toast.LENGTH_SHORT).show();
    }

    @Override
    protected void onPause() {
        super.onPause();
        unbindService(this);
    }

    @Override
    public void onServiceConnected(ComponentName componentName,
                                   IBinder iBinder) {
        mService = ApiInterfaceV1.Stub.asInterface(iBinder);
    }

    @Override
    public void onServiceDisconnected(ComponentName componentName) {
        mService = null;
    }
}
```

AIDL回调

客户端也可以实现AIDL，用做Service的回调接口。如果客户端想注册对Service的监听，比如从在线服务器更新了数据，这种方法会很有用。

下面的示例使用带有回调接口的新AIDL文件，注意oneway关键字，它告诉AIDL编译器该接口只是单向通信。对调用者（本例是Service）的响应不是必需的。这样做会有轻微的性能提升。

```
package com.aptl.sampleapi;

import com.aptl.sampleapi.CustomData;

oneway interface AidlCallback {
    void onDataUpdated(in CustomData[] data);
}
```

接下来,在客户端创建该接口的实例,如下所示。本例在收到Service的回调后只是展示一个Toast:

```
private AidlCallback.Stub mAidlCallback = new AidlCallback.Stub() {
    @Override
    public void onDataUpdated(CustomData[] data) throws RemoteException {
        Toast.makeText(MyApiClient.this, "Data was updated!",
                Toast.LENGTH_SHORT).show();
    }
};
```

在之前所示的Service AIDL文件中,添加一行代码用于注册回调:

```
void addCallback(in AidlCallback callback);
```

最后,在Service中实现addCallback()回调。这里同样使用linkToDeath()方法来接收通知,以防客户端Binder被杀死。

```
@Override
public void addCallback(final AidlCallback callback) throws RemoteException {
    mCallbacks.add(callback);
    callback.asBinder().linkToDeath(new DeathRecipient() {
        @Override
        public void binderDied() {
            mCallbacks.remove(callback);
        }
    }, 0);
}
```

> 通常,需要实现 addCallback() 和 removeCallback() 方法,留给读者作为练习。

前面的例子显示了如何在应用间创建回调接口。它还展示了如何在两个应用间传输Binder对象,而不需使用ServiceManager注册它。由于只有客户端和Service知道Binder的地址,因此它可以作为一种高效的IPC安全机制。

7.2.2 **Messenger**

也可以通过Messenger类提供远程接口。当Service不需要支持并发操作时该类会非常有用。Messenger类使用Handler执行每个传入的消息,所有客户端的调用都按顺序运行在同一个线程上。使用Messenger类还能避免AIDL文件带来的问题,并可以方便地为客户端提供异步消息API。虽然没有那么强大,但该类有时候会很有效,因为它更容易在客户端和Service端实现。

下面的例子展示了如何使用Messenger类来提供异步API。首先在onCreate()方法中创建Messenger,然后在onBind()方法中返回Binder对象。当Messenger接收到消息时,它能够使用存储在replyTo成员变量里的Messenger对象响应客户端的请求。

```
public class MessengerService extends Service {
    private Handler mMessageHandler;
```

```java
private Messenger mMessenger;

@Override
public void onCreate() {
    super.onCreate();
    HandlerThread handlerThread = new HandlerThread("MessengerService");
    handlerThread.start();
    mMessageHandler = new Handler(handlerThread.getLooper(),
                                  new MyHandlerCallback());
    mMessenger = new Messenger(mMessageHandler);
}

public IBinder onBind(Intent intent) {
    return mMessenger.getBinder();
}

@Override
public void onDestroy() {
    super.onDestroy();
    mMessageHandler.getLooper().quit();
}

private class MyHandlerCallback implements Handler.Callback {

    @Override
    public boolean handleMessage(Message message) {
        boolean delivered = false;
        switch (message.what) {
            case MessageAPI.SEND_TEXT_MSG:
                delivered = sendTextMessage((String) message.obj);
                break;
            case MessageAPI.SEND_PHOTO_MSG:
                delivered = sendPhotoMessage((Bitmap) message.obj);
                break;
        }
        Message reply = Message.obtain(null,
                                MessageAPI.MESSAGE_DELIVERED_MSG,
                                delivered);
        try {
            message.replyTo.send(reply);
        } catch (RemoteException e) {
            Log.e("MessengerService",
                    "Error sending message reply!", e);
        }
        return true;
    }
}

// 分发后返回true
private boolean sendPhotoMessage(Bitmap photo) {
    // 略去具体实现
    return true;
}
```

```
     // 分发后返回true
     private boolean sendTextMessage(String textMessage) {
         // 略去具体实现
         return true;
     }
}
```

下例中，客户端首先绑定到 Service，然后使用 IBinder 作为参数构建一个 Messenger 对象，作为运行在远程 Service 中的 Messenger 的代理。当向 Service 发送消息时，也可以设置 Message 对象的 replyTo 属性。

```
public class MyMessengerClient extends Activity
                             implements ServiceConnection {
private ApiInterfaceV1 mService;
private Messenger mRemoteMessenger;
private Messenger mReplyMessenger;
private Handler mReplyHandler;

@Override
public void onCreate(Bundle savedInstanceState) {
    super.onCreate(savedInstanceState);
    setContentView(R.layout.main);
    HandlerThread handlerThread = new HandlerThread("ReplyMessenger");
    handlerThread.start();
    mReplyHandler = new Handler(handlerThread.getLooper(),
                               new ReplyHandlerCallback())
    mReplyMessenger = new Messenger(mReplyHandler);
}

@Override
protected void onResume() {
    super.onResume();
    bindService(new Intent("com.aptl.sampleapi.MESSENGER_SERVICE"),
               this, BIND_AUTO_CREATE);
}

public void onSendTextPressed(View view) {
    String textMessage = ((EditText) findViewById(R.id.message_input))
                                     .getText().toString();
    Message message = Message.obtain();
    message.what = MessageAPI.SEND_TEXT_MSG;
    message.obj = textMessage;
    message.replyTo = mReplyMessenger;
    try {
        mRemoteMessenger.send(message);
    } catch (RemoteException e) {
        // 远程的Service已被销毁
    }
}

@Override
protected void onPause() {
    super.onPause();
```

7

```
        unbindService(this);
    }

    @Override
    protected void onDestroy() {
        super.onDestroy();
        mReplyHandler.getLooper().quit();
    }

    @Override
    public void onServiceConnected(ComponentName componentName,
                                   IBinder iBinder) {
        mRemoteMessenger = new Messenger(iBinder);
    }

    @Override
    public void onServiceDisconnected(ComponentName componentName) {
        mRemoteMessenger = null;
    }

    private class ReplyHandlerCallback implements Handler.Callback {
        @Override
        public boolean handleMessage(Message message) {
            switch (message.what) {
                case MessageAPI.MESSAGE_DELIVERED_MSG:
                    // 处理异步响应
                    break;
            }
            return true;
        }
    }
}
```

这种方法和第6章描述的`IntentService`非常类似，但本例没有使用`Intent`，而是使用
`Message`触发`Handler`上的操作（见第2章）。此外，`Messenger`实现异步通信很方便，而不需要
使用`BroadcastReceiver`。

7.2.3 使用库工程包装 API

不管是使用AIDL还是`Messenger`类来实现远程API，最好把所有API相关的类和接口提取为
一个库项目，并创建供客户端使用的纯Java包装类。因为很可能要在API中支持复杂的对象，只
提供一个AIDL文件通常是不够的。开发者还需为客户端提供自定义的类。正如第1章描述的，当
涉及发布和版本处理时，建立一个Android库项目来处理所有和远程API相关的问题是一个简单且
有效的方法。也可以把编译好的包装类打包成一个JAR文件，以便方便地发布成第三方库。建议
使用Android库项目，并把它们上传到在线的版本控制服务上（比如GitHub），以便开发者能够简
单地把代码集成到他们的应用中。

创建一个远程API库项目最简单的方式是把所有的AIDL文件和`Parcelable`类移到库项目
中，接下来就可以在实现远程API的应用中引用它。但是，当有多个AIDL文件时（新的版本、客

户端回调等），这样做很容易变得相当复杂，所以最好还是把它们包装成更容易使用的Java类，如下所示：

```
public class ApiWrapper {
    private Context mContext;
    private ApiCallback mCallback;
    private MyServiceConnectionV1 mServiceConnection =
                                new MyServiceConnectionV1();
    private ApiInterfaceV1 mServiceV1;

    public void release() {
        mContext.unbindService(mServiceConnection);
    }

    public ApiWrapper(Context context, ApiCallback callback) {
        mContext = context;
        mCallback = callback;
        mContext.bindService(new Intent("com.apt1.sampleapi.AIDL_SERVICE"),
                mServiceConnection, Context.BIND_AUTO_CREATE);
    }

    public void getAllDataSince(long timestamp, CustomData[] result) {
        if (mServiceV1 != null) {
            try {
                mServiceV1.getAllDataSince(timestamp, result);
            } catch (RemoteException e) {
                // TODO：处理Service错误
            }
        }
    }

    void storeData(CustomData data) {
        if (mServiceV1 != null) {
            try {
                mServiceV1.storeData(data);
            } catch (RemoteException e) {
                // 处理Service错误
            }
        }
    }

    private class MyServiceConnectionV1 implements ServiceConnection {
        @Override
        public void onServiceConnected(ComponentName componentName,
                                    IBinder iBinder) {
            mServiceV1 = ApiInterfaceV1.Stub.asInterface(iBinder);
            try {
                mServiceV1.setCallback(mAidlCallback);
            } catch (RemoteException e) {
                // 处理Service错误
            }

            mCallback.onApiReady(ApiWrapper.this);
```

```
        }

        @Override
        public void onServiceDisconnected(ComponentName componentName) {
            mServiceV1 = null;
            if(mCallback != null) {
                mCallback.onApiLost();
            }
        }
    }

    private AidlCallback.Stub mAidlCallback = new AidlCallback.Stub() {
        @Override
        public void onDataUpdated(CustomData[] data)
                throws RemoteException {
            if(mCallback != null) {
                mCallback.onDataUpdated(data);
            }
        }
    };

    public interface ApiCallback {
        void onApiReady(ApiWrapper apiWrapper);
        void onApiLost();
        void onDataUpdated(CustomData[] data);
    }
}
```

上面的代码显示了如何为本章前面所示的AIDL示例创建包装类。该方法会给客户端提供一个更易使用的接口。开发者甚至可以通过把它们包装成普通的Java接口来管理AIDL回调，见前面的`ApiCallback`示例。

此方法允许使用标准的Java代码对API进行版本控制。开发者可以为过时的方法添加`@deprecated`标签，还可以在包装类中添加新的方法。客户端不需要关心这些细节，可以很容易地保持向后兼容。

根据`Context.bindService()`中Intent内容的不同，返回不同的IBinder对象，开发者可以实现不同版本的Service API。

```
public IBinder onBind(Intent intent) {
    int apiVersionRequested = intent.getIntExtra(EXTRA_VERSION_TAG, 1);
    switch (apiVersionRequested) {
        case 1:
            return mBinderV1;
        case 2:
            return mBinderV2;
        case 3:
            return mBinderV3;
        default:
            return null;
    }
}
```

上面的示例显示了如何根据`Intent`中`int`值的不同来决定返回哪个版本的API。该方法允许创建新的AIDL文件来更新API。包装类现在会绑定所有的版本，并且每个绑定都保持一个本地的引用。

7.3 保护远程 API

不管哪方面，设计Android应用时，安全问题应该是一个永远需要优先考虑的事情。当为其他应用提供API时，安全问题会变得更为重要。（第12章会详细介绍Android应用开发安全方面的话题。）幸好保护发布的`Service`以及其他组件是很容易的事情，如下所示：

```xml
<?xml version="1.0" encoding="utf-8"?>
<manifest xmlns:android="http://schemas.android.com/apk/res/android"
          package="com.aptl.sampleapi">

    <permission android:name="com.aptl.sampleapi.CALL_SERVICE"
                android:protectionLevel="normal"/>

    <uses-sdk
            android:minSdkVersion="17"
            android:targetSdkVersion="17"/>
    <application
            android:icon="@drawable/icon"
            android:label="@string/app_name">
        <service
                android:name=".AidlService"
                android:exported="true"
                android:permission="com.aptl.sampleapi.CALL_SERVICE">
            <intent-filter>
                <action android:name="com.aptl.sampleapi.AIDL_SERVICE"/>
            </intent-filter>
        </service>
    </application>
</manifest>
```

该XML文件显示了发布`Service`时，AndroidManifest.xml可能显示的内容。重要的部分已用粗体显示。首先，需要将`android:exported`属性的值设为`true`。该属性的默认值取决于是否在`Service`中定义了`intent-filter`。如果`Service`不包含`intent-filter`，那么该`Service`仅用于内部使用（通过组件名访问），并不会被输出。如果定义了`intent-filter`，`Service`默认会被输出。强烈建议始终定义该属性，并且根据是否需要输出`Service`来设置它的值。

如果要输出`Service`，最重要的部分是设置权限。第12章会详细介绍权限的定义，但前面的例子显示了最简单的形式。上例在`application`标签上定义了权限，并设置了`protectionLevel`属性的值。接下来，为`Service`设置`android:permission`属性，以此来说明使用该`Service`的客户端必须在它们的清单文件中声明该权限。

通常，像上面代码块中那样声明权限就足够了，但有时候Android的权限管理系统并不能满足需求。第12章会讨论保护应用以及发布API的更高级的方法。

7.4　小结

本章介绍了如何使用 Service 组件来为其他应用提供远程API。至此，开发者应该熟悉了 Binder IPC在Android中是如何工作的，以及实现远程API的几种可选方法。

正如前面讨论的，AIDL是个功能强大但复杂的方法，设计时需要考虑很多因素。它允许开发者能够在不同的进程中跨应用进行普通的同步Java方法调用，但是需要仔细考虑如何设计API，并且还要考虑版本问题。

此外，使用 Messenger 类很容易就能创建异步远程API，但它也有限制，因为所有客户端调用都将运行在同一个线程上，而不是像AIDL，每个客户端对应一个线程。尽管如此，基于消息的方法通常会比AIDL表现得要好，所以很多时候优先使用该方法。

另外，建议提供一个Andorid库工程，把远程API包装成更易使用的Java类，特别是使用AIDL方式的时候。这样做使得它更容易处理新版本的API，同时保持与老版本客户端的向后兼容。

最后，要特别注意保护远程API。要正确地声明权限，并确保在清单文件中只设置那些需要发布的组件的 android:exported 标志位为 true。

7.5　延伸阅读

网站

- “Android Interprocess Communication”（“Android进程间通信”，Thorsten Schreiber）：
  http://www.nds.rub.de/media/attachments/files/2012/03/binder.pdf
- “Android IPC Mechanism”（“Android IPC机制”，Jim Huang）：
  http://elastos.org/elorg_files/ FreeBooks/android/android-binder-ipc.pdf
- “Deep Dive into Android IPC/Binder Framework”（“深入理解Android IPC/Binder框架”，Aleksandar Gargenta）：http://marakana.com/s/post/1340/Deep_Dive_Into_Binder_Presentation.htm
- Android开发者博客，“Service API Changes Starting with Android 2.0”（“Android 2.0以来Service API的变更”，Dianne Hackborn）：
  http://android-developers.blogspot.se/2010/02/ service-api-changes-starting-with.html
- Binder使用概要（Dianne Hackborn）：https://lkml.org/lkml/2009/6/25/3

第 8 章

掌握BroadcastReceiver 以及配置更改

基于Android的智能手机是一个非常强大的设备，配有很多不同的硬件组件。许多组件以不同的方式影响着智能手机的状态。加速器能检测当前设备的物理方向（横向或纵向），Wi-Fi能发现可用的新网络，并通知系统网络连接的变化，光传感器能控制屏幕的亮度，设备的硬件按钮能触发生成系统事件。

与此同时，Android系统总是试图消耗尽可能少的功耗，以尽可能延长电池的使用寿命。然而，由于Android系统给予应用程序很大的控制权，所以作为一个开发人员，处理好不同的事件和变化显得非常重要；否则，可能会造成不必要的功耗。通过掌握不同的系统事件和设备变化，开发者可以编写出更健壮优雅的应用程序。如果应用程序非常耗电，用户可能会给差评，并最终寻求更好的替代品。

此外，大多数事件并非和电池消耗或者性能直接相关。但是，开发者需要了解它们，以便预计相关因素如何影响设备运行的配置变化。例如，如果设备断开了Wi-Fi连接，并切换到了速度慢得多的EDGE连接上，开发者可能要减少网络调用的次数或者选用缩小版图片。通过观察屏幕关闭事件（或反之亦然），开发者可以假定用户离开了当前Activity，并据此采取适当的行动（例如，屏幕关闭可能意味着用户当前并没有积极地查看设备）。

开发者可以发送应用程序自己定义的广播（以新的Intent操作的形式），或者Android API和第三方应用程序定义的广播。无论是在自己的应用程序内，还是在两个应用程序之间通过后台分发事件，这样做会非常有用。

> 虽然应用程序可以监听很多事件，但本章只介绍其中一小部分，因为 Android 平台定义了太多的事件。更多广播事件请参考官方 Android 文档：http://developer.android.com/index.html，并查看相关的 API。例如，有关电话功能的事件通常放在 android.telephony 包内。

监听事件的方式也有多种。有些通过Intent发送广播，并在BroadcastReceiver中接收；其他的要求实现Java回调。本章将提供一些这方面的示例以及如何有效地使用它们。

8.1　**BroadcastReceiver**

　　Android 中发送广播事件最常用的方式是通过 Context.sendBroadcast() 方法给 BroadcastReceiver 发送 Intent 对象。许多标准系统事件都被定义成操作字符串，并可以在 Intent 类的 API 文档中查看。例如，如果需要在用户连接或者断开充电器的时候收到通知，可以 使用 Intent 中定义的两个广播操作：ACTION_POWER_DISCONNECTED 和 ACTION_POWER _CONNECTED。

　　下面的代码显示一个简单的 BroadcastReceiver，它能在用户连接或者断开电源时接收 Intent 对象。该方法唯一的功能是调用 Context.startService()，并把事件委托给 Service 来执行实际的操作。

```
public class ChargerConnectedListener extends BroadcastReceiver {
    public void onReceive(Context context, Intent intent) {
        String action = intent.getAction();

        if (Intent.ACTION_POWER_CONNECTED.equals(action)) {
            context.startService(
                    new Intent(MyService.ACTION_POWER_CONNECTED));
        } else if (Intent.ACTION_POWER_DISCONNECTED.equals(action)) {
            context.startService(
                    new Intent(MyService.ACTION_POWER_DISCONNECTED));
        }
    }
}
```

　　实现 BroadcastReceiver 的默认方法是在清单文件中声明它。因此，即便用户没有启动应 用程序，也可以使用 BroadcastReceiver 来通知 Service。如果应用程序依赖系统事件而不是 用户交互来启动，这会特别有用。开发者可以使用下面的方法来获取 Wi-Fi 连接变化的通知。比 如，当用户回到家连上了 Wi-Fi 后，应用程序可以在后台和连到同一个网络的其他设备同步数据， 而不需要用户手动触发同步操作。

```
<receiver android:name=".ChargerConnectedListener">
    <intent-filter>
        <action
            android:name="android.intent.action.ACTION_POWER_CONNECTED" />
        <action
            android:name="android.intent.action.ACTION_POWER_DISCONNECTED" />
    </intent-filter>
</receiver>
```

　　也可在 Activity 和 Service 中以编程的方式注册 BroadcastReceiver。有些广播 Intent 只能以编程的方式注册，还有一些只能在清单文件中定义。可在官方 Android API 文档中查看每种 广播操作的详细信息。

　　在代码中注册 BroadcastReceiver 时，开发者必须在相应的回调中移除对该广播的注册， 如下例所示。本例中，广播接收器在 onResume() 函数中注册了两个广播事件，因此，需要在 onPause() 方法中移除该注册。

```
public class MyActivity extends Activity {
    private ChargerConnectedListener mPowerConnectionReceiver;

    @Override
    protected void onResume() {
        super.onResume();
        IntentFilter intentFilter = new IntentFilter();
        intentFilter.addAction(Intent.ACTION_POWER_CONNECTED);
        intentFilter.addAction(Intent.ACTION_POWER_DISCONNECTED);
        mPowerConnectionReceiver = new ChargerConnecedListener();
        registerReceiver(mPowerConnectionReceiver, intentFilter);
    }

    @Override
    protected void onPause() {
        super.onPause();
        unregisterReceiver(mPowerConnectionReceiver);
    }
}
```

如果只在应用程序处于运行或活动状态时才关心广播事件时, 开发者通常会只在代码中注册 BroadcastReceiver。这样的话, 应用程序会消耗更少的资源, 如果是在清单文件中声明, 则 每当有事件发生时, 广播接收器都会启动, 因此会消耗更多资源。如果应用程序需要接收系统事件, 开发者要考虑两种注册方式 (在清单文件中注册或者通过 Context.registerReceiver() 注册) 的区别, 以免浪费资源。

8.1.1 本地 BroadcastReceiver

如果只是在应用程序进程内发送和接收广播, 可以考虑使用 LocalBroadcastManager 而不 是更通用的 Context.sendBroadcast() 方法。这种方法更高效, 因为不需要跨进程管理操作, 也不需要考虑广播通常涉及的安全问题。标准 API 中没有包含 LocalBroadcastManager 类, 但 是可以在支持包 (support) 中找到它们。下面的代码演示了如何使用 LocalBroadcastManager 来发送本地广播。

```
public void sendLocalBroadcast(Intent broadcastIntent) {
    LocalBroadcastManager localBroadcastManager =
            LocalBroadcastManager.getInstance(this);
    localBroadcastManager.sendBroadcast(broadcastIntent);
}
```

要接收本地广播, 开发者可以使用上述代码示例中的 LocalBroadcastManager 类。下面的 例子显示了在 Activity 中注册并通过 onPause() 方法注销特定操作的本地广播。

```
public class LocalBroadcastDemo extends Activity {
    public static final String LOCAL_BRODCAST_ACTION = "localBroadcast";
    private BroadcastReceiver mLocalReceiver;

    @Override
    protected void onResume() {
```

8

```
        super.onResume();
        LocalBroadcastManager localBroadcastManager =
                LocalBroadcastManager.getInstance(this);
        IntentFilter intentFilter = new IntentFilter(LOCAL_BRODCAST_ACTION);
        mLocalReceiver = new BroadcastReceiver() {
            @Override
            public void onReceive(Context context, Intent intent) {
                // TODO：处理本地广播
            }
        };
        localBroadcastManager.registerReceiver(mLocalReceiver,
                                               intentFilter);
    }

    @Override
    protected void onPause() {
        super.onPause();
        LocalBroadcastManager localBroadcastManager =
                LocalBroadcastManager.getInstance(this);
        localBroadcastManager.unregisterReceiver(mLocalReceiver);
    }
}
```

在应用程序内使用本地广播来广播消息和状态非常方便。本地广播比标准的全局广播更高效和安全，因为它不会把数据泄露给其他应用程序。切记要和正常的接收器一样，在对应的方法中移除注册，否则可能导致内存泄漏。

8.1.2　普通广播和有序广播

广播分为两种类型：普通广播和有序广播。普通广播会以异步方式被发送给所有的接受者，并且没有指定的接收顺序，如图8-1所示。该方式更加高效，但是缺少有序广播的一些高级功能。普通广播不会给其他广播发送反馈。

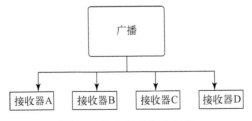

图8-1　异步方式发送广播

有序广播按照特定的顺序分发，每次只发给一个注册的广播接收器（见图8-2）。开发者可以在清单文件中设置相关intent-filter标签的android:priority属性来控制广播的接收顺序。有序广播还有另外一个特性：通过使用abortBroadcast()、setResultCode()和setResultData()方法，接收器可以把结果回传给广播，或者终止广播的分发，这样Intent就不会传递给下一个广播接收器了。

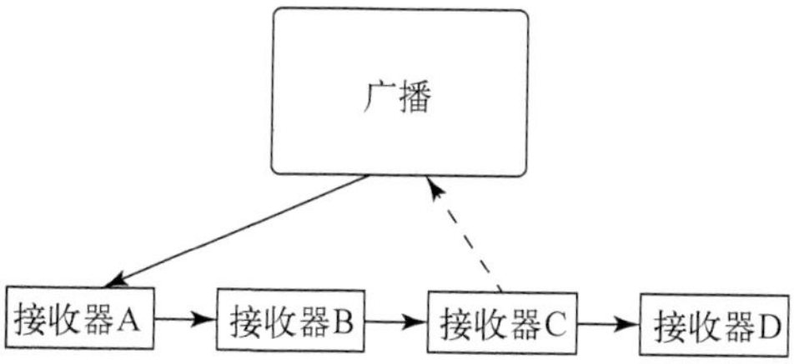

图8-2 按顺序发送广播

下面的代码实现了一个有序广播接收器。首先检查该广播是否顺序的，如果是的话，接下来分配结果代码、结果数据，以及任何想要传递的额外信息。一旦onReceive()执行完毕返回，响应会自动被传给下一个广播。

```
public class OrderedReceiver extends BroadcastReceiver {
    public void onReceive(Context context, Intent intent) {
        if(isOrderedBroadcast() {
            setResultCode(Activity.RESULT_OK);
            setResultData("simple response string");
            // 获取当前响应的extras，如果为null则新建一个
            Bundle resultExtras = getResultExtras(true);
            // 设置组件的名称
            resultExtras.putParcelable("componentName",
                    new ComponentName(context,getClass()));
        }
    }
}
```

下面的代码演示了如何发送有序广播以及如何处理响应。可以通过Context.sendBroadcast()方法发送BroadcastReceiver对象来注册响应。对原有序广播的每一个接收器，该接收器都会收到onReceive()回调。

```
public void sendOrderedBroadcastAndGetResponse() {
    Intent intent = new Intent(ACTION_ORDERED_MESSAGE);
    // 处理响应的广播接收器
    BroadcastReceiver responseReceiver = new BroadcastReceiver() {
        @Override
        public void onReceive(Context context, Intent intent) {
            String resultData = getResultData();
            Bundle resultExtras = getResultExtras(false);
            if (resultExtras != null) {
                ComponentName registeredComponent = resultExtras.
                        getParcelable("componentName");
            }
            // TODO：处理响应
        }
    };

    sendOrderedBroadcast(intent, responseReceiver, null,
                    RESULT_OK,null,null);
}
```

8

开发者很少需要在自己的应用程序中发送有序广播,但如果要跟其他应用程序通信(比方说,插件就是个不错的例子),有序广播会很好用。在Android系统中,有序广播最常见的场景是监听传入的短信(隐藏API的一部分)。第15章会详细介绍这部分内容。

8.1.3　粘性广播

粘性广播(sticky broadcast)是普通广播的一个变体,它和普通广播有细微区别。粘性广播在使用Context.sendStickyBroadcast()发送Intent后,该Intent还会"继续保留",允许之后匹配该Intent的注册收到相同的广播。

粘性广播的一个例子是Intent.ACTION_BATTERY_CHANGED,它用来指示设备中电池电量的变化。另一个例子是Intent.ACTION_DOCK_EVENT,用来指示设备是否放在了底座上。其他粘性广播示例请参考Android API文档。下面的代码展示了如何监听电池的变化,该例还会检查粘性广播是否是新发出来的。

```
public class BatteryChangeListener extends BroadcastReceiver {
    public void onReceive(Context context, Intent intent) {
        String action = intent.getAction();
        if(Intent.ACTION_BATTERY_CHANGED.equals(action)) {
            if(isInitialStickyBroadcast()) {
                // 这是从粘性广播缓存发出的老事件
            } else {
                // 这是刚发生的新事件
            }
        }
    }
}
```

该方法在广播全系统的状态(比如电池状态)时特别有用。为了发送该类型的广播,应用程序必须在清单文件中定义android.permission.BROADCAST_STICKY权限,并使用Context.sendStickyBroadcast()发送粘性广播。

> 开发者在自己的应用程序中应该慎用粘性广播,因为它比普通广播更消耗资源。

8.1.4　定向广播

普通广播的另一个变体是**定向广播**(directed broadcast)。定向广播使用了intent-filter的一个特性,通过在Intent中设置ComponentName来显式指定接收器。它把注册BroadcastReceiver的类名和包名结合在了一起,如下面的代码所示:

```
public void sendDirectedBroadcast(String packageName, String className,
                                  String action) {
    Intent intent = new Intent(action);
    intent.setComponent(new ComponentName(packageName, className));
```

```
        sendBroadcast(directedBroadcastIntent);
    }
```

上例中，只有特定的接收器才能收到广播，即便其他接收器也注册了相同的Intent操作。注意：使用定向广播必须要同时知道接收器的包名和类名。

如果应用需要提供插件功能，定向广播会非常有用。当注册（或安装）一个插件时，它可以通过定向广播给主应用发送相关信息。

8.1.5 启用和禁用广播接收器

如果只能在清单文件中定义才能监听某个广播，还有另外一种减少对系统负载影响的方法。通过使用PackageManager，开发者可以启用和禁用应用程序中的组件，这在用户执行特定动作（如更改设置）后才启动广播接收器时很有用。

下面的两个方法说明了如何在代码中基于ComponentName来启用和禁用特定组件。开发者只需在清单文件中把组件的android:enabled属性默认设为false，并稍后用下面的代码把它们修改成true。

```
public void enableBroadcastReceiver() {
    PackageManager packageManager = getPackageManager();
    packageManager.setComponentEnabledSetting(
            new ComponentName(this, ChargerConnecedListener.class),
                PackageManager.COMPONENT_ENABLED_STATE_ENABLED,
                PackageManager.DONT_KILL_APP);
}

public void disableBroadcastReceiver() {
    PackageManager packageManager = getPackageManager();
    packageManager.setComponentEnabledSetting(
            new ComponentName(this, ChargerConnecedListener.class),
                PackageManager.COMPONENT_ENABLED_STATE_DISABLED,
                PackageManager.DONT_KILL_APP);
}
```

注意setComponentEnabledSetting()方法最后一个参数值PackageManager.DONT_KILL_APP的使用。这会防止平台杀死应用，如果不设置该值平台默认会杀死应用。

开发者也可以使用此方法启用和禁用 Activity（同样也适用于 Service 和 ContentProvider）。这是切换应用程序启动图标（也叫做**主屏幕应用程序托盘**）可见性的一个有效途径。比如，开发者可以在安装应用程序后只显示设置 Activity 的图标，在设置完成后使用该方法把图标隐藏。也可以在设置完成前隐藏图标，在设置完成后显示图标。

8.1.6 系统广播 Intent

Android API定义了许多不同的系统广播事件。本章前面的代码示例展示了其中一些，比如电池电量的变化,是否连接了设备电源。因为这些事件根据各自的功能分散在不同的地方,即便是使用Android开发者网站的搜索功能,要找到一个特定事件的广播也可能会很困难。也许,开发者甚至不知道某个事件是否存在,或者得到了太多无关紧要的其他事件。此外,有些非常有用的广播action并没有在API中公开指定,发现它们需要对Andorid中的隐藏API有一定了解。(第15章会详细介绍隐藏的Android API。)

本节会介绍一些最常用的系统事件,以及何时使用它们的一些例子。还有其他的系统广播事件,找到它们唯一的方法是在官方的Android API中搜索想要的事件。在Intent类中查找它们的定义是个不错的开始。

1. 自动启动应用程序

Android开发者常问的一个问题是如何自动启动应用程序。简短的回答是不能直接自动启动。但是,可以注册一个最终会被触发的事件,然后使用它来启动应用程序。升级老版本时会有一个事件发送给应用程序(通常从Google Play下载并安装了更新)。

下面的代码在清单文件中声明了一个广播接收器,用来监听Intent.ACTION_BOOT_COMPLETED和Intent.ACTION_MY_PACKAGE_REPLACED广播。注意:该接收器默认是禁止的。这是一个很好的做法,尤其是监听Intent.ACTION_BOOT_ COMPLETED事件时,否则每次设备开机都会启动应用程序,可能会浪费系统资源。

```
<receiver android:name=".StartupListener" android:enabled="false">
    <intent-filter>
        <action android:name="android.intent.action.BOOT_COMPLETED" />
        <action android:name="android.intent.action.MY_PACKAGE_REPLACED" />
    </intent-filter>
</receiver>
```

> 只在必要的时候启动这些广播接收器,比如用户在应用程序中更改了设置或启用了某些功能——例如,只在用户设置好闹钟后才启动应用程序中的监听器。使用前面例子的代码在需要时打开或禁止接收器。

2. 用户状态和屏幕状态

当用户锁定设备时(也就是按下电源按钮以关闭设备),当前Activity会调用onPause()方法,表示它失去了焦点。同样,解锁后Activity重新获取焦点时会调用onResume()方法。通常情况下,应用程序不需要额外的信息,但是如果Service需要每次用户解锁设备或者屏幕开启和关闭时收到通知怎么办? 幸好Android系统定义了相关的广播事件,如下面的代码所示。

```
<receiver android:name=".UserPresentListener">
    <intent-filter>
        <action android:name="android.intent.action.SCREEN_OFF" />
        <action android:name="android.intent.action.SCREEN_ON" />
        <action android:name="android.intent.action.USER_PRESENT" />
    </intent-filter>
</receiver>
```

开启和关闭设备屏幕时，系统会分别发送`Intent.ACTION_SCREEN_ON`和`Intent.ACTION_SCREEN_OFF`广播事件。当用户解锁屏幕时系统会发送`Intent.ACTION_USER_PRESENT`广播事件。图8-3显示了这些事件是如何广播的。

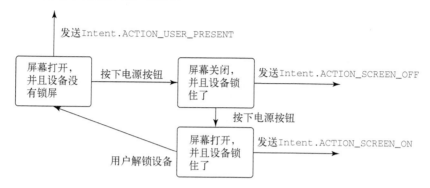

图8-3　启动和关闭屏幕以及用户解锁屏幕时，这些广播是如何发送的

3. 网络和连接变化

对许多Android应用程序来说，最重要的一个事情是跟踪网络的状态，以及当前设备连接的网络类型。根据可用带宽来限制应用程序的网络使用是很好的做法。

大多数Android设备都支持两种类型的网络：蜂窝网络和Wi-Fi网络。如果应用程序过度依赖网络操作，开发者可能要在蜂窝网络中推迟数据的传输，直到设备连到Wi-Fi网络；否则，如果使用诸如3G或者LTE之类的移动网络传输数据可能会产生相当大的费用。这类事件也可用于检测一些熟知的Wi-Fi网络，比如可以安全传输敏感数据的企业内网。

连接相关的广播和网络相关的广播分别是由不同的API负责的。每当有通用的网络连接变化发生时，比如从Wi-Fi切换到移动数据，系统就会发送`ConnectivityManager.CONNECTIVITY_ACTION`广播。接下来可以使用`Context.getService()`方法来检索`ConnectivityManager`服务，它允许开发者获取当前网络的更多详细信息。

然而，要获取关于当前网络更细粒度的信息，开发者还需要监听来自`TelephonyManager`（蜂窝移动数据网络事件）和`WifiManager`（Wi-Fi相关事件）的广播事件。`TelephonyManager`允许查询移动数据连接的类型，`WifiManager`允许检索Wi-Fi连接状态并访问和Wi-Fi相关的不同ID（SSID和BSSID）。

下面的代码简单演示了如何检测设备是否连到了预先配置的"home" Wi-Fi。该方法可以有效地和服务器或者只支持特定Wi-Fi的媒体中心进行通信。

```
public class CheckForHomeWifi extends BroadcastReceiver {
    public static final String PREFS_HOME_WIFI_SSID = "homeSSID";

    public void onReceive(Context context, Intent intent) {
        SharedPreferences preferences =
                PreferenceManager.getDefaultSharedPreferences(context);
        String homeWifi = preferences.getString(PREFS_HOME_WIFI_SSID, null);
```

8

```
        if(homeWifi != null) { // 只有在设置了 "home" Wi-Fi的情况下才进行检查
            NetworkInfo networkInfo =
                    intent.getParcelableExtra(WifiManager.EXTRA_NETWORK_INFO);

            if(networkInfo != null &&
               networkInfo.getState().equals(NetworkInfo.State.CONNECTED)) {
                WifiInfo wifiInfo =
                    intent.getParcelableExtra(WifiManager.EXTRA_WIFI_INFO);

                if(wifiInfo != null
                    && homeWifi.equals(wifiInfo.getSSID())) {
                    // 成功，连到了 "home" Wi-Fi
                } else {
                    // 失败，连到了其他Wi-Fi
                }
            }
        }
    }
}
```

下面的例子监听来自ConnectivityManager的变化，并确定当前连接的是否为移动数据网络。如果收到了移动数据，接下来再使用TelephonyManager检查是否在使用3G或者LTE网络。

```
public class WhenOn3GorLTE extends BroadcastReceiver {
    public void onReceive(Context context, Intent intent) {
        String action = intent.getAction();

        if (ConnectivityManager.CONNECTIVITY_ACTION) {
            boolean noConnectivity = intent.
                    getBooleanExtra(ConnectivityManager.
                                EXTRA_NO_CONNECTIVITY, false);

            if(noConnectivity) {
                // 没有网络连接
            } else {
                int networkType = intent.
                        getIntExtra(ConnectivityManager.
                                EXTRA_NETWORK_TYPE,
                                ConnectivityManager.TYPE_DUMMY);

                if(networkType == ConnectivityManager.TYPE_MOBILE) {
                    checkfor3GorLte(context);
                }
            }
        }
    }

    private void checkfor3GorLte(Context context) {
        TelephonyManager telephonyManager = (TelephonyManager) context.
                getSystemService(Context.TELEPHONY_SERVICE);

        switch (telephonyManager.getNetworkType()) {
            case TelephonyManager.NETWORK_TYPE_HSDPA:
```

```
case TelephonyManager.NETWORK_TYPE_HSPA:
case TelephonyManager.NETWORK_TYPE_HSPAP:
case TelephonyManager.NETWORK_TYPE_HSUPA:
case TelephonyManager.NETWORK_TYPE_LTE:
    // 哇，网络数据足够快
    break;
default:
    // 速度很慢的移动网络，通知用户
    break;
    }
  }
}
```

8.2　设备配置更改

每当从竖屏切换到横屏，Android系统都会触配置更改事件。还有其他相关的操作也能导致配置更改，比如更改设备UI模式，或者键盘可见性发生变化。

在Android上处理配置更改有点棘手。对于Activity，默认的行为是重新启动，这意味着会依次调用onPause()、onStop()、onDestroy()，最终Activity实例被销毁，Activity中的所有数据也将丢失。要避免Activity重新启动，可以在Activity标签的android:configChanges属性上声明这些属性。相应地会调用Activity.onConfigurationChanged()方法，并传进新的Configuration对象，而不会导致重新启动Activity。该方法只是最后的解决手段，例如，开发者要处理全屏游戏或应用程序的设备方向变化。

标准的做法是允许系统重新启动Activity。这在大多数情况下都没问题，但是在某些情况下，开发者可能希望避免重新启动Activity，因为重新启动可能对性能和用户体验产生负面影响。

我们也可以对Service、ContentProvider以及Application组件使用onConfiguration-Changed()方法。和Activity不同的是，对于所有的配置变化，Activity都会被调用，而不必在清单文件中再添加这些属性。另外，配置更改不会强制重启这些组件（这样做很好，否则旋转屏幕会重新启动Service）。这允许Service，或者其他后台组件，能在用户旋转设备或者其他应用程序更改UI模式时检测到这些变化。

8.3　小结

本章介绍了一些Android开发者可能不太熟悉的BroadcastReceiver高级概念。涉及系统范围的事件时BroadcastReceiver会很强大。它也可以用来跟其他应用通信，或者使用LocalBroadcastManager进行应用内通信。

本章介绍了普通广播、有序广播、粘性广播和定向广播之间的区别，以及什么情况下如何应用它们。接下来介绍了如何在代码中启用和禁用广播接收器和其他组件，以确保只在必要的时候激活它们。该特性非常强大，应该在应用程序中更频繁地使用它们，以减少系统负载。

Android平台定义了很多不同的广播Intent操作。本章只讨论了一些最有用的广播，并演示了什么情况下以及如何使用它们。大多数定义都能在官方Android API中找到，但是还有一些属于隐藏API，第15章会详细介绍这些隐藏的API。

最后，本章介绍了如何检测设备的配置更改，包括屏幕方向、键盘状态和UI模式。默认情况下，配置发生变化会重新启动Activity，但是可以在清单文件中使用android:configChanges属性来覆盖默认的行为。也可通过重写onConfigurationChanged()方法来监听这些变化，帮助在缺少系统广播的设备上接收关于状态变化的通知。

在Android应用中，BroadcastReceiver和配置变更经常被忽视，但作为一个熟练的开发者，你可以使用它们创建更流畅的用户体验，并对某些变化做出反应，否则可能会导致一些意外行为。

8.4 延伸阅读

文档

❑ 处理运行时配置变更请参考：

http://developer.android.com/guide/topics/resources/runtimechanges.html

第 9 章

数据存储和序列化技术

本章将介绍在本地设备上存储和表现数据。所有应用程序都要考虑数据存储问题。开发者谈到存储数据通常会使用**持久化**（persistence），而用**序列化**（serialization）一词描述数据是如何表现其存储状态的。如果没有持久化，数据只能在RAM中保持它的状态，一旦相关进程结束数据就会丢失。实现持久化通常涉及性能、延迟、数据大小和复杂度等因素的折中。例如，快速的数据读取往往会导致较慢的写入。序列化就是关于数据是如何组织的，同时包括在持久化状态和在内存中。

本章将介绍Android应用程序中用于持久化和序列化两个最常见的技术，即SQLite和SharedPreferences，以及两个可选方法，它们允许开发者通过网络或者在两个设备之间进行数据传输。

> 在诸如 Google Drive 或者 Dropbox 之类的云存储服务上存储数据不在本章讨论范围内，但开发者可在第 19 章了解更多关于在 Google Drive 上存储数据的知识。

9.1 Android 持久化选项

Android标准API提供了两种现成的方法用来在设备上存储结构化数据，它们分别是偏好文件（preference files）和SQLite数据库。偏好文件使用XML格式，通过SharedPreferences类提供接口。相比较，SQLite数据库有着更复杂的API，通常被包装成ContentProvider组件。

方法名称表明了它们的用途。SharedPreferences常用来存储设、选项、用户偏好，以及其他简单的值，一般不用来存储数组、表格或者二进制数据。相反，应该通过ContentProvider在SQLite数据库中存储那些可以用Java表示的列表或者数组数据。当然，上面的情况并不是绝对的，使用时还应该考虑最佳的选择。

二进制数据（通常是图像、视频或者音频之类的文件）不应该直接存储在SQLite数据库或者偏好文件中。最好是把二进制数据当做常规文件存储在应用程序的内部存储器或者外部的公共存储中。然而，在许多情况下，使用ContentProvider来处理二进制文件的持久化也可能是个不错的选择。这样做能方便地处理文件，并和数据库中的记录保持同步。

9.2   在偏好文件中存储数据

SharedPreferences对象使用常规的XML文件来存储数据，这些文件存储在应用程序的数据目录内。该XML文件的结构很简单，因为它只允许存储键/值对，不过Android API还是提供了非常方便的抽象，允许开发者以类型安全的方式读写数据。

创建 SharedPreferences 对象最简单的方式是使用 PreferenceManager.getDefaultSharedPreferences()方法，它会返回应用程序默认的偏好对象。使用该方式来存储主要的偏好设置很方便，因为框架会自动管理偏好文件名。但是，如果应用程序有多个偏好文件，最好使用Context.getSharedPreference()方法，它允许开发者自由地命名文件。如果只是创建和Activity相关的偏好文件，可以使用Activity.getPreference()方法，它会在调用时得到Activity的名字。

> PreferenceManager.getDefaultSharedPreferences()创建的偏好文件名是由包名以及后缀_preferences 组成的，如 com.aaptl.code_preferences。虽然很少需要这个名字，但如果要实现文件备份代理该名字就很重要，9.6节会介绍这方面的内容。

SharedPreferences支持的存储值的类型有int、float、long、boolean、String以及Set<String>对象（字符串数组）。键名必须是一个有效的字符串，常见做法是使用点符号按组结构化多个键值。

例如，如果偏好文件包含用于网络配置以及用户界面设置相关的值，可以通过为每个键添加network或者ui前缀来把它们分组。通过这种方式，开发者可以轻松地管理键/值对，避免命名冲突。下面的例子演示了如何通过使用前缀并在单独的Java接口文件中定义键来结构化偏好数据：

```java
public interface Constants {
    public static final String NETWORK_PREFIX = "network.";
    public static final String UI_PREFIX = "ui.";

    public static final String NETWORK_RETRY_COUNT
            = NETWORK_PREFIX + "retryCount";
    public static final String NETWORK_CONNECTION_TIMEOUT
            = NETWORK_PREFIX + "connectionTimeout";
    public static final String NETWORK_WIFI_ONLY
            = NETWORK_PREFIX + "wifiOnly";

    public static final String UI_BACKGROUND_COLOR
            = UI_PREFIX + "backgroundColor";
    public static final String UI_FOREGROUND_COLOR
            = UI_PREFIX + "foregroundColor";
    public static final String UI_SORT_ORDER
            = UI_PREFIX + "sortOrder";

    public static final int SORT_ORDER_NAME = 10;
    public static final int SORT_ORDER_AGE = 20;
    public static final int SORT_ORDER_CITY = 30;
}
```

推荐使用上面的方法访问存储的偏好值,而不是把键名硬编码在代码中。这样做可以避免误拼写,从而减少由于拼写导致的bug。

下面的代码演示了使用之前定义的Constants类来访问偏好文件:

```
public class MainActivity extends Activity {
    private void readUiPreferences() {
        SharedPreferences preferences
                = PreferenceManager.getDefaultSharedPreferences(this);
        int defaultBackgroundColor = getResources().
                getColor(R.color.default_background);
        int backgroundColor = preferences.getInt(
                Constants.UI_BACKGROUND_COLOR,
                defaultBackgroundColor);
        View view = findViewById(R.id.background_view);
        view.setBackgroundColor(backgroundColor);
    }
}
```

要修改存储在偏好文件中的值,首先需要获取Editor实例,它提供了相应的PUT方法,以及用于提交修改的方法。在Android 2.3(API级别为9)之前,通过使用commit()方法把修改同步提交到存储设备中。但在2.3版本中,Editor类提供了用于异步执行写操作的apply()方法。因为要尽可能地避免在主线程执行阻塞的操纵,apply()方法比之前的commit()方法更好。这使得在主线程直接从UI操作(比如在onClick()方法中,如下例所示)更新SharedPreferences很安全。

```
public class MainActivity extends Activity {
    public void doToggleWifiOnlyPreference(View view) {
        SharedPreferences preferences = PreferenceManager.
                getDefaultSharedPreferences(this);
        boolean currentValue = preferences.
                getBoolean(Constants.NETWORK_WIFI_ONLY, false);
        preferences.edit()
                .putBoolean(Constants.NETWORK_WIFI_ONLY, !currentValue)
                .apply();
    }
}
```

上面的代码显示了使用点击监听器来切换存储在Constants.NETWORK_WIFI_ONLY中的偏好值。如果使用之前的commit()方法,主线程可能会被阻塞,导致用户体验差。使用apply()方法就不需要担心上面的问题。

在同一个进程中,每个偏好文件都只有一个实例。所以即便从两个不同的组件(但是需要是同一个应用程序)使用相同的名字获取两个SharedPreference对象,它们实际上还是共享同一个实例,所以对一个对象的改变会立刻影响到另一个对象。

为了能在偏好值被修改的时候收到通知,开发者需要注册一个监听器回调函数,每当调用apply()或者commit()方法时都会触发该监听器回调函数。最常见的例子是,在Activity中修改偏好值应该影响后台Service的行为,如下例所示:

```java
public class NetworkService extends IntentService
        implements SharedPreferences.OnSharedPreferenceChangeListener {
    public static final String TAG = "NetworkService";
    private boolean mWifiOnly;

    @Override
    public void onCreate() {
        super.onCreate();
        SharedPreferences preferences = PreferenceManager
                .getDefaultSharedPreferences(this);
        preferences.registerOnSharedPreferenceChangeListener(this);
        mWifiOnly = preferences.getBoolean(Constants.NETWORK_WIFI_ONLY,
                                           false);
    }

    @Override
    public void onDestroy() {
        super.onDestroy();
        SharedPreferences preferences = PreferenceManager
                .getDefaultSharedPreferences(this);
        preferences.unregisterOnSharedPreferenceChangeListener(this);
    }

    @Override
    public void onSharedPreferenceChanged(SharedPreferences preferences,
                                          String key) {
        if (Constants.NETWORK_WIFI_ONLY.equals(key)) {
            mWifiOnly = preferences
                    .getBoolean(Constants.NETWORK_WIFI_ONLY, false);
            if(mWifiOnly) cancelNetworkOperationIfNecessary();
        }
    }

    @Override
    protected void onHandleIntent(Intent intent) {
        ConnectivityManager connectivityManager
                = (ConnectivityManager)
                getSystemService(CONNECTIVITY_SERVICE);
        NetworkInfo networkInfo
                = connectivityManager.getActiveNetworkInfo();
        int type = networkInfo.getType();
        if (mWifiOnly && type != ConnectivityManager.TYPE_WIFI) {
            Log.d(TAG, "We should only perform network I/O over WiFi.");
            return;
        }

        performNetworkOperation(intent);
    }
}
```

9.3 用户选项和设置用户界面

许多应用程序都会提供一个单独的用户界面，允许用户更改应用程序的选项和设置。Android

提供了一套现成的Activity和Fragment类，使得创建这类用户界面非常容易：Preference-Activity和PreferenceFragment。

首先在XML资源目录下创建XML文件，并在开头使用PreferenceScreen语法。该XML的结构很简单，它指定了所有允许用户更改的偏好，以及它们是如何相互作用的。开发者可以提供用于输入文本字符串的简单文本字段、复选框以及选项列表。对于每个选项，可以指定标题和说明，还可以把偏好分成不同的类别。开发者不需要自己去保存修改的值，因为Preference-Fragment会保存用户的修改。PreferenceFragment使用的SharedPreferences实例和从PreferenceManaget.getDefaultSharedPreferences()获取的是同一个。

下面的PreferenceScreen XML代码显示了前面例子所述的两个用户可配置的选项。

```xml
<?xml version="1.0" encoding="utf-8"?>
<PreferenceScreen xmlns:android="http://schemas.android.com/apk/res/android">
 <PreferenceCategory android:title="@string/network_preferences_title">
  <CheckBoxPreference
     android:title="@string/network_wifi_only_title"
     android:summaryOn="@string/network_wifi_only_summary_on"
     android:summaryOff="@string/network_wifi_only_summary_off"
     android:key="network.wifiOnly"
     android:defaultValue="false"/>
  <ListPreference
     android:title="@string/network_retry_count_title"
     android:summary="@string/network_retry_count_summary"
     android:key="network.retryCount"
     android:defaultValue="3"
     android:entryValues="@array/network_retry_count_option_values"
     android:entries="@array/network_retry_count_options" />
 </PreferenceCategory>
</PreferenceScreen>
```

接下来要实现PreferenceActivity，并且添加PreferenceFragment作为其UI，然后调用PreferenceFragment.addPreferencesFromResource()来指定用于显示设置用户界面的XML。Android框架会生成符合应用程序样式和主题的用户界面（参见图9-1）。

下面的代码指定了要使用的XML资源文件。本例还调用了PreferenceManager.setDefaultValues()方法，这样偏好文件会使用XML文件指定的默认值。

```java
public class SettingsFragment extends PreferenceFragment {
    @Override
    public void onCreate(Bundle savedInstanceState) {
        super.onCreate(savedInstanceState);
        PreferenceManager.setDefaultValues(getActivity(),
            R.xml.preferences, false);
        addPreferencesFromResource(R.xml.preferences);
    }
}
```

启动这类Activity最常用的方式是使用Intent，而且要指定ComponentName而不是使用action字符串。还要确保在清单文件中把android:exported标志设为false，使其只能在应用程序中启动该Activity。

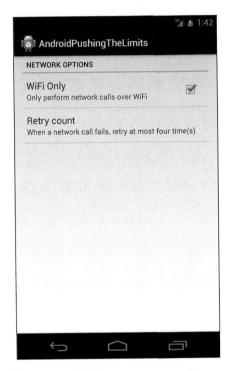

图9-1　一个简单的 PreferenceScreen

9.4　高性能 ContentProvider

　　如果选择在SQLite数据库中存储数据，笔者总是建议你创建 ContentProvider，即使存储的数据仅供内部使用。原因是Android提供了一些工具类以及UI相关的类，它们工作在 ContentProvider 之上，能够简化开发者的工作。此外，这些类还提供了一个简单的机制，一旦数据有更新就会通知客户端，这让开发者保持用户界面和实际内容的同步变得很简单。

　　创建数据库表时，一定要考虑它们的主要目的。数据库是否主要用于读取以及显示在用户界面上（如 ListView）？数据库是否主要用于写操作并且在后台运行（如活动记录器或者跟踪用户训练位置的运动应用程序）？根据不同的用途，读性能可能会比快速的写操作更重要，反过来也有可能。

9.4.1　Android 数据库设计

　　关系数据库的设计通常通过**数据库规范化**（database normalization）完成。该过程使用一些**范式**（normal form）规则来减少数据库中的依赖和冗余。有许多数据库范式，但在大多数情况下，只有前三个是相关的。如果一个数据库设计满足了前三个范式，可以认为它是**规范化的**。

　　在许多情况下，开发者可能想忽略传统的数据库设计和范式规则。除非是在数据库中存储成千上万条记录，每个记录包含大量的文本，甚至是二进制数据，这种情况下通常可以使用一个更简单的数据库设计。考虑一个跟踪任务的应用程序。每个任务都有名字、创建日期、优先级、状态和所有者。如果要做一个最佳的数据库设计，它可能看起来如图9-2所示。

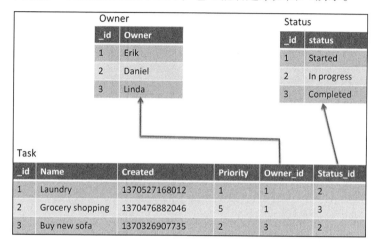

图9-2　数据库有三个表，其中Task表有两个外键

该设计需要在Task表中存储两个外键，这完全没有问题，但它会让应用程序代码变得更加复杂。状态的选择不太可能在应用程序中变化，因此，更好的办法是删除多余的表，只在该列存储一组常数值。Owner列现在是更复杂的问题。只存储名称可能是更好的选择——事实上，大多数情况下都没问题。如果需要更多数据，可以使用ContactsProvider，并在表中存储一个联系人引用。结果是一个更简单的表，如图9-3所示。

Task					
_id	Name	Created	Priority	Owner	Status
1	Laundry	1370527168012	1	Erik	1
2	Grocery shopping	1370476882046	5	Erik	3
3	Buy new sofa	1370326907735	2	Linda	2

图9-3　精简版Task表

9.4.2　创建和升级数据库

建议开发者总是使用ContentProvider组件包装SQLite数据库。通过这种方式，可以只在一个地方管理所有的数据库调用，还可以使用一些现成的数据库工具类。

本节会展示如何使用ContentProvider来存储任务（task），每个任务都有优先级、状态和所有者。首先介绍创建实际数据库的基础知识。

下面的代码显示了没有查询方法（query()、insert()、update()和delete()）的

ContentProvider。9.4.4节会介绍这方面的内容。需要特别注意的是继承自SQLiteOpenHelper的MyDatabaseHelper类。该类用来打开SQLiteDatabase对象和管理数据库的升级。onCreate()会在应用程序启动并且第一次访问ContentProvider时被调用——更具体地说，是第一次调用getReadableDatabase()或者getWritableDatabase()方法的时候。

```
public class TaskProvider extends ContentProvider {
    public static final String AUTHORITY = "com.apt1.code.provider";
    public static final int ALL_TASKS = 10;
    public static final int SINGLE_TASK = 20;
    public static final String TASK_TABLE = "task";
    public static final String[] ALL_COLUMNS =
            new String[]{TaskColumns._ID, TaskColumns.NAME,
                    TaskColumns.CREATED, TaskColumns.PRIORITY,
                    TaskColumns.STATUS, TaskColumns.OWNER};
    public static final String DATABASE_NAME = "TaskProvider";
    public static final int DATABASE_VERSION = 2;
    public static final String TAG = "TaskProvider";
    public static final String CREATE_SQL = "CREATE TABLE "
            + TASK_TABLE + " ("
            + TaskColumns._ID + " INTEGER PRIMARY KEY AUTOINCREMENT, "
            + TaskColumns.NAME + " TEXT NOT NULL, "
            + TaskColumns.CREATED + " INTEGER DEFAULT NOW, "
            + TaskColumns.PRIORITY + " INTEGER DEFAULT 0, "
            + TaskColumns.STATUS + " INTEGER DEFAULT 0, "
            + TaskColumns.OWNER + " TEXT);";
    public static final String CREATED_INDEX_SQL = "CREATE INDEX "
            + TaskColumns.CREATED + "_idx ON " + TASK_TABLE + " ("
            + TaskColumns.CREATED + " ASC);";
    public static final String OWNER_INDEX_SQL = "CREATE INDEX "
            + TaskColumns.OWNER + "_idx ON " + TASK_TABLE + " ("
            + TaskColumns.CREATED + " ASC);";
    public static UriMatcher mUriMatcher
            = new UriMatcher(UriMatcher.NO_MATCH);
    public MyDatabaseHelper mOpenHelper;

    static {
        mUriMatcher.addURI(AUTHORITY, "task", ALL_TASKS);
        mUriMatcher.addURI(AUTHORITY, "task/#", SINGLE_TASK);
    }

    @Override
    public boolean onCreate() {
        mOpenHelper = new MyDatabaseHelper(getContext());
        return true;
    }

    // 简单起见，省略查询方法

    public interface TaskColumns extends BaseColumns {
        public static final String NAME = "name";
        public static final String CREATED = "created";
        public static final String PRIORITY = "priority";
```

```
        public static final String STATUS = "status";
        public static final String OWNER = "owner";
    }

    private class MyDatabaseHelper extends SQLiteOpenHelper {

        public MyDatabaseHelper(Context context) {
            super(context, DATABASE_NAME, null, DATABASE_VERSION);
        }

        @Override
        public void onCreate(SQLiteDatabase database) {
            Log.d(TAG, "Create SQL : " + CREATE_SQL);
            database.execSQL(CREATE_SQL);
            database.execSQL(CREATED_INDEX_SQL);
        }

        @Override
        public void onUpgrade(SQLiteDatabase db,
                              int oldVersion, int newVersion) {
            if (oldVersion < 2) {
                db.execSQL("ALTER TABLE " + TASK_TABLE
                    + " ADD COLUMN " + TaskColumns.OWNER + " TEXT");
                db.execSQL(OWNER_INDEX_SQL);
            }
        }
    }
}
```

每次创建MyDatabaseHelper，它会把当前SQLite数据库的内部版本号（存储在
android_metadata表中）和通过SQLiteOpenHelper构造函数传进来的版本号进行比较。这
样就可以执行数据库升级，添加新列或者执行任何其他SQL命令了。这种能力是有效的，因为它
不要求在需要修改数据库时删除所有的表和内容。

在前面的例子中，Owner列既是CREATE_SQL语句又是ALTER_TABLE语句的一部分。因为有
两种可能的情况。一种情况是新安装的应用程序首先会调用onCreate()，接下来调用
onUpgrade()方法。因为onUpgrade()中的if语句返回false，所以不会调用ALTER_TABLE语
句。另一种情况是从老版本升级应用程序，这时不会调用onCreate()，onUpgrade()中的if
语句返回true，所以会创建新的列。通过递增数据库的版本号，并在每次改动时添加新的if语
句，可以处理数据库的升级，这个方法简单却强大。

> 为了使例子更加清晰，本章的代码示例使用 String 常量来声明 SQL 语句。更好的办法
> 是把这些字符串存到应用程序 raw 资源目录内的文件中。这样会更易使用，并能简化测试工作。

9.4.3　实现查询方法

查询数据库（通常使用ContentResolver.query()）会调用ContentProvider.query()

方法。开发者在实现查询方法时必须解析传入的Uri以决定执行哪个查询，并且还要检查所有传入的参数是安全的。

下面的代码实现了query()方法，以及用于修改selection和selectionArgs参数的两个工具方法。此外，本例还简单地检查了传入的projection参数是否为空，如果是的话会把它设置成默认值。同样还会检查sortOrder参数，本例会默认使用priority列对结果进行排序。

```
public static String[] fixSelectionArgs(String[] selectionArgs,
                                        String taskId) {
    if (selectionArgs == null) {
        selectionArgs = new String[]{taskId};
    } else {
        String[] newSelectionArg =
                new String[selectionArgs.length + 1];
        newSelectionArg[0] = taskId;
        System.arraycopy(selectionArgs, 0,
                newSelectionArg, 1, selectionArgs.length);
    }
    return selectionArgs;
}

public static String fixSelectionString(String selection) {
    selection = selection == null ? TaskColumns._ID + " = ?" :
            TaskColumns._ID + " = ? AND (" + selection + ")";
    return selection;
}

@Override
public Cursor query(Uri uri, String[] projection,
                    String selection, String[] selectionArgs,
                    String sortOrder) {
    projection = projection == null ? ALL_COLUMNS : projection;
    sortOrder = sortOrder == null ? TaskColumns.PRIORITY : sortOrder;
    SQLiteDatabase database = mOpenHelper.getReadableDatabase();

    switch (mUriMatcher.match(uri)) {
        case ALL_TASKS:
            return database.query(TASK_TABLE, projection,
                    selection, selectionArgs,
                    null, null, sortOrder);
        case SINGLE_TASK:
            String taskId = uri.getLastPathSegment();
            selection = fixSelectionString(selection);
            selectionArgs = fixSelectionArgs(selectionArgs, taskId);
            return database.query(TASK_TABLE, projection,
                    selection, selectionArgs,
                    null, null, sortOrder);
        default:
            throw new IllegalArgumentException("Invalid Uri: " + uri);
    }
}
```

只有使用Uri定位数据库中特定的记录时才会使用修改selection和selectionArgs参数

的两个工具方法。注意：本例会在现有的`selection`前面加上ID列（在`fixSelectionString()`和`fixSelectionArgs()`方法中）。这使得查询速度更快，因为对主键列的比较总是非常快的，从而能加快整个查询。

> 编写数据库查询要把 WHERE 语句中较简单的比较放在前面。这样做会加快查询，因为它能尽早决定是否要包含某个记录。

9.4.4　数据库事务

每次在SQLite数据库执行一条SQL语句都会执行一次数据库事务操作。除非是自己专门管理事务（如下所示），否则每条语句都会自动创建一个事务。因为大多数`ContentProvider`调用最终只会生成一条SQL语句，这种情况下几乎没有必要去手动处理事务。但是，如果应用程序将执行多条SQL语句，比如一次插入很多条记录，记得总是自己管理事务。

`ContentProvider`类提供了两个用于事务管理的方法：`ContentProvider.bulkInsert()`和`ContentProvider.applyBatch()`。下面的代码演示了如何实现`bulkInsert()`方法，它会在一个事务中插入多条记录。相比每次有新数据都调用`ContentProvider.insert()`，这种方法会明显快很多。

```java
private Uri doInsert(Uri uri, ContentValues values, SQLiteDatabase database) {
    Uri result = null;
    switch (mUriMatcher.match(uri)) {
        case ALL_TASKS:
            long id = database.insert(TASK_TABLE, "", values);
            if (id == -1) throw new SQLException("Error inserting data!");
            result = Uri.withAppendedPath(uri, String.valueOf(id));
    }
    return result;
}

@Override
public Uri insert(Uri uri, ContentValues values) {
    SQLiteDatabase database = mOpenHelper.getWritableDatabase();
    Uri result = doInsert(uri, values, database);
    return result;
}

@Override
public int bulkInsert(Uri uri, ContentValues[] contentValueses) {
    SQLiteDatabase database = mOpenHelper.getWritableDatabase();
    int count = 0;
    try {
        database.beginTransaction();
        for (ContentValues values : contentValueses) {
            Uri resultUri = doInsert(uri, values, database);
            if (resultUri != null) {
                count++;
```

9

```
            } else {
                count = 0;
                throw new SQLException("Error in bulk insert");
            }
        }
        database.setTransactionSuccessful();
    } finally {
        database.endTransaction();
    }
    return count;
}
```

事务的语义很简单。首先调用SQLiteDatabase.beginTransaction()开始一个新的事务。当成功插入所有记录后调用SQLiteDatabase.setTransactionSuccessful()，然后使用SQLiteException.endTransaction()结束本次事务。如果某条数据插入失败，会抛出SQLException，而之前所有的插入都会回滚，因为在成功之前没有调用过SQLiteDatabase.setTransactionSuccessful()。

强烈建议在继承ContentProvider时实现该方法，因为它会显著提高数据插入的性能。但是，由于此方法只适用于插入操作，开发者可能需要实现另一个方法来处理更复杂的操作。

如果要在一次事务中执行多次update()或者delete()语句，必须实现ContentProvider.applyBatch()方法。

```
@Override
public ContentProviderResult[] applyBatch(ArrayList<ContentProviderOperation>
  operations)
        throws OperationApplicationException {
    SQLiteDatabase database = mOpenHelper.getWritableDatabase();
    ContentProviderResult[] result
                = new ContentProviderResult[operations.size()];
    try {
        database.beginTransaction();
        for (int i = 0; i < operations.size(); i++) {
            ContentProviderOperation operation = operations.get(i);
            result[i] = operation.apply(this, result, i);
        }
        database.setTransactionSuccessful();
    } finally {
        database.endTransaction();
    }
    return result;
}
```

正如上文所示的buildInsert()方法，首先开始一个事务，执行操作，设置本次事务执行成功，最后结束本次事务。该API是为ContactsProvider等较复杂的ContentProvider设计的，它们有许多连接的表，每个都有自己的Uri。另外，如果要批量插入多个表，该API仍然非常有用。

9.4.5　在 ContentProvider 中存储二进制数据

二进制数据包括不能用Java中的简单数据类型表示的任何对象，通常是图像或其他一些媒体

文件，但它可以是任何类型的专有格式文件。和二进制数据打交道可能会非常棘手，但幸好
ContentProvider提供了许多用于处理这个问题的方法。比方说，要在数据库中为每个任务存
储一张JPG图片，首先需要在表中新加一列，名为_data，类型为TEXT，如下所示：

```
db.execSQL("ALTER TABLE " + TASK_TABLE + " ADD COLUMN _data TEXT");
```

ContentProvider.openFileHelper()方法会在内部使用它。只需在每次插入时存储文件
的路径。要做到这一点，修改前面所示的doInsert()方法。

```
private Uri doInsert(Uri uri, ContentValues values,
                      SQLiteDatabase database) {
    Uri result = null;
    switch (sUriMatcher.match(uri)) {
        case ALL_TASKS:
            long id = database.insert(TASK_TABLE, "", values);
            if (id == -1) throw new SQLException("Error inserting data: "
                                                  + values.toString());
            result = Uri.withAppendedPath(uri, String.valueOf(id));

            // 更新_data字段，指向一个文件
            File dataFile = Environment.getExternalStoragePublicDirectory(
                                   Environment.DIRECTORY_PICTURES);
            dataFile = new File(dataFile, FILE_PREFIX + id + FILE_SUFFIX);
            ContentValues valueForFile = new ContentValues();
            valueForFile.put("_data", dataFile.getAbsolutePath());
            update(result, values, null, null);
    }
    return result;
}
```

本例要把JPG文件写到外部存储的PICTURES目录内。接下来，覆盖ContentProvider
.openFile()方法返回ParcelFileDescriptor对象。然后就可以使用该对象直接读写文件了。

```
@Override
public ParcelFileDescriptor openFile(Uri uri, String mode) throws
  FileNotFoundException {
    if(sUriMatcher.match(uri) == SINGLE_TASK)
        return openFileHelper(uri, mode);
    else
        return super.openFile(uri, mode);
}
```

实际使用openFileHelper()来打开文件，并把结果传给调用客户端。当从
ContentProvider中读取某条记录的Bitmap对象时，可以简单地使用该记录的Uri，接下来的
事情交给框架去处理，如下所示：

```
public Bitmap readBitmapFromProvider(int taskId, ContentResolver resolver)
        throws FileNotFoundException {
    Uri uri = Uri.parse("content://" + TaskProvider.AUTHORITY
            + "/" + TaskProvider.TASK_TABLE + "/" + taskId);
    return BitmapFactory.decodeStream(resolver.openInputStream(uri));
}
```

9

存储文件跟用正确的 Uri 调用 ContentResolver.openOutputStream() 相似。如果要从 ContentProvider 读取数据，并在 ListView 中展示包含文本和图片的数据，它会非常有用，前面的例子也展示了这一点。

9.5　序列化数据

和 ContentProvider 打交道时，使用 ContentValues 和 Cursor 类来持久化数据没有问题，但是如果需要在 Internet 上传输数据或者和另一台设备共享数据，情况就完全不同了。要解决这一难题，需要把数据转化成接收端能识别的格式，并且还要适于在网络上传输。这种技术被称为**序列化**（serialization）。

序列化是从内存中取出数据并把它写到文件（或其他输出）中，使得稍后能读取完全相同的数据（称为**反序列化**）。Android 内部使用 Parcelable 接口来处理序列化工作，但它不适合在文件上持久化存储或者在网络上传输数据。

本节会介绍两种合适的持久化复杂数据的格式：JSON 和 Google Protocol Buffer。Android 对它们都有很好的支持，并且都有大多数平台的开源实现，这意味着它们非常适合网络传输。

9.5.1　JSON

JSON 是 JavaScript Object Notation 的缩写，是 JavaScript 标准的一个子集。官方 Android API 已经内置支持读写 JSON 数据。这种格式非常适合表示不包含二进制数据的复杂对象。从某种程度上说，它也成了网络上共享数据的事实标准。

下面的例子显示了一个简单的 JSON 数组，它包含 3 个对象，每个对象都存储前例中 TaskProvider 的信息。这种格式非常适合在网络服务上发送任务或者直接在朋友中共享数据。

```
[
    {
        "name": "Laundry",
        "created": 1370527168012,
        "priority": 5,
        "owner": "Erik",
        "status": 1
    },
    {
        "name": "Groceries",
        "created": 1370476882046,
        "priority": 3,
        "owner": "Linda",
        "status": 2
    },
    {
        "name": "Buy new sofa",
        "created": 1370326907735,
        "priority": 2,
        "owner": "Linda",
```

```
            "status": 1
        }
    ]
```

从InputStream读取JSON数据最好使用JsonReader API，如下所示：

```java
public JSONArray readTasksFromInputStream(InputStream stream) {
    InputStreamReader reader = new InputStreamReader(stream);
    JsonReader jsonReader = new JsonReader(reader);
    JSONArray jsonArray = new JSONArray();
    try {
        jsonReader.beginArray();
        while (jsonReader.hasNext()) {
            JSONObject jsonObject
                    = readSingleTask(jsonReader);
            jsonArray.put(jsonObject);
        }
        jsonReader.endArray();
    } catch (IOException e) {
        // 简单起见，忽略异常
    } catch (JSONException e) {
        // 简单起见，忽略异常
    }

    return jsonArray;
}


private JSONObject readSingleTask(JsonReader jsonReader)
        throws IOException, JSONException {
    JSONObject jsonObject = new JSONObject();
    jsonReader.beginObject();
    JsonToken token;
    do {
        String name = jsonReader.nextName();
        if ("name".equals(name)) {
            jsonObject.put("name", jsonReader.nextString());
        } else if ("created".equals(name)) {
            jsonObject.put("created", jsonReader.nextLong());
        } else if ("owner".equals(name)) {
            jsonObject.put("owner", jsonReader.nextString());
        } else if ("priority".equals(name)) {
            jsonObject.put("priority", jsonReader.nextInt());
        } else if ("status".equals(name)) {
            jsonObject.put("status", jsonReader.nextInt());
        }

        token = jsonReader.peek();
    } while (token != null && !token.equals(JsonToken.END_OBJECT));
    jsonReader.endObject();
    return jsonObject;
}
```

虽然也可以把InputStream中的全部内容都读到String中，然后传给JSONArray的构造函数，但前面的方法消耗内存少，并且很可能更快。同样，JsonWriter类允许往OutputStream

中高效地写入JSON数据，如下所示：

```
public void writeJsonToStream(JSONArray array, OutputStream stream) throws
JSONException {
    OutputStreamWriter writer = new OutputStreamWriter(stream);
    JsonWriter jsonWriter = new JsonWriter(writer);

    int arrayLength = array.length();
    jsonWriter.beginArray();
    for(int i = 0; i < arrayLength; i++) {
        JSONObject object = array.getJSONObject(i);
        jsonWriter.beginObject();
        jsonWriter.name("name").
                value(object.getString("name"));
        jsonWriter.name("created").
                value(object.getLong("created"));
        jsonWriter.name("priority").
                value(object.getInt("priority"));
        jsonWriter.name("status").f
                value(object.getInt("status"));
        jsonWriter.name("owner").
                value(object.getString("owner"));
        jsonWriter.endObject();
    }
    jsonWriter.endArray();
    jsonWriter.close();
}
```

9.5.2　使用 Gson 进行高级 JSON 处理

JSONObject和JSONArray类使用起来很方便，但它们有一定的局限性，并且通常会消耗更多不必要的内存。同样，如果有多个不同类型的对象，使用JsonReader和JsonWriter需要编写相当多的代码。如果需要更高级的JSON数据序列化和反序列化方法，可以使用优秀的开源库Gson。

> 可在https://code.google.com/p/google-gson/查看 Gson 文档。要在 Gradle 配置中引入 Gson，需要添加如下的依赖：compile 'com.google.code.gson:gson:2.2.4'。

Gson允许把简单Java对象（Plain Old Java Object，POJO）转换成JSON，反之亦然。开发者所要做的就是把数据定义成普通的Java对象，提供get和set方法，并在项目中引入Gson库。

下面的类显示了一个表示任务的简单Java对象：

```
public class Task {
    private String mName;
    private String mOwner;
    private Status mStatus;
    private int mPriority;
    private Date mCreated;
```

```
public Task() {
}

public Task(String name, String owner,
            Status status, int priority, Date created) {
    mName = name;
    mOwner = owner;
    mStatus = status;
    mPriority = priority;
    mCreated = created;
}

// 简单起见，省略getter和setter

@Override
public boolean equals(Object o) {
    if (this == o) return true;
    if (o == null || getClass() != o.getClass()) return false;
    Task task = (Task) o;
    return mCreated.equals(task.mCreated) && mName.equals(task.mName);
}

@Override
public int hashCode() {
    int result = mName.hashCode();
    result = 31 * result + mCreated.hashCode();
    return result;
}

public enum Status {
    CREATED, ASSIGNED, ONGOING, CANCELLED, COMPLETED
}
}
```

注意enum的使用，它用来表示任务的状态。该对象比原始的JSONObject更容易使用。

下面的代码显示了如何读取和写入Collection<Task>对象集合。序列化形式始终是有效的JSON数据，因此向Web服务发布JSON格式的数据时选择它会很方便。如果开发者也负责服务器端的代码，并且恰好使用Java语言，那么就可以在服务器端和Android应用间轻松地共享同一组Java代码。

```
public Collection<Task> readTasksFromStream(InputStream stream) {
    InputStreamReader reader = new InputStreamReader(stream);
    JsonReader jsonReader = new JsonReader(reader);
    Gson gson =  new Gson();
    Type type = new TypeToken<Collection<Task>>(){}.getType();
    return gson.fromJson(jsonReader, type);
}

public void writeTasksToStream(Collection<Task> tasks, OutputStream
  outputStream) {
    OutputStreamWriter writer = new OutputStreamWriter(outputStream);
    JsonWriter jsonWriter = new JsonWriter(writer);
    Gson gson = new Gson();
```

```
    Type type = new TypeToken<Collection<Task>>(){}.getType();
    gson.toJson(tasks, type, jsonWriter);
}
```

为了在`ContentProvider`中更容易地使用POJO，可以实现两个方法，用于对象和`ContentValues`或`Cursor`的转换，如下所示：

```
public ContentValues toContentValues() {
    ContentValues values = new ContentValues();
    values.put(TaskProvider.TaskColumns.NAME, mName);
    values.put(TaskProvider.TaskColumns.OWNER, mOwner);
    values.put(TaskProvider.TaskColumns.STATUS, mStatus.ordinal());
    values.put(TaskProvider.TaskColumns.PRIORITY, mPriority);
    values.put(TaskProvider.TaskColumns.CREATED, mCreated.getTime());
    return values;
}

public static Task fromCursor(Cursor cursor) {
    Task task = new Task();
    int nameColumnIdx
            = cursor.getColumnIndex(TaskProvider.TaskColumns.NAME);
    task.setName(cursor.getString(nameColumnIdx));
    int ownerColumnIdx
            = cursor.getColumnIndex(TaskProvider.TaskColumns.OWNER);
    task.setOwner(cursor.getString(ownerColumnIdx));
    int statusColumnIdx
            = cursor.getColumnIndex(TaskProvider.TaskColumns.STATUS);
    int statusValue = cursor.getInt(statusColumnIdx);
    for (Status status : Status.values()) {
        if(status.ordinal() == statusValue) {
            task.setStatus(status);
        }
    }
    int priorityColumnIdx
            = cursor.getColumnIndex(TaskProvider.TaskColumns.PRIORITY);
    task.setPriority(cursor.getInt(priorityColumnIdx));
    int createdColumnIdx
            = cursor.getColumnIndex(TaskProvider.TaskColumns.CREATED);
    task.setCreated(new Date(cursor.getLong(createdColumnIdx)));
    return task;
}
```

> 如果应用程序包含多个不同的 POJO 和数据库表，使用 ORM（对象关系映射）库处理 SQLite 数据库和 Java 对象的序列化和反序列化会更容易。Android 中有两个不错的 ORM 库：greenDAO（http://greendao-orm.com/）和 OrmLight（http://ormlite.com/）。

9.5.3 Google Protocol Buffer

Google Protocol Buffer（protobuf）是一种高效且格式可扩展的编码结构化数据的方法。和

JSON不同，protobuf支持混合的二进制数据，它还有先进的和可扩展的模式支持。protobuf已在大多数软件平台上实现，包括适用于Android平台的精简Java版。

> https://developers.google.com/protocol-buffers/上有 protobuf 文档、下载链接以及安装说明。需要注意的是，Android 平台需要构建精简版的 protobuf，所以不能使用中央 Maven 仓库里的版本。在 Java 源码目录内执行 `mvn package -P lite` 可以生成精简版。检查是否有更多安装细节。

JSON允许对JSONObject对象进行任意数据的读写操作，但protobuf要求使用**模式**（schema）来定义要存储的数据。模式会定义一些**消息**（message），每个消息包含一些名–值对字段。字段可能是内置的原始数据类型、**枚举**或者其他消息。可以指定一个字段是必需的还是可选的，以及其他一些参数。一旦定义好模式，就可以使用protobuf工具生成Java代码。生成的Java类现在可以很方便地用来读写protobuf数据。

下面的代码使用protobuf模式定义了和之前TaskProvider类似的信息：

```
package com.aptl.code.task;

option optimize_for = LITE_RUNTIME;
option java_package = "com.aptl.code.task";
option java_outer_classname = "TaskProtos";

message Task {
    enum Status {
        CREATED = 0;
        ONGOING = 1;
        CANCELLED = 2;
        COMPLETED = 3;
    }

    message Owner {
        required string name = 1;
        optional string email = 2;
        optional string phone = 3;
    }

    message Comment {
        required string author = 1;
        required uint32 timestamp = 2;
        required string content = 3;
    }

    required string name = 1;
    required uint64 created = 2;
    required int32 priority = 3;
    required Status status = 4;
    optional Owner owner = 5;
    repeated Comment comments = 6;
}
```

9

注意 最开始的声明告诉protobuf工具生成代码时需要使用的Java包名和类名。此外，本例会生成精简版的代码，以适用于Android平台。

从InputStream反序列化protobuf对象非常容易，如下例所示。生成的Java代码会提供一些用于合并字节数组、ByteBuffer和InputStream对象的函数。

```java
public TaskProtos.Task readBrotoBufFromStream(InputStream inputStream)
        throws IOException {
    TaskProtos.Task task = TaskProtos.Task.newBuilder()
            .mergeFrom(inputStream).build();
    Log.d("ProtobufDemo", "Read Task from stream: "
            + task.getName() + ", "
            + new Date(task.getCreated()) + ", "
            + (task.hasOwner() ?
                task.getOwner().getName() : "no owner") + ", "
            + task.getStatus().name() + ", "
            + task.getPriority()
            + task.getCommentsCount() + " comments.");
    return task;
}
```

本例显示了如何检索protobuf对象的值。**注意**：protobuf对象是不可变的。修改它们唯一的方法是从现有对象创建一个新的构建器，设置新的值，并生成一个取代原有对象的Task。这使得protobuf有点不好用，但它强制开发者在持久化复杂对象时使用更好的设计。

下面的方法显示了如何构建一个新的protobuf对象。首先为构造的对象创建一个新的Builder，然后设置所需的值并调用Builder.build()方法来创建不可变的protobuf对象。

```java
public TaskProtos.Task buildTask(String name, Date created,
                                 String ownerName, String ownerEmail,
                                 String ownerPhone,
                                 TaskProtos.Task.Status status,
                                 int priority,
                                 List<TaskProtos.Task.Comment> comments) {
    TaskProtos.Task.Builder builder = TaskProtos.Task.newBuilder();
    builder.setName(name);
    builder.setCreated(created.getTime());
    builder.setPriority(priority);
    builder.setStatus(status);
    if(ownerName != null) {
        TaskProtos.Task.Owner.Builder ownerBuilder
                = TaskProtos.Task.Owner.newBuilder();
        ownerBuilder.setName(ownerName);
        if(ownerEmail != null) {
            ownerBuilder.setEmail(ownerEmail);
        }
        if(ownerPhone != null) {
            ownerBuilder.setPhone(ownerPhone);
        }
        builder.setOwner(ownerBuilder);
    }
```

```
    if (comments != null) {
        builder.addAllComments(comments);
    }

    return builder.build();
}
```

API提供了一系列方法用来把protobuf对象写到文件或者网络流中。下面的代码演示了如何把Task对象序列化（也就是写）到OutputStream中。

```
public void writeTaskToStream(TaskProtos.Task task,
                                OutputStream outputStream)
        throws IOException {
    task.writeTo(outputStream);
}
```

protobuf主要的优点是它比JSON消耗的内存少，而且读写速度更快。protobuf对象还是不可变的，如果要确保对象的值在整个生命周期中保持不变，该特性会非常有用。

9.6　应用数据备份

解决了应用程序的持久化需求后，接下来可以考虑使用谷歌提供的Android备份服务。该服务允许持久化应用数据，并在用户恢复出厂设置或者换新设备后还原备份的数据。

在Android上可以很方便地管理数据备份，那些不慎丢失设备的用户会对该功能感激不尽。备份数据会安全地存储在云端，并且只在具备相同谷歌ID的设备上恢复数据。

下面是典型的AndroidManifest.xml文件片段：

```
<application
        android:allowBackup="true"
        android:backupAgent="MyBackupAgent"
        android:icon="@drawable/ic_launcher"
        android:label="@string/app_name"
        android:theme="@style/AppTheme">
    <meta-data android:name="com.google.android.backup.api_key"
        android:value="backup-key-string"/>

...
</application>
```

要打开应用程序的备份功能，只需在android:backupAgent属性中指定备份代理（agent）的类名。该类会处理应用数据的备份与恢复。前例的meta-data属性指定了在谷歌备份服务中注册的API密钥。具体的注册网址为：https://developer.android.com/google/backup/signup.html。

注册并获得API密钥后，把它赋值给android:value属性，如上面所示。虽然密钥是和应用程序的包名绑定的，不能用于其他应用程序（也就是每个应用对应一个密钥），开发者还是要注意不要在发布的任何代码中公开分享它。

下面的类是一个简单的备份代理，用于备份和恢复默认的偏好文件。注意：从PreferenceManager.getDefaultPreferences()得到的偏好文件名为<package-name>

_preferences，API文档中并没有说明，了解这一点对备份偏好文件有很大帮助。

```
public class MyBackupAgent extends BackupAgentHelper {
    public static final String PREFS_BACKUP_KEY = "prefsBackup";

    @Override
    public void onCreate() {
        super.onCreate();

        SharedPreferencesBackupHelper sharedPreferencesBackupHelper
                = new SharedPreferencesBackupHelper(this,
                getPackageName() + "_preferences");
        addHelper(PREFS_BACKUP_KEY, sharedPreferencesBackupHelper);
    }
}
```

BackupAgentHelper类会自动备份与恢复选择的偏好文件。也可以使用FileBackupHelper类为其他常规文件添加备份。

> 谷歌为 Android 应用提供的备份代理适合少量的数据。虽然备份 SQLite 数据库在技术上是可行的，但最好还是先把数据库的内容转成序列化的格式，然后压缩内容，最后备份文件。

Android SDK提供了bmgr命令行工具，它允许对应用程序强制执行备份与恢复。这对开发应用很有用，因为可以用它检查一切是否正常。

9.7　小结

持久化数据对大多数软件开发都很重要。Android应用中最常见的解决方案是使用SharedPreference，或者使用ContentProvider和SQLite数据库。SharedPreferences和ContentProvider都很强大且易用。充分利用这些API可以显著提升整体的用户体验。

但是，处理网络传输数据就需要一些额外的方法，这些方法都不是Android API的一部分。使用JSON序列化数据（更具体点说是使用Gson库），是一个需要开发者掌握的强大技术。对于那些对性能和内存大小要求比较高的情况，可以考虑使用protobuf。

最后，考虑在应用中使用备份代理，以便在用户切换到新设备时能提供流畅的体验。使用备份代理来存储用户的偏好和选择，以便在多个设备之间保持相同的配置。

9.8　延伸阅读

1. 文档
❑ 设置页面指南：http://developer.android.com/guide/topics/ui/settings.html
❑ ContentProvider指南：http://developer.android.com/guide/topics/providers/content-providers.html

2. 网站

❑ SQLite：http://www.sqlite.org/

❑ Gson：https://code.google.com/p/google-gson/

❑ Google Protocol Buffer——Java教程：https://developers.google.com/protocol-buffers/docs/javatutorial。另请参阅：https://developers.google.com/protocol-buffers/

❑ 两个适用于Android的ORM框架：greenDAO（http://greendao-orm.com/）和OrmLight（http://ormlite.com/）

❑ 备份代理文档：https://developer.android.com/google/backup/signup.html

第 10 章
编写自动化测试

尽管彻底的测试能大幅度提高软件的质量，但移动应用的开发人员还是会经常忘记编写测试代码。因此，这一章可能是本书最重要的一章。

传统的软件开发方式是首先设计软件架构，然后实现代码，最后再测试代码，也许在一定程度上使用自动化方式测试代码。然而，如果只是在开发周期的最后进行测试，往往只会完成极少量的测试，或是测试了错误的东西。

测试驱动开发（Test Driven Development，TDD）采用了不同的软件开发方法，采用该方法能编写出高质量的软件。要使用TDD，首先根据应用程序的使用场景定义测试用例。然后实现代码，并满足这些测试，一直持续到所有的测试用例都通过为止。此时，开发者可以重构应用程序的代码来优化性能，并改善软件的整体设计。

TDD涉及一些工具和技术。首先，需要一个单元测试框架用于编写自动化测试。Android API包含这类框架，本章会着重介绍它。其次，需要一个持续集成和构建服务器。该服务器会自动构建应用程序，一旦修改代码就执行所有的自动化测试。最后，需要一个代码测试覆盖率工具，它会告诉有多少代码被实际测试过。

10.1　Android 测试原则

Android上的测试可以分为两类：单元测试和instrumentation测试。虽然还有其他的Android TDD测试类型（比如集成测试、功能测试、系统测试和组件测试），但本章只关注单元测试和instrumentation测试。

单元测试通常是针对具体的类和方法，测试前要移除所有的外部依赖。而instrumentation测试主要是验证组件（`Activity`、`Service`、`BroadcastReceiver`或`ContentProvider`）在整个系统的行为。

单元测试的目的是验证方法能按预期工作，并能处理错误的输入，保证应用程序不会崩溃。Java语言使用JUnit框架进行单元测试。Junit也是Android API的一部分，相关代码在`junit`包中。在android.test包中有Android专用的测试框架代码。进行单元测试时调用应用程序的方法，并测试结果是否符合预期。这就是所谓的断言，`Assert`类就是专门负责断言的类。每个测试方法都应执行断言操作，这样就可以告诉框架测试是否通过。

一个测试方法就是一个测试用例, 一个测试套件包含一组测试用例。在执行每个测试用例前, 要在setup()方法中创建和初始化所有的依赖。测试用例执行完毕后, 在teardown()方法中释放之前创建的资源。

由于代码中的方法通常依赖系统或者其他组件, 所以需要在测试时隔离这些方法。可以使用模拟(mock)的对象来模拟依赖的对象。Android API提供了一套可供测试使用的模拟类。通常在setup()方法中创建模拟对象, 并在teardown()方法中释放它们。

当使用基于Gradle(详见第1章)的新构建系统时, 测试代码默认放在<project root>/src/instrumentTest目录内。默认的测试包名是在应用的包名后加上.test后缀。不过这些都可以在gradle.build文件中配置。

10.1.1　测试内容

自动化测试只用来测试自己编写的代码。编写验证系统功能和服务的自动化测试代码没有意义。例如, 不需要在单元测试中验证按钮是否被按下, 而是要验证诸如按钮是否设置了onClick监听器以及监听器是否按预期工作等。

用户界面的测试比较复杂。但是, 同样要记住只测试自己编写的代码, 而不要测试Android UI的功能。比如, 不需要编写测试验证ListView滚动是否正常。相反应关注ListView的内容是否正确, 列表点击是否符合预期等功能。

因为测试复杂的大型方法比较困难, 应尽量保持测试代码精简。此外, 每次只测试一个功能, 这样能更容易定位bug的位置, 重构也会相对轻松。多个小测试用例比一个复杂的大型测试用例好。这种方法还能影响代码的编写, 因为事先编写小测试用例有助于进行更好的整体设计。

通过从一个大方法中提取出若干小方法来重构代码是个不错的做法。使用代码覆盖率工具检测测试覆盖的方法, 并编写额外测试用例。确保每次提交代码时运行所有的测试用例, 这时候持续集成服务器就派上用场了。务必配置好开发环境, 这样在每次提交时都会运行测试任务。

10.1.2　基本的单元测试

建议使用AndroidTestCase测试不依赖于组件生命周期的类, 这对构建不依赖于任何组件或者Android框架其他部分的对象非常有用。

```
public class Util {
    public static int byteArrayToInt(byte[] bytes) {
        return bytes[3] & 0xFF |
                (bytes[2] & 0xFF) << 8 |
                (bytes[1] & 0xFF) << 16 |
                (bytes[0] & 0xFF) << 24;
    }
}
```

考虑上面的工具类, 它有一个静态方法, 该方法接受一个字节数组并把它转成一个整数。测试该类时, 不需要在setup()或者teardown()方法中执行特殊的操作, 因为该工具方法只需要

10

简单的输入，并且是静态的，一个测试方法就足够了。接下来可以在设备上运行测试用例，现在看起来一切正常。

```
public class UtilTest extends AndroidTestCase {
    public void testBytesToIntConversion() {
        int result = Util.byteArrayToInt(new byte[] {(byte) 127,
                (byte) -1, (byte) -1, (byte) -1});
        assertEquals(Integer.MAX_VALUE, result);
        result = Util.byteArrayToInt(new byte[] {(byte) 0,
                (byte) 0, (byte) 0, (byte) 0});
        assertEquals(0, result);
        result = Util.byteArrayToInt(new byte[] {(byte) -128,
                (byte) 0, (byte) 0, (byte) 0});
        assertEquals(Integer.MIN_VALUE, result);
    }
}
```

前面的代码验证了在输入有效值的情况下结果是正确的，但是没有测试无效输入的情况。所以还需要添加三个测试方法来测试可能的无效输入：空数组、位数不够的数组、超出四位的数组。下面是对应的三个测试方法：

```
public void testBytesToIntWithNull() {
    try {
        int result = Util.byteArrayToInt(null);
    } catch (IllegalArgumentException e) {
        return;
    }
    fail();
}

public void testBytesToIntWithTooShortInput() {
    try {
        int result = Util.byteArrayToInt(new byte[] {1,2,3});
    } catch (IllegalArgumentException e) {
        return;
    }
    fail();
}

public void testBytesToIntWithTooLongInput() {
    try {
        int result = Util.byteArrayToInt(new byte[] {1,2,3,4,5,6,7,8,9});
    } catch (IllegalArgumentException e) {
        return;
    }
    fail();
}
```

可以预期的是，输入无效值会抛出`IllegalArgumentException`异常，或者导致测试失败。如果现在运行这些测试用例，新加的三个测试方法都会失败，这表明需要修复被测试的工具方法。

下面的代码修改了方法的实现，能够正确处理无效的输入。再次运行，所有的测试用例都会通过。以上就是一个简化的TDD例子。

```
public class Util {
    public static int byteArrayToInt(byte[] bytes)
            throws IllegalArgumentException {
        if(bytes == null || bytes.length != 4) {
            throw new IllegalArgumentException();
        }
        return bytes[3] & 0xFF |
                (bytes[2] & 0xFF) << 8 |
                (bytes[1] & 0xFF) << 16 |
                (bytes[0] & 0xFF) << 24;
    }
}
```

在实现代码前，最好编写相应的单元测试，以便验证功能能否按预期工作。如上所示，测试用例不仅需要检查正常的情况，还要测试无效或者非法的输入，这样能显著提高代码的质量。

10.1.3　测试 Activity

测试用户界面意味着要测试应用中的所有Activity，通常可以使用ActivityUnit-TestCase或者ActivityInstrumentationTestCase2这两个类。第一个类提供了一个更加孤立的测试，只有对系统设施的最小连接。如果在Activity中调用和系统交互的方法（如Context.startService()），或者要限制测试的范围，这种方法会很有用。

下面的Activity展示了一个简单的View，以及用于点击事件的startBackgroundJob()方法：

```
public class MainActivity extends Activity {
    public static final String ACTION_START_BACKGROUND_JOB
                            = "startBackgroundJob";

    @Override
    protected void onCreate(Bundle savedInstanceState) {
        super.onCreate(savedInstanceState);
        setContentView(R.layout.activity_main);
    }

    public void startBackgroundJob(View view) {
        Intent backgroundJob = new Intent(ACTION_START_BACKGROUND_JOB);
        startService(backgroundJob);
    }
}
```

在XML布局文件中，使用android:onClick属性给按钮设置点击事件。

```
<RelativeLayout xmlns:android="http://schemas.android.com/apk/res/android"
    xmlns:tools="http://schemas.android.com/tools"
    android:layout_width="match_parent"
    android:layout_height="match_parent"
    tools:context=".MainActivity">

    <Button android:id="@+id/background_job_btn"
            android:layout_width="wrap_content"
```

10

```
                     android:layout_height="wrap_content"
                     android:layout_centerInParent="true"
                     android:gravity="center"
                     android:text="@string/start_background_job_label"
                     android:onClick="startBackgroundJob" />
</RelativeLayout>
```

现在需要测试两个内容：Button是否设置了点击监听器，以及是否在监听器中使用了正确的Intent调用Context.startService()方法。

下面的代码使用了两个测试方法：testIfButtonHasClickListener()和testIfClick-ListenerStartsServiceCorrectly()。

```
public class MainActivityTest extends ActivityUnitTestCase<MainActivity> {
    private Intent mServiceIntent;

    public MainActivityTest() {
        super(MainActivity.class);
    }

    public void testIfButtonHasClickListener() {
        startActivity(new Intent(Intent.ACTION_MAIN), null, null);
        View testButton = getActivity().
                              findViewById(R.id.background_job_btn);
        assertTrue("Button is missing onClick listener!",
                testButton.hasOnClickListeners());
    }

    public void testIfClickListenerStartsServiceCorrectly() {
        setActivityContext(new MyMockContext(getInstrumentation().
                getTargetContext()));
        startActivity(new Intent(Intent.ACTION_MAIN), null, null);
        View testButton = getActivity().
                              findViewById(R.id.background_job_btn);
        TouchUtils.clickView(this, testButton);
        assertEquals("Wrong Intent action for starting service!",
                "startBackgroundJob", mServiceIntent.getAction());
    }

    public class MyMockContext extends ContextWrapper {
        public MyMockContext(Context base) {
            super(base);
        }

        @Override
        public ComponentName startService(Intent serviceIntent) {
            mServiceIntent = serviceIntent;
            return new ComponentName("com.apt1.code", "NetworkService");
        }
    }
}
```

第一个测试获取当前UI布局的Button对象，并验证它有一个点击监听器。如果有其他类似的视图也使用android:onClick属性设置了点击监听器，该方法可以很好地测试它们。

第二个测试有点复杂。本例使用了模拟的`Context`，并重写了`Context.startService()`方法。在开启`Activity`前，把它赋值为当前测试`Activity`的`Context`。在监听函数中调用`Context.startService()`方法会调用前面实现的方法。本例还会存储传入的`Intent`，接下来就可以使用它来验证测试。如果`Intent`的`action`字符串跟预期一致，测试就会通过。

10.1.4　测试 `Service`

Android使用`ServiceTestCase`类测试`Service`。下例根据第6章描述的本地binder模式创建了一个用于测试的简单`Service`：

```
public class MyService extends Service {
    private LocalBinder mLocalBinder = new LocalBinder();

    public IBinder onBind(Intent intent) {
        return mLocalBinder;
    }

    public class LocalBinder extends Binder {
        public MyService getService() {
            return MyService.this;
        }
    }
}
```

下面的代码使用`ServiceTestCase`验证刚才的实现：

```
public class MyServiceTest extends ServiceTestCase<MyService> {
    public MyServiceTest() {
        super(MyService.class);
    }

    @Override
    public void setUp() throws Exception {
        super.setUp();
        setupService();
    }

    public void testBinder() throws Exception {
        Intent serviceIntent = new Intent(getContext(), MyService.class);
        IBinder binder = bindService(serviceIntent);
        assertTrue(binder instanceof MyService.LocalBinder);
        MyService myService = ((MyService.LocalBinder) binder).getService();
        assertSame(myService, getService());
    }

    @Override
    public void tearDown() throws Exception {
        shutdownService();
        super.tearDown();
    }
}
```

10

本例调用setupService()创建被测试Service的所有依赖。在testBinder()方法中调用测试专用的bindService()方法，它返回IBinder实例，该实例应该由MyService的onBind()方法返回。验证完IBinder实例后，接下来验证getService()返回的实例和测试用例中启动的Service是同一个对象。

虽然这个例子很简单，但它演示了如何使用ServiceTestCase为Service组件编写测试用例。开发者应尽可能多地在自己的应用程序中使用它测试Service。

10.1.5 测试 ContentProvider

使用ProviderTestCase2类测试ContentProvider会非常简单。测试ContentProvider的目的是验证它公开的协定（contract），也就是说客户端能收到它请求的数据。

ProviderTestCase2允许使用一个和应用程序默认环境隔离的Context（以及数据库）来测试ContentProvider。下面的几个用例演示了如何测试第9章介绍的TaskProvider类。

```java
public class TaskProviderTest extends ProviderTestCase2<TaskProvider> {
    private Uri ALL_TASKS_URI
                    = Uri.parse("content://com.apt1.code.provider/task");
    private MockContentResolver mResolver;

    public TaskProviderTest() {
        super(TaskProvider.class, TaskProvider.AUTHORITY);
    }

    @Override
    protected void setUp() throws Exception {
        super.setUp();
        mResolver = getMockContentResolver();
    }

    public void testDatabaseCreated() {
        Cursor cursor = null;
        try {
            cursor = mResolver.
                    query(ALL_TASKS_URI, null, null, null, null);
            // 数据库应该是空的
            assertNotNull(cursor);
            assertFalse(cursor.moveToNext());

            // 验证得到了所有的数据库列
            String[] allColumnsSorted
                    = new String[TaskProvider.ALL_COLUMNS.length];
            System.arraycopy(TaskProvider.ALL_COLUMNS, 0,
                    allColumnsSorted, 0, allColumnsSorted.length);
            Arrays.sort(allColumnsSorted);
            String[] columnNames = cursor.getColumnNames();
            Arrays.sort(columnNames);
            assertTrue(Arrays.equals(allColumnsSorted, columnNames));
        } finally {
            if (cursor != null) {
```

```
                    cursor.close();
            }
        }
    }

public void testCreateTaskWithDefaults() {
    ContentValues values = new ContentValues();
    values.put(TaskProvider.TaskColumns.NAME, "Do laundry");
    values.put(TaskProvider.TaskColumns.OWNER, "Erik");
    Uri insertedUri = mResolver.insert(ALL_TASKS_URI, values);
    assertNotNull(insertedUri);

    Cursor cursor = mResolver.query(insertedUri,
                                    null, null, null, null);
    assertNotNull(cursor);
    assertTrue(cursor.moveToNext());

    int nameColumnIdx
        = cursor.getColumnIndex(TaskProvider.TaskColumns.NAME);
    assertEquals(cursor.getString(nameColumnIdx), "Do laundry");

    int ownerColumnIdx
        = cursor.getColumnIndex(TaskProvider.TaskColumns.OWNER);
    assertEquals(cursor.getString(ownerColumnIdx), "Erik");

    int statusColumnIdx
       = cursor.getColumnIndex(TaskProvider.TaskColumns.STATUS);
    assertEquals(cursor.getInt(statusColumnIdx), 0);

    int priorityColumnIdx
     = cursor.getColumnIndex(TaskProvider.TaskColumns.PRIORITY);
    assertEquals(cursor.getInt(priorityColumnIdx), 0);

    int createdColumnIdx
      = cursor.getColumnIndex(TaskProvider.TaskColumns.CREATED);
    SystemClock.sleep(500);
    assertTrue(cursor.getLong(createdColumnIdx)
                   < System.currentTimeMillis());
}

public void testInsertUpdateDelete() {
    ContentValues values = new ContentValues();
    values.put(TaskProvider.TaskColumns.NAME, "Do laundry");
    values.put(TaskProvider.TaskColumns.OWNER, "Erik");
    Uri insertedUri = mResolver.insert(ALL_TASKS_URI, values);
    assertNotNull(insertedUri);

    values.put(TaskProvider.TaskColumns.PRIORITY, 5);
    values.put(TaskProvider.TaskColumns.STATUS, 1);
    int updated = mResolver.update(insertedUri, values, null, null);
    assertEquals(updated, 1);

    Cursor cursor = null;
    try {
```

10

```java
            cursor = mResolver.query(insertedUri, null, null, null, null);
            assertNotNull(cursor);
            assertTrue(cursor.moveToNext());
            int statusColumnIdx
                = cursor.getColumnIndex(TaskProvider.TaskColumns.STATUS);
            assertEquals(cursor.getInt(statusColumnIdx), 1);
            int priorityColumnIdx
                = cursor.getColumnIndex(TaskProvider.TaskColumns.PRIORITY);
            assertEquals(cursor.getInt(priorityColumnIdx), 5);
        } finally {
            if (cursor != null) {
                cursor.close();
            }
        }

        try {
            int deleted = mResolver.delete(insertedUri, null, null);
            assertEquals(deleted, 1);

            cursor = mResolver.query(insertedUri, null, null, null, null);
            assertNotNull(cursor);
            assertFalse(cursor.moveToNext());
        } finally {
            if (cursor != null) {
                cursor.close();
            }
        }
    }

    public void testInsertInvalidColumn() {
        try {
            ContentValues values = new ContentValues();
            values.put(TaskProvider.TaskColumns.NAME, "Do laundry");
            values.put(TaskProvider.TaskColumns.OWNER, "Erik");
            values.put("nonExistingColumn", "someData");
            Uri uri = mResolver.insert(ALL_TASKS_URI, values);
            fail("Should throw SQLException on wrong column name.");
        } catch (Exception e) {
            assertTrue(e instanceof SQLException);
        }
    }

    public void testInvalidUri() {
        try {
            Cursor cursor = mResolver.
                    query(Uri.parse("content://"
                            + TaskProvider.AUTHORITY + "/wrongPath"),
                        null, null, null, null);
            fail("Expected IllegalArgumentException!");
        } catch (Exception e) {
            assertTrue(e instanceof IllegalArgumentException);
        }
    }
}
```

首先，这些测试验证了是否使用预期的表和列创建了数据库。接下来，验证是否正确地创建了默认值。然后使用三个测试用例分别验证插入、更新、删除是否正常工作。最后，使用一个测试验证不能使用无效的列名插入数据库记录，以及一个处理无效`Uri`的测试。

在实际应用程序中，测试用例应该尽可能多地覆盖应用的代码，以确保一切都能正常工作。编写测试`ContentProvider`的用例也是如此。

10.1.6　运行测试

要运行测试，可以使用Android Studio的内置功能，或者执行Gradle任务`connected-InstrumentTest`。在正常的开发周期中，推荐使用Android Studio内置的测试运行器（test-runner），因为它完全整合了代码和测试结果。图10-1显示了如何在Android Studio中配置一个测试运行器。

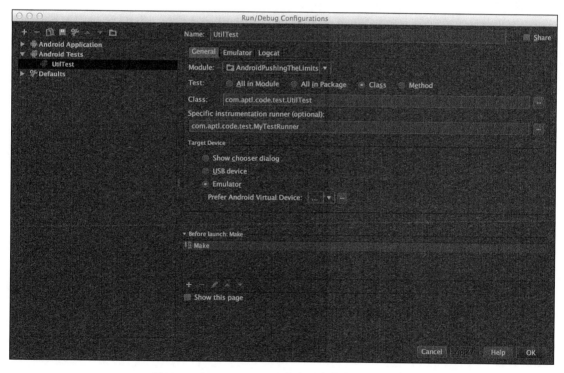

图10-1　在Android Studio中配置自定义测试运行器

当开发一个新功能时，每次都运行所有的用例是不切实际的。要解决该问题，可以自定义测试套件和测试运行器，这样每次只执行部分测试用例。

下面的例子展示了如何创建一个只执行`MainActivityTest`的测试运行器。当专注于开发一个新的用户界面功能，只执行和该特性相关的测试时，这种方法会很有用。

10

```
public class MyTestRunner extends InstrumentationTestRunner {
    @Override
    public TestSuite getAllTests() {
        return new TestSuite(MainActivityTest.class);
    }
}
```

有多种方式可用来构造测试运行器和测试套件。根据需要，可以使用android.unit.suitebuilder
包中的类构造自定义的测试集合。

10.2　持续集成

当一个项目有多个开发人员时，最好使用持续集成（Continuous Integration，CI）系统来运
行自动化测试。有多个可供选择的持续集成服务器。其中Jenkins是免费和开源的，具体可访问
http://jenkins-ci.org/。它支持Gradle和Android插件，很方便使用。

配置Jenkins非常简单，所要做的就是在Jenkins CI中创建一个项目，添加Gradle脚本支持，并
指定项目的根目录和Gradle构建文件，如图10-2所示。

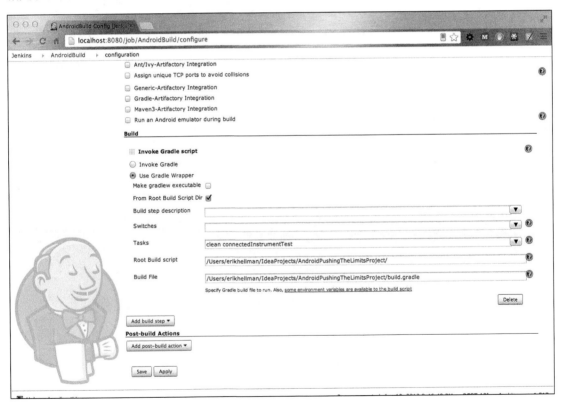

图10-2　在Jenkins中使用Gradle构建Android项目

10.3　小结

本章介绍了如何为Android应用程序编写自动化单元测试和instrumentation测试。编写instrumentation测试是发现和消除bug最好的方式，也是验证那些很难在现实生活中复制的用例的唯一方法。

如果开发者对测试还很陌生，建议阅读10.4节推荐的"Android测试指南"，以了解更多TDD相关的内容。

10.4　延伸阅读

1. Android测试指南

❑ Android测试相关指南：http://developer.android.com/tools/testing/index.html

2. 图书

❑ Beck, Kent.《测试驱动开发：实战与模式解析》. 机械工业出版社，2013

3. 网站

❑ 更多Jenkins相关信息：http://jenkins-ci.org/

10

Part 3

第三部分

超越极限

本部分内容

- 第 11 章　高级音频、视频及相机应用
- 第 12 章　Android 应用安全问题
- 第 13 章　地图、位置和活动 API
- 第 14 章　本地代码和 JNI
- 第 15 章　隐藏的 Android API
- 第 16 章　深入研究 Android 平台
- 第 17 章　网络、Web 服务和远程 API
- 第 18 章　与远程设备通信
- 第 19 章　Google Play Service
- 第 20 章　在 Google Play Store 发布应用

高级音频、视频及相机应用

虽然使用基本的API足够用来开发音频、视频和相机应用，但更高级的应用通常需要更多的功能。通常的录音和回放功能使用Java API就能搞定，但高级别的API往往意味着更高的延迟。另外，开发诸如增强现实等实时场景的相机应用也会变得困难。

本章将介绍Android中各种不同的多媒体特性。Android允许开发者同时使用高性能和低级别的API，比如用于图形处理的OpenGL ES，以及用于音频处理的OpenSL ES。本章会展示如何使用这些API，并提供一些使用高级音频、视频和拍照功能的例子。

> 本章部分例子包含本地 C 代码，特别是 OpenSL ES 相关的示例。如果开发者对 Android NDK 还不熟悉，建议先阅读第 14 章。

11.1 高级音频应用

说到音频应用，首先想到的就是音乐播放器。有些播放器可以播放流媒体，有些可以播放本地音乐文件。随着Android平台的演变，需要更多高级的音频API。好在谷歌新增了这方面的API，支持低延迟的音频流媒体和录制。

Android音频API提供了一些高级功能，开发者可以把它们集成到自己的应用中。有了这些API，现在可以更容易地实现VoIP（网络电话）应用程序，构建定制的流媒体音乐客户端，实现低延迟的游戏音效。此外，还有提供文本到语音转换以及语音识别的API，用户可以直接使用音频和应用交互，而不需要使用用户界面或者触控技术。

本节会介绍如何使用这些功能，并提供示例代码。

11.1.1 低延迟音频

Android有四个用来播放音频的API（算上MIDI的话一共五个）和三个用来录音的API。接下来会简要介绍这些API，以及一些高级用法示例。

1. 音频播放API

音频播放默认使用`MediaPlayer`。该类适合播放音乐或者视频，既能播放流式资源（比如在线网络收音机），还可以播放本地文件。每个MediaPlayer都有一个关联的状态机，需要在应用程序中跟踪这些状态。开发者可以使用MediaPlayer类的API在自己的应用中嵌入音乐或者视频播放功能，而无需额外处理或者考虑延迟要求。

第二个选择是SoundPool类，它提供了低延迟支持，适合播放音效和其他比较短的音频，比如可以使用SoundPool播放游戏声音。但是，它不支持音频流，所以不适合那些需要实时音频流处理的应用，如VoIP。

第三个选择是AudioTrack类，它允许把音频流缓冲到硬件中，支持低延迟播放，甚至适合流媒体场景。AudioTrack通常能提供足够低的延迟，可在VoIP或类似应用中使用。

下面的代码展示了如何在VoIP应用中使用AudioTrack：

```java
public class AudioTrackDemo {

    private final AudioTrack mAudioTrack;
    private final int mMinBufferSize;

    public AudioTrackDemo() {
        mMinBufferSize = AudioTrack.getMinBufferSize(16000,
                AudioFormat.CHANNEL_OUT_MONO,
                AudioFormat.ENCODING_PCM_16BIT);
        mAudioTrack = new AudioTrack(AudioManager.STREAM_VOICE_CALL,
                16000,
                AudioFormat.CHANNEL_OUT_MONO,
                AudioFormat.ENCODING_PCM_16BIT,
                mMinBufferSize * 2,
                AudioTrack.MODE_STREAM);
    }

    public void playPcmPacket(byte[] pcmData) {
        if(mAudioTrack != null
                && mAudioTrack.getState() == AudioTrack.STATE_INITIALIZED) {
            if(mAudioTrack.getPlaybackRate()
                    != AudioTrack.PLAYSTATE_PLAYING) {
                mAudioTrack.play();
            }
            mAudioTrack.write(pcmData, 0, pcmData.length);
        }
    }

    public void stopPlayback() {
        if(mAudioTrack != null) {
            mAudioTrack.stop();
            mAudioTrack.release();
        }
    }
}
```

首先，确定音频流的最小缓冲区大小。要做到这一点，需要知道采样率，数据是单声道还是立体声，以及是否使用8位或者16位PCM编码。然后以采样率和采样大小作为参数调用AudioTrack.getMinBufferSize()，该方法会以字节形式返回AudioTrack实例的最小缓冲区大小。

接下来，根据需要使用正确的参数创建AudioTrack实例。第一个参数为音频的类型，不同的应用使用不同的值。对VoIP应用来说，使用STREAM_VOICE_CALL，而对流媒体音乐应用则使用STREAM_MUSIC。

第二、第三和第四个参数根据使用场景会有所不同。这些参数分别表示采样率、立体声或单声道，以及采样大小。一般而言，一个VoIP应用会使用16 kHz的16位单声道，而常规的音乐CD可能采用44.1 kHz的16位立体声。16位立体声高采样率需要更大的缓冲区以及更多的数据传输，但是音质会更好。所有的Android设备都支持PCM以8 kHz、16 kHz或者44.1 kHz的采样率播放8位或者16位立体声。

缓冲区大小参数应该是最小缓冲区大小的倍数，实际取决于具体的需求，有时网络延迟等因素也会影响缓冲区大小。

> 任何时候都应该避免使用空的缓冲区，因为可能导致播放出现故障。

最后一个参数决定只发送一次音频数据（MODE_STATIC）还是连续发送数据流（MODE_STREAM）。第一种情况需要一次发送整个音频剪辑。对于持续发送音频流的情况，可以发送任意大小块的PCM数据，处理流媒体音乐或者VoIP通话时可能会使用这种方式。

2. 录音API

谈到录制音频（也可能是视频），首先要考虑的API是MediaRecorder。和MediaPlayer类似，需要在应用代码中跟踪MediaRecorder类的内部状态。由于MediaRecorder只能把录音保存到文件中，所以它不适合录制流媒体。

如果需要录制流媒体，可以使用AudioRecord，它和前一节描述的AudioTrack非常相似。

下面的示例显示了如何创建AudioRecord实例录制16位单声道16 kHz的音频采样：

```
public class AudioRecordDemo {

    private final AudioRecord mAudioRecord;
    private final int mMinBufferSize;
    private boolean mDoRecord = false;

    public AudioRecordDemo() {
        mMinBufferSize = AudioTrack.getMinBufferSize(16000,
                AudioFormat.CHANNEL_OUT_MONO,
                AudioFormat.ENCODING_PCM_16BIT);
        mAudioRecord = new AudioRecord(
                MediaRecorder.AudioSource.VOICE_COMMUNICATION,
                16000,
                AudioFormat.CHANNEL_IN_MONO,
                AudioFormat.ENCODING_PCM_16BIT,
                mMinBufferSize * 2);
    }

    public void writeAudioToStream(OutputStream stream) {
```

```
mDoRecord = true;
mAudioRecord.startRecording();
byte[] buffer = new byte[mMinBufferSize * 2];
while(mDoRecord) {
    int bytesWritten = mAudioRecord.read(buffer, 0, buffer.length);
    try {
        stream.write(buffer, 0, bytesWritten);
    } catch (IOException e) {
        // 简单起见，忽略异常
        mDoRecord = false;
    }
}
mAudioRecord.stop();
mAudioRecord.release();
}

public void stopRecording() {
    mDoRecord = false;
}
}
```

因为和AudioTrack的创建过程非常相似，在使用VoIP或者类似应用时可以很方便地把它们结合起来。

11.1.2 OpenSL ES

本章前面曾介绍有四个用于音频播放的API和三个用于音频录制的API。到目前为止，已介绍了三个播放API以及两个录制API。本节会介绍最后一个API——OpenSL ES，它同时支持播放和录制。该API是科纳斯组织（Khronos Group）的一个标准，这个组织还负责OpenGL API。

OpenSL ES提供了低级别的音频硬件访问和低延迟特性来处理音频播放和录制。虽然Android中其他音频API都有方便的Java API，但是OpenSL ES目前仅支持在Android NDK中使用本地C代码访问。本节只描述OpenSL ES API的本地部分，第14章会介绍如何使用Android NDK，以及如何编写JNI代码连接Java和C。

> 要想理解本节内容，读者需要对C语言有一定了解。

OpenSL ES示例的第一部分包括声明所需的文件，以及代码中将要使用的全局对象，如下所示：

```
#include <pthread.h>

// 针对原生OpenSL ES音频
#include <SLES/OpenSLES.h>
#include <SLES/OpenSLES_Android.h>

static pthread_cond_t s_cond;
static pthread_mutex_t s_mutex;
```

```
static SLObjectItf engineObject = NULL;
static SLEngineItf engineEngine;
static SLObjectItf outputMixObject = NULL;
static SLObjectItf bqPlayerObject = NULL;
static SLPlayItf bqPlayerPlay;
static SLAndroidSimpleBufferQueueItf bqPlayerBufferQueue;
```

下面的代码包含了回调函数bqPlayerCallback()，OpenSL ES框架会在播放音频时回调它：

```
static void waitForPlayerCallback()
{
    pthread_mutex_lock(&s_mutex);
    pthread_cond_wait(&s_cond, &s_mutex);
    pthread_mutex_unlock(&s_mutex);
}

SLresult enqueueNextSample(short* sample, int size, short waitForCallback)
{
    if(waitForCallback)
    {
        waitForPlayerCallback();
    }
    return (*bqPlayerBufferQueue)->Enqueue(bqPlayerBufferQueue,
                                           nextBuffer,
                                           nextSize);
}

void bqPlayerCallback(SLAndroidSimpleBufferQueueItf bq, void *context)
{
    pthread_cond_signal(&s_cond);
}
```

上例使用enqueueNextSample()函数在另一个线程中添加缓冲区数据，并使用pthread_mutex跟enqueue函数所在的线程保持同步。注意，调用waitForPlayerCallback()会阻塞线程，直到在回调函数中调用pthread_cond_signal()（和Java中的Object.wait()类似）。

下面的代码显示了OpenSL ES引擎的初始化过程：

```
SLresult initOpenSLES()
{
    // 使用它检查每个操作的结果
    SLresult result;

    int speakers;
    int channels = 2;

    // 首先创建互斥量，以便在稍后播放音频时使用
    pthread_cond_init(&s_cond, NULL);
    pthread_mutex_init(&s_mutex, NULL);

    // 创建和实现引擎
```

```
result = slCreateEngine(&engineObject, 0, NULL, 0, NULL, NULL);
if(result != SL_RESULT_SUCCESS) return result;
result = (*engineObject)->Realize(engineObject,
                                  SL_BOOLEAN_FALSE);
if(result != SL_RESULT_SUCCESS) return result;
result = (*engineObject)->GetInterface(engineObject,
                                       SL_IID_ENGINE,
                                       &engineEngine);
if(result != SL_RESULT_SUCCESS) return result;

// 创建和实现输出混音器
const SLInterfaceID outputIds[1] = {SL_IID_VOLUME};
const SLboolean outputReq[1] = {SL_BOOLEAN_FALSE};
result = (*engineEngine)->CreateOutputMix(engineEngine,
                                          &outputMixObject,
                                          1,
                                          outputIds,
                                          outputReq);
if(result != SL_RESULT_SUCCESS) return result;
result = (*outputMixObject)->Realize(outputMixObject,
                                     SL_BOOLEAN_FALSE);
if(result != SL_RESULT_SUCCESS) return result;

// 设置输出缓冲区和接收器
SLDataLocator_AndroidSimpleBufferQueue bufferQueue =
                  {SL_DATALOCATOR_ANDROIDSIMPLEBUFFERQUEUE, 2};
speakers = SL_SPEAKER_FRONT_LEFT | SL_SPEAKER_FRONT_RIGHT;
SLDataFormat_PCM formatPcm = {SL_DATAFORMAT_PCM,
                             channels,
                             SL_SAMPLINGRATE_44_1,
                             SL_PCMSAMPLEFORMAT_FIXED_16,
                             SL_PCMSAMPLEFORMAT_FIXED_16,
       speakers, SL_BYTEORDER_LITTLEENDIAN};
SLDataSource audioSource = {&bufferQueue, &formatPcm};
SLDataLocator_OutputMix dataLocOutputMix =
                                 {SL_DATALOCATOR_OUTPUTMIX,
                                  outputMixObject};
SLDataSink audioSink = {&dataLocOutputMix, NULL};

// 创建和实现播放器对象
const SLInterfaceID playerIds[] =
                  {SL_IID_ANDROIDSIMPLEBUFFERQUEUE};
const SLboolean playerReq[] = {SL_BOOLEAN_TRUE};
result = (*engineEngine)->CreateAudioPlayer(engineEngine,
                                            &bqPlayerObject,
                                            &audioSource,
                                            &audioSink,
                                            1,
                                            playerIds,
                                            playerReq);
if(result != SL_RESULT_SUCCESS) return result;
result = (*bqPlayerObject)->Realize(bqPlayerObject,
                                    SL_BOOLEAN_FALSE);
if(result != SL_RESULT_SUCCESS) return result;
```

```
    result = (*bqPlayerObject)->GetInterface(bqPlayerObject,
                                             SL_IID_PLAY,
                                             &bqPlayerPlay);
    if(result != SL_RESULT_SUCCESS) return result;

    // 获取播放器缓冲队列对象
    result = (*bqPlayerObject)->GetInterface(bqPlayerObject,
            SL_IID_ANDROIDSIMPLEBUFFERQUEUE, &bqPlayerBufferQueue);
    if(result != SL_RESULT_SUCCESS) return result;

    // 注册回调函数
    result = (*bqPlayerBufferQueue)->RegisterCallback(bqPlayerBufferQueue,
                                                      bqPlayerCallback,
                                                      NULL);
    if(result != SL_RESULT_SUCCESS) return result;

    return SL_RESULT_SUCCESS;
}
```

　　本例中所有的初始化操作都是先创建一个对象（如引擎），然后实现它。接下来，检索接口来控制对象。

　　本例首先创建引 z 擎对象，接下来创建播放器对象。另外还创建了输出缓冲区对象，以便写入音频样本。配置后的播放器会以44.1 kHz的频率播放16位立体声（2声道）音频。最后，为播放器缓冲区设置回调。当缓冲区准备好接收新的播放样例时就会调用该回调函数。

　　另外注意，在函数的开始创建了回调中使用的互斥量，以及用于添加新播放样本的函数。

　　本例的最后一部分给出了两个用于控制播放器状态的函数（开始和暂停），以及用来做清理工作的函数（shutdown()）。

　　下面的示例展示了如何使用OpenSL ES播放低延迟音频。该API非常适合对延迟要求很高的场景，或者应用中大部分代码都是用C代码编写的。对于录制音频，API和播放音频大致相同，但是使用了不同的接口。

```
SLresult pausePlayback()
{
    return (*bqPlayerPlay)->SetPlayState(bqPlayerPlay,
                                         SL_PLAYSTATE_PAUSED);
}

SLresult startPlayback()
{
    return (*bqPlayerPlay)->SetPlayState(bqPlayerPlay,
                                         SL_PLAYSTATE_PLAYING);
}

void shutdownOpenSLES()
{
    if (bqPlayerObject != NULL) {
        (*bqPlayerObject)->Destroy(bqPlayerObject);
        bqPlayerObject = NULL;
        bqPlayerPlay = NULL;
```

```
        bqPlayerBufferQueue = NULL;
    }

    if (outputMixObject != NULL) {
        (*outputMixObject)->Destroy(outputMixObject);
        outputMixObject = NULL;
    }

    if (engineObject != NULL) {
        (*engineObject)->Destroy(engineObject);
        engineObject = NULL;
        engineEngine = NULL;
    }

    pthread_cond_destroy(&s_cond);
    pthread_mutex_destroy(&s_mutex);
}
```

11.1.3　文字转语音

　　虽然视觉上的反馈通常是给用户提供信息最快的方式，但这要求用户要把注意力放到设备上。当用户不能查看设备时，则需要一些其他通信方式。Android提供了强大的文字转语音（Text-to-Speech，TTS）API，使开发者能够在应用中添加语音通知和其他语音反馈功能，而不要求用户看着屏幕。

　　下面的代码展示了如何使用TTS API：

```
public class TextToSpeechDemo implements TextToSpeech.OnInitListener {
    private final TextToSpeech mTextToSpeech;
    // TTS引擎初始化之前，把消息加入队列中
    private final ConcurrentLinkedQueue<String> mBufferedMessages;
    private Context mContext;
    private boolean mIsReady;

    public TextToSpeechDemo(Context context) {
        mContext = context;
        mBufferedMessages = new ConcurrentLinkedQueue<String>();
        mTextToSpeech = new TextToSpeech(mContext, this);
    }

    @Override
    public void onInit(int status) {
        if (status == TextToSpeech.SUCCESS) {
            mTextToSpeech.setLanguage(Locale.ENGLISH);
            synchronized (this) {
                mIsReady = true;
                for (String bufferedMessage : mBufferedMessages) {
                    speakText(bufferedMessage);
                }
                mBufferedMessages.clear();
            }
        }
```

```
    }

    public void release() {
        synchronized (this) {
            mTextToSpeech.shutdown();
            mIsReady = false;
        }
    }

    public void notifyNewMessages(int messageCount) {
        String message = mContext.getResources().
                getQuantityString(R.plurals.msg_count,
                            messageCount, messageCount);
        synchronized (this) {
            if (mIsReady) {
                speakText(message);
            } else {
                mBufferedMessages.add(message);
            }
        }
    }

    private void speakText(String message) {
        HashMap<String, String> params = new HashMap<String, String>();
        params.put(TextToSpeech.Engine.KEY_PARAM_STREAM,
                "STREAM_NOTIFICATION");
        mTextToSpeech.speak(message, TextToSpeech.QUEUE_ADD, params);
        mTextToSpeech.playSilence(100, TextToSpeech.QUEUE_ADD, params);
    }
}
```

由于TTS引擎的初始化是异步的，所以在执行实际的文字转语音之前需要先把消息放到队列中。

可以给TTS引擎发送多个参数。前面展示了如何决定口语消息使用的音频流。在这种情况下，通知声音也使用相同的音频流。

最后，如果处理连续多个消息，最好在每个消息结束后暂停一会再播放下一条消息。这样做会清楚地告诉用户消息的结束和开始。

11.1.4 语音识别

除了支持文字到语音的合成，Android还支持语音识别。此功能有点复杂，并且不像TTS一样支持很多语言。然而，它仍是一个强大的功能，在用户不方便使用触摸板时提供一个替代的输入选择。

注意：在使用语音识别功能前需要声明android.permission.RECORD_AUDIO权限。

下面的代码首先创建SpeechRecognizer对象，并设置回调函数监听器。当在点击监听器中调用doSpeechRecognition()方法时，会使用语言参数和一个指示要在处理过程中分发部分结果的标志参数初始化语音识别。

```java
public class SpeechRecognitionDemo extends Activity {

    private SpeechRecognizer mSpeechRecognizer;

    @Override
    protected void onCreate(Bundle savedInstanceState) {
        super.onCreate(savedInstanceState);
        setContentView(R.layout.speech_recognition_demo);
        mSpeechRecognizer = SpeechRecognizer.createSpeechRecognizer(this);
        mSpeechRecognizer.
                    setRecognitionListener(new MyRecognitionListener());
    }

    @Override
    protected void onDestroy() {
        super.onDestroy();
        mSpeechRecognizer.destroy();
    }

    public void doSpeechRecognition(View view) {
        view.setEnabled(false);

        Intent recognitionIntent =
                    new Intent(RecognizerIntent.ACTION_RECOGNIZE_SPEECH);
        recognitionIntent.putExtra(RecognizerIntent.EXTRA_PARTIAL_RESULTS,
                                true);
        recognitionIntent.putExtra(RecognizerIntent.EXTRA_LANGUAGE,
                                "en-US");

        mSpeechRecognizer.startListening(recognitionIntent);
    }

    private class MyRecognitionListener implements RecognitionListener {
        @Override
        public void onReadyForSpeech(Bundle bundle) {
        }

        @Override
        public void onBeginningOfSpeech() {
            ((TextView) findViewById(R.id.speech_result)).setText("");
        }

        @Override
        public void onRmsChanged(float rmsdB) {
            // 未使用
        }

        @Override
        public void onBufferReceived(byte[] bytes) {

        }

        @Override
```

```java
public void onEndOfSpeech() {
    findViewById(R.id.do_speech_recognition_btn).setEnabled(true);
}

@Override
public void onError(int i) {
    // 有东西出错了
    findViewById(R.id.do_speech_recognition_btn).setEnabled(true);
}

@Override
public void onResults(Bundle bundle) {
    ArrayList<String> partialResults =
 bundle.getStringArrayList(SpeechRecognizer.RESULTS_RECOGNITION);
    if (partialResults != null && partialResults.size() > 0) {
        String bestResult = partialResults.get(0);
        ((TextView) findViewById(R.id.speech_result)).
                                    setText(bestResult + ".");
    }
}

@Override
public void onPartialResults(Bundle bundle) {
    ArrayList<String> partialResults =
bundle.getStringArrayList(SpeechRecognizer.RESULTS_RECOGNITION);
    if (partialResults != null && partialResults.size() > 0) {
        String bestResult = partialResults.get(0);
        ((TextView) findViewById(R.id.speech_result)).
                                    setText(bestResult);
    }
}

@Override
public void onEvent(int i, Bundle bundle) {
    // 未使用
}
    }
}
```

现在监听器会按顺序接收每个方法的调用。本例在onPartialResult()方法中展示部分识别的结果（最佳匹配），直到在onResult()方法中得到最终的结果。

一个更高级的应用程序还可以拦截单词，并监听特定的命令。这样一来，应用程序可以一直进行语音识别，直到用户明确告诉它停止——例如，一个听写应用允许在用户说出"停止"单词并暂停一会后在句子间添加句号。

11.2　使用 OpenGL ES 2.0 处理视频

从OpenGL ES 2.0起，Android开始支持图形硬件加速。虽然OpenGL已被用于Andorid中标准UI的渲染和组成，但它更多用于构建2D和3D游戏的图形引擎。然而，由于OpenGL ES 2.0和之后

11

的版本要求专用的GPU进行渲染处理，它现在也可以用来处理实时的视频或者相机输入。本节将展示如何使用OpenGL ES 2.0添加实时效果，首先来看视频的例子。

> 学习本节知识需要读者对 OpenGL ES 2.0 有一些基本的了解。

较新版本的Android中（从API级别11开始），OpenGL ES 2.0上下文开始使用**纹理流**（streaming texture）扩展处理图像流，比如视频。虽然播放一个旋转的立方体可能更有趣，但更实际的做法是给视频添加视觉效果。下面的两个例子只介绍纹理流特性，完整的例子请参见11.6节，以及Android SDK示例中的OpenGL ES例子。

下面的代码片段首先实现了`Renderer`接口，以供`GLSurfaceView`使用：

```
    GLSurfaceView.Renderer, SurfaceTexture.OnFrameAvailableListener {
private static int GL_TEXTURE_EXTERNAL_OES = 0x8D65;
private MediaPlayer mMediaPlayer;
private float[] mSTMatrix = new float[16];
private int muSTMatrixHandle;
```

支持纹理流的GL扩展是`GL_TEXTURE_EXTERNAL_OES`，它没有在Android SDK中定义。然而，这只是一个常量，可以如上面所示在代码中自己定义。`MyVideoRenderer`还持有一个用来播放视频的`MediaPlayer`实例。最后，定义了转换矩阵和相应的着色器手柄（shader handle）。当在着色器中映射来自视频或者相机中的纹理坐标时会使用刚才定义的矩阵。

下面的`onSurfaceCreated()`方法会展示如何创建用做输入的纹理。

```
public void onSurfaceCreated(GL10 glUnused, EGLConfig config) {
    ... 简单起见，省略部分代码 ...

    muSTMatrixHandle = GLES20.glGetUniformLocation(mProgram, "uSTMatrix");
    checkGlError("glGetUniformLocation uSTMatrix");
    if (muSTMatrixHandle == -1) {
        throw new RuntimeException("Unable to retrieve uSTMatrix");
    }

    // 创建纹理
    int[] textures = new int[1];
    GLES20.glGenTextures(1, textures, 0);
    mTextureID = textures[0];
    GLES20.glBindTexture(GL_TEXTURE_EXTERNAL_OES, mTextureID);
    GLES20.glTexParameterf(GL_TEXTURE_EXTERNAL_OES,
                           GLES20.GL_TEXTURE_MIN_FILTER,
                           GLES20.GL_NEAREST);
    GLES20.glTexParameterf(GL_TEXTURE_EXTERNAL_OES,
                           GLES20.GL_TEXTURE_MAG_FILTER,
                           GLES20.GL_LINEAR);

    //定义SurfaceTexture，并把它赋值给MediaPlayer
    mSurface = new SurfaceTexture(mTextureID);
    mSurface.setOnFrameAvailableListener(this);
    Surface surface = new Surface(mSurface);
```

```
mMediaPlayer.setSurface(surface);
surface.release();

synchronized (this) {
    updateSurface = false;
}

mMediaPlayer.start();
}
```

本例使用之前定义的常量来引用扩展，而没有使用GLES20.GL_TEXTURE2D。接下来，创建 SurfaceTexture并把它添加到Surface对象，用于MediaPlayer的渲染表层（surface）。这样 做会导致每个视频帧都会渲染到纹理流中，而不是屏幕上。另外，还添加了一个回调函数，一旦 有可用的帧就会更新updateSurface变量。最后，使用MediaPlayer播放视频。

接下来所示的onDrawFrame()方法首先会检查是否有新的帧。如果有的话，会更新 SurfaceTexture，并把和该帧相关的变换矩阵存储在mSTMatrix中。该矩阵会把纹理坐标转换 成适合该帧的采样位置。另外注意，绑定纹理也改为使用扩展常量GL_TEXTURE_EXTERNAL_OES。

```
public void onDrawFrame(GL10 glUnused) {
    synchronized (this) {
        if (updateSurface) {
            mSurface.updateTexImage();
            mSurface.getTransformMatrix(mSTMatrix);
            updateSurface = false;
        }
    }

    ... 简单起见，省略部分代码 ...

    GLES20.glActiveTexture(GLES20.GL_TEXTURE0);
    GLES20.glBindTexture(GL_TEXTURE_EXTERNAL_OES, mTextureID);

    GLES20.glUniformMatrix4fv(muMVPMatrixHandle, 1, false, mMVPMatrix, 0);
    GLES20.glUniformMatrix4fv(muSTMatrixHandle, 1, false, mSTMatrix, 0);

    GLES20.glDrawArrays(GLES20.GL_TRIANGLE_STRIP, 0, 4);
    checkGlError("glDrawArrays");
    GLES20.glFinish();
}
```

在下面的代码中，可以看到本例使用的顶点着色器。这里，使用uSTMatrix和常规的转换矩 阵以及顶点位置来计算最终的vTextureCoord。

```
uniform mat4 uMVPMatrix;
uniform mat4 uSTMatrix;
attribute vec4 aPosition;
attribute vec4 aTextureCoord;
varying vec2 vTextureCoord;
void main() {
    gl_Position = uMVPMatrix * aPosition;
    vTextureCoord = (uSTMatrix * aTextureCoord).xy;
}
```

通过指定使用GL_OES_EGL_image_external扩展来开始片段着色器，如下面的代码所示。接下来，把sTexture的类型修改为samplerExternalOES。

```
#extension GL_OES_EGL_image_external : require
precision mediump float;
varying vec2 vTextureCoord;
uniform samplerExternalOES sTexture;

void main() {
    gl_FragColor = texture2D(sTexture, vTextureCoord);
}
```

这只是呈现视频原样，而没有改变画面，如图11-1所示。

图11-1　使用OpenGL ES 2.0和SurfaceTexture渲染视频

仅仅改变着色器片段，就可以实现一些很酷的视频效果。

下面的代码在运行时给视频应用了**底片特效**（negative effect），如图11-2所示。

```
#extension GL_OES_EGL_image_external : require
precision mediump float;
varying vec2 vTextureCoord;
uniform samplerExternalOES sTexture;
uniform float uResS;
uniform float uResT;

void main() {
    vec2 onePixel = vec2(1.0 / uResS, 1.0 / uResT);
    float T = 1.0;
    vec2 st = vTextureCoord.st;
    vec3 irgb = texture2D(sTexture, st).rgb;
    vec3 neg = vec3(1., 1., 1.)-irgb;
    gl_FragColor = vec4(mix(irgb, neg, T), 1.);
}
```

图11-2   使用OpenGL ES 2.0渲染视频，并使用底片特效过滤器

该着色器需要两个额外的参数来获取纹理的大小。这两个参数在其他类型的过滤效果中也很有用。更多OpenGL ES 2.0的信息，请参考11.6节。

11.3   使用 OpenGL ES 2.0 处理相机

使用OpenGL ES 2.0处理相机和上一节处理视频的过程相同。开发者可以把预览画面的流连接到同一类型的纹理流上，并实时处理这些画面。通过这种方式可以创建强大的增强现实（AR）应用，例如，显示实时图像过滤器，或者运行一些在CPU上可能花费更多时间的强大的计算。

```
mSurface = new SurfaceTexture(mTextureID);
mSurface.setOnFrameAvailableListener(this);

try {
    mCamera.setPreviewTexture(mSurface);
    mCamera.startPreview();
} catch (IOException e) {
    e.printStackTrace();
}
```

和上例唯一的不同是onDrawFrame()方法，本例没有使用MediaPlayer，而是把SurfaceTexture作为预览纹理直接赋值给Camera对象。

本例使用的着色器片段将对预览画面进行边缘检测。结果见图11-3。

图11-3 Nexus 4手机上相机预览画面的边缘检测效果

下面是该着色器的代码：

```
#extension GL_OES_EGL_image_external : require
precision mediump float;
varying vec2 vTextureCoord;
uniform samplerExternalOES sTexture;
uniform float uResS;
uniform float uResT;

void main() {
    vec3 irgb = texture2D(sTexture, vTextureCoord).rgb;
    float ResS = uResS;
    float ResT = uResT;
    vec2 stp0 = vec2(1./ResS, 0.);
    vec2 st0p = vec2(0., 1./ResT);
    vec2 stpp = vec2(1./ResS, 1./ResT);
    vec2 stpm = vec2(1./ResS, -1./ResT);
    const vec3 W = vec3(0.2125, 0.7154, 0.0721);
    float i00 = dot(texture2D(sTexture, vTextureCoord).rgb, W);
    float im1m1 = dot(texture2D(sTexture, vTextureCoord-stpp).rgb, W);
    float ip1p1 = dot(texture2D(sTexture, vTextureCoord+stpp).rgb, W);
    float im1p1 = dot(texture2D(sTexture, vTextureCoord-stpm).rgb, W);
    float ip1m1 = dot(texture2D(sTexture, vTextureCoord+stpm).rgb, W);
    float im10 = dot(texture2D(sTexture, vTextureCoord-stp0).rgb, W);
    float ip10 = dot(texture2D(sTexture, vTextureCoord+stp0).rgb, W);
    float i0m1 = dot(texture2D(sTexture, vTextureCoord-st0p).rgb, W);
    float i0p1 = dot(texture2D(sTexture, vTextureCoord+st0p).rgb, W);
    float h = -1.*im1p1 - 2.*i0p1 - 1.*ip1p1 + 1.*im1m1 + 2.*i0m1 + 1.*ip1m1;
    float v = -1.*im1m1 - 2.*im10 - 1.*im1p1 + 1.*ip1m1 + 2.*ip10 + 1.*ip1p1;
    float mag = length(vec2(h, v));
    vec3 target = vec3(mag, mag, mag);
    gl_FragColor = vec4(mix(irgb, target, 1.0),1.);
}
```

11.4　多媒体编码

Android 4.3，更具体地说是API级别18，包含了许多多媒体API的改进。其中改进最显著的两个类是MediaCodec和MediaMuxer。Android 4.2（API级别16）就引入了MediaCodec类，它给开发者提供了访问低级别多媒体编解码器的功能。在API级别18中，MediaCodec类还支持编码Surface，这意味着可以把OpenGL ES 2.0场景记录到视频流中。

MediaMuxer类允许开发者把原始的媒体流复用到媒体文件中用于播放。使用这两个类可以添加录制游戏会话的功能。也可以结合之前处理视频或者相机的例子，使用这些类把结果存储到MP4文件中。

录制 OpenGL 场景

下面的例子显示使用MediaCodec和MediaMuxer把OpenGL ES 2.0场景记录到MP4文件中的基础知识。该方法应该适用于任何OpenGL ES 2.0的内容。有了这些代码，开发者可以创建编码器和复用器，并使用MediaFormat来指定编码器的参数：

```
private void prepareEncoder() {
    mBufferInfo = new MediaCodec.BufferInfo();
    MediaFormat format = MediaFormat.createVideoFormat("video/avc",
            VIDEO_WIDTH, VIDEO_HEIGHT);
    format.setInteger(MediaFormat.KEY_COLOR_FORMAT,
            MediaCodecInfo.CodecCapabilities.COLOR_FormatSurface);
    format.setInteger(MediaFormat.KEY_BIT_RATE, 6000000); // 6 Mbit/s
    format.setInteger(MediaFormat.KEY_FRAME_RATE, 30);
    format.setInteger(MediaFormat.KEY_I_FRAME_INTERVAL, 10);

    // 创建MediaCodec编码器，并配置格式
    mEncoder = MediaCodec.createEncoderByType(MIME_TYPE);
    mEncoder.configure(format, null, null,
                       MediaCodec.CONFIGURE_FLAG_ENCODE);

    mMuxer = new MediaMuxer(mOutputFile.getAbsolutePath(),
                            MediaMuxer.OutputFormat.MUXER_OUTPUT_MPEG_4);
    mSurface = mEncoder.createInputSurface();
}
```

本例使用H.264作为输出格式，具体参数为：6 Mbit/s比特率、30帧每秒、10帧每I帧（I-frame）。另外，开发者还可创建用于编码器输入的Surface对象。

创建完编码器和复用器后，接下来设置用于记录的EGL上下文，如下代码所示：

```
private static final int EGL_RECORDABLE_ANDROID = 0x3142;

private void recorderEglSetup() {
    mEGLDisplay = EGL14.eglGetDisplay(EGL14.EGL_DEFAULT_DISPLAY);
    if (mEGLDisplay == EGL14.EGL_NO_DISPLAY) {
        throw new RuntimeException("EGL Get Display failed!");
    }
    int[] version = new int[2];
```

```
        if (!EGL14.eglInitialize(mEGLDisplay, version, 0, version, 1)) {
            mEGLDisplay = null;
            throw new RuntimeException("EGL init error!");
        }

        int[] attribList = {
                EGL14.EGL_RED_SIZE, 8,
                EGL14.EGL_GREEN_SIZE, 8,
                EGL14.EGL_BLUE_SIZE, 8,
                EGL14.EGL_RENDERABLE_TYPE, EGL14.EGL_OPENGL_ES2_BIT,
                EGL_RECORDABLE_ANDROID, 1,
                EGL14.EGL_NONE
        };
        EGLConfig[] configs = new EGLConfig[1];
        int[] numConfigs = new int[1];
        if (!EGL14.eglChooseConfig(mEGLDisplay, attribList,
                                   0, configs, 0, configs.length,
                                   numConfigs, 0)) {
            throw new RuntimeException("EGL Config error!");
        }

        int[] glAttribs = {
                EGL14.EGL_CONTEXT_CLIENT_VERSION, 2,
                EGL14.EGL_NONE
        };
        mEGLContext = EGL14.eglCreateContext(mEGLDisplay, configs[0],
                                             EGL14.eglGetCurrentContext(),
                                             glAttribs, 0);

        int[] surfaceAttribs = {
                EGL14.EGL_NONE
        };
        mEGLSurface = EGL14.eglCreateWindowSurface(mEGLDisplay, configs[0],
                                             mSurface, surfaceAttribs, 0);
    }

    public void releaseRecorder() {
        mEncoder.stop();
        mEncoder.release();
        mEncoder = null;

        mMuxer.stop();
        mMuxer.release();
        mMuxer = null;

        EGL14.eglDestroySurface(mEGLDisplay, mEGLSurface);
        EGL14.eglDestroyContext(mEGLDisplay, mEGLContext);
        EGL14.eglReleaseThread();
        EGL14.eglTerminate(mEGLDisplay);

        mSurface.release();
        mSurface = null;

        mEGLDisplay = null;
        mEGLContext = null;
        mEGLSurface = null;
    }
```

　　两个最重要的部分已用黑体标出。当设置EGL告诉Android这是一个可以记录的上下文时，会使用方法前面定义的常量。mSurface变量和之前在prepareEncoder()方法中创建的一样。

　　在完成记录后一定要调用release()方法，以清除应用程序使用的所有资源。请注意，释放EGL上下文并不会释放用于渲染显示的相同上下文。

　　因为记录场景需要两个渲染通道，一个用于物理显示屏，一个用于编码的Surface，所以需要两个方法保存和恢复OpenGL的渲染状态。下面的代码显示了这两种方法。

```
private void storeRenderState() {
    System.arraycopy(mProjMatrix,
                     0, mSavedProjMatrix,
                     0, mProjMatrix.length);
    mSavedEglDisplay = EGL14.eglGetCurrentDisplay();
    mSavedEglDrawSurface = EGL14.eglGetCurrentSurface(EGL14.EGL_DRAW);
    mSavedEglReadSurface = EGL14.eglGetCurrentSurface(EGL14.EGL_READ);
    mSavedEglContext = EGL14.eglGetCurrentContext();
}

private void restoreRenderState() {
    if (!EGL14.eglMakeCurrent(mSavedEglDisplay,
            mSavedEglDrawSurface,
            mSavedEglReadSurface,
            mSavedEglContext)) {
        throw new RuntimeException("eglMakeCurrent failed!");
    }
    System.arraycopy(mSavedProjMatrix,
                     0, mProjMatrix, 0, mProjMatrix.length);
}
```

接下来，需要一个方法用于把编码的视频流传输到用来写入MP4文件的复用器中：

```
private void drainEncoder(boolean endOfStream) {
    if (endOfStream) {
        mEncoder.signalEndOfInputStream();
    }

    ByteBuffer[] encoderOutputBuffers = mEncoder.getOutputBuffers();

    while (true) {
        int encoderStatus = mEncoder.dequeueOutputBuffer(mBufferInfo, 0);
        if (encoderStatus == MediaCodec.INFO_TRY_AGAIN_LATER) {
            break;
        } else if (encoderStatus ==
                           MediaCodec.INFO_OUTPUT_BUFFERS_CHANGED) {
            encoderOutputBuffers = mEncoder.getOutputBuffers();
        } else if (encoderStatus ==
                           MediaCodec.INFO_OUTPUT_FORMAT_CHANGED) {
            MediaFormat newFormat = mEncoder.getOutputFormat();
            mTrackIndex = mMuxer.addTrack(newFormat);
            mMuxer.start();
            mMuxerStarted = true;
        } else {
            ByteBuffer encodedData = encoderOutputBuffers[encoderStatus];
```

```
            if ((mBufferInfo.flags &
                        MediaCodec.BUFFER_FLAG_CODEC_CONFIG) != 0) {
                mBufferInfo.size = 0;
            }

            if (mBufferInfo.size != 0) {
                encodedData.position(mBufferInfo.offset);
                encodedData.limit(mBufferInfo.offset + mBufferInfo.size);

                mMuxer.writeSampleData(mTrackIndex, encodedData,
                                    mBufferInfo);
            }

            mEncoder.releaseOutputBuffer(encoderStatus, false);
            if ((mBufferInfo.flags
                & MediaCodec.BUFFER_FLAG_END_OF_STREAM) != 0) {
                break;
            }
        }
    }
}
```

本例中的while循环会一直继续，直到耗尽从编码器输出的所有剩余数据。

下面的代码展示了用于OpenGL ES场景的典型onSurfaceChanged()方法，另外还在本例中设置了编码器以及用于记录场景的EGL上下文：

```
public void onSurfaceChanged(GL10 gl10, int width, int height) {
    GLES20.glViewport(0, 0, width, height);
    float ratio = (float) width / height;
    Matrix.frustumM(mProjMatrix, 0, -ratio, ratio, -1, 1, 3, 7);

    prepareEncoder(mContext);
    if (mEncoder != null) {
        storeRenderState();
        recorderEglSetup();
        mEncoder.start();
        if (!EGL14.eglMakeCurrent(mEGLDisplay, mEGLSurface,
                                mEGLSurface, mEGLContext)) {
            throw new RuntimeException("eglMakeCurrent failed");
        }
        restoreRenderState();

        mFrameCount = 0;
    }
}
```

下面代码中的onDrawFrame()方法首先在主显示器上绘制场景，接下来检查编码器是否有效。剩下的代码修改了EGL上下文，配置第二个渲染视口，并把场景绘制到新的视口上。

```
public void onDrawFrame(GL10 gl10) {
    drawFrame();
```

```
if(mEncoder != null) {
    storeRenderState();
    if (!EGL14.eglMakeCurrent(mEGLDisplay, mEGLSurface,
                               mEGLSurface, mEGLContext)) {
        throw new RuntimeException("eglMakeCurrent failed");
    }
    Matrix.orthoM(mProjMatrix, 0,  0, mWidth,
                  0, mHeight,  -1, 1);
    GLES20.glViewport(mViewportXoff, mViewportYoff,
                      mViewportWidth, mViewportHeight);
    drawFrame();
    drainEncoder(false);
    long when = System.nanoTime();
    EGLExt.eglPresentationTimeANDROID(mEGLDisplay, mEGLSurface, when);
    EGL14.eglSwapBuffers(mEGLDisplay, mEGLSurface);
    restoreRenderState();
    }
}
```

第二次绘制完成后，编码器不再保留任何数据。

下面代码中的方法展示了如何停止编码器，并释放所有相关的资源：

```
public void stopRecording() {
    drainEncoder(true);
    releaseRecorder();
}
```

应该在用户退出应用程序或者停止渲染时调用该方法。

11.5　小结

随着更高版本Android的发布，一些高级的媒体操作变得更加可能了。本章中的例子主要用来演示一些高级的API用法。开发者可以从一个单一的例子构建一个完整的应用程序，或将它们组合成一个更加复杂的体验。

虽然本章中的例子不是一个应用程序的完整实现，但对于一个有经验的开发人员来说，这些足够用来上手了。

11.6　延伸阅读

文档

❑ OpenSL ES API：http://www.khronos.org/opensles/

❑ OpenGL扩展GL_OES_EGL_image_external规范：
   http://www.khronos.org/registry/gles/extensions/OES/OES_EGL_image_external.txt

❑ 在Android上使用OpenGL ES 2.0着色器：
   http://littlecheesecake.me/blog/13804700/openglesshader

❑ 在Android上使用MediaCodec和MediaMuxer：http://bigflake.com/mediacodec/

第 12 章

Android应用安全问题

安全是非常复杂的一个话题，以至于我们必须在本书中单独安排一章来讲解。尽管安全由许多因素构成，但在本章中我主要介绍作为应用开发者，你如何围绕应用和数据处理安全问题。Android现在已提供了相当完备的API，所以我在本章中还会专门安排一节介绍设备管理。

12.1　Android 安全的概念

Android具备一个先进的安全模型来保护应用数据和服务不被其他应用访问。每个应用都有自己的唯一用户ID来提供最基本的保护。每个应用都经过它唯一的密钥签名，这种机制是Android框架中安全模型的基础。此外，只有当其他应用在它们的AndroidManifest.xml文件中显式声明了正确权限后，Android的权限系统才会允许应用跟它们共享特定组件。应用也可以定义权限，比如只有使用同一个密钥签名的应用才能使用它们。最后，Android的API提供了各种方法来验证签名、验证调用进程的用户ID和使用强加密方案。

12.1.1　签名和密钥

Android系统中运行的所有应用都要用密钥来签名，包括Android系统自身。在常规开发过程中，你也会用自动生成的调试密钥来对应用进行签名（这个过程会通过Gradle构建系统或IDE自动完成）。当你在Google Play Store上发布应用时，一定要确保使用的是由keytool工具生成的唯一密钥。

可以用同一个密钥来对发布的所有应用进行签名，但建议为各个应用单独创建一个密钥。多个应用共享同一个密钥通常是因为这些应用要直接访问彼此的数据，或者设定权限时将保护等级设为了`signature`。

下面的命令演示了如何为应用生成一个新的、唯一的密钥。这里一种比较好的做法是将应用的包名作为别名传给`-alias`。另外，如果为多个团队维护应用密钥，建议将各个团队的密钥存储到单独的密钥库（keystore）中。

```
$ keytool -genkey -v -keystore <keystore filename> \
  -alias <alias for key> -keyalg RSA -keysize 2048 -validity 10000
```

在生成新密钥时，`keytool`会让你输入一个密码。如果没有输入密码，具有密钥库文件访问权限的任何人都可以生成一个恰当签名的应用。因此我们强烈建议你针对各个密钥库使用不同的密码。

> 一定要在线备份密钥库文件，可以使用 Google Drive 或 Dropbox 等。否则如果丢失密钥库文件或是忘记了密码，就无法再对应用的新版本进行签名了，也就无法再为用户提供应用的版本升级了。

12.1.2　Android 权限

要在Android中使用需特殊权限的功能，只要简单地在AndroidManifest.xml文件中加入一个`uses-permission`标记即可。它会告诉系统你的应用需要该项特殊权限，并在安装时通知用户这项需求。

Android定义了五个保护等级：常规（`normal`）、危险（`dangerous`）、同一签名（`signature`）、同一签名或系统（`signatureOrSystem`），以及系统（`system`）。除非特殊指定，默认等级一般是**常规**，用来告知系统有应用要用到这个权限的函数。只有将权限设为**危险**时，它才会在用户安装（通常是通过Google Play Store应用）前提醒用户。

同一签名保护等级要求应用使用跟定义该权限的应用相同的同一证书来签名。这对设备制造商来说非常有用，因为他们可以定义只有跟系统使用同一证书签名的应用才能使用的权限。这样，设备制造商就可以向他们使用受保护的系统服务的设备发布新应用了。

同一签名或系统以及**系统**保护等级会告诉Android系统，应用必须驻存在设备的系统分区上，这样才能使用该权限。这个功能最常见的例子是预装在系统分区上的Google应用（Gmail、Google Play服务、YouTube等）。这些应用可以使用许多常规应用无法企及的权限，即使它们用的是Google的签名，而不是设备制造商的。简单地说，**同一签名或系统**就是这两种保护等级的一种组合。

声明定制权限

大多数情况下，我们的应用都是独立自足的，所以基本用不着声明任何新的权限。不过，如果要为其他应用提供一些API（如插件功能）的话，建议你定义自己的权限。

下面的例子演示了为`ContentProvider`声明读和写权限相关的部分。

```xml
<?xml version="1.0" encoding="utf-8"?>
<manifest xmlns:android="http://schemas.android.com/apk/res/android"
    package="com.aapt1.security"
    android:versionCode="1"
    android:versionName="1.0" >

    <permission android:name="com.aapt1.security.READ_DATA"
                android:description="@string/read_perm_desc"
                android:label="@string/read_perm_label"
                android:protectionLevel="dangerous" />

    <permission android:name="com.apt1.security.WRITE_DATA"
```

```
                android:descriptiona="@string/write_perm_desc"
                android:label="@string/write_perm_label"
                android:protectionLevel="signature" />
    ...

        <provider
                android:name=".TaskProvider"
                android:authorities="com.aaptl.security.provider"
                android:readPermission="com.aaptl.security.READ_DATA"
                android:writePermission="com.aaptl.security.WRITE_DATA"
                android:exported="true"/>

    ...
</manifest>
```

读权限的保护等级被设置为**危险**，它会在用户安装使用此权限的应用时弹出提醒窗口。另外一方面，写权限的保护等级被设为**同一签名**，它会将此权限的使用限制到使用同一证书签名的应用范围内。

> 你还可以添加属性 android:permissionFlags="costsMoney"，它会告诉用户使用此权限的应用会产生费用。常见的例子是要用到发送短信功能的应用。只要应用提供了可能会给用户带来费用的 API，就应该用带有此标记的权限来保护该 API。

12.1.3　保护用户数据

如果你的应用要创建一些其他应用无法访问的内容，你可以将其存储到应用的默认数据目录中。将数据存储到外部存储中是绝对不安全的，除非你对内容做了加密处理（参见12.2节）。存储在应用数据目录中的文件只能由该应用或是拥有同一用户ID的应用（这就要求该应用是用同一证书签名的）访问。

如第9章中演示的，在你用SQLiteOpenHelper创建数据库时，它们会默认创建到应用的数据目录，所以这些SQLite数据库总是会跟其他应用隔离开，限制其他应用的访问。要创建普通文件，可以使用Context.openFileOutput()方法，它会在应用的数据目录中创建一个新文件（或是打开一个已有文件来追加数据）。

下面的方法是如何向一个私有文件追加数据的例子。

```
public static void appendStringToPrivateFile(Context context,
                                     String data, String filename) {
    FileOutputStream outputStream
            = context.openFileOutput(filename,
                        Context.MODE_APPEND|Context.MODE_PRIVATE);
    outputStream.write(data.getBytes("UTF-8"));
    outputStream.close();
}
```

可以用Context.openFileInput()方法来打开文件读取数据。注意，这里我们将

Context.MODE_APPEND和Context.MODE_PRIVATE用做openFileOutput()的标志位。这些标志位会分别保证：要写入的数据都被追加到文件末尾，该文件只允许你的应用访问。要保护数据，就一定要用Context.MODE_PRIVATE标志位（这也是默认标志位）。要提供一个其他应用可读的文件，可以使用ContentProvider并定义相应的权限。

> Context.MODE_WORLD_READABLE 和 Context.MODE_WORLD_WRITABLE 会让应用数据目录中的文件全局可读和可写。不过，这些标志位已经被废弃了，我们强烈建议你不要使用。

因为MODE_PRIVATE标志位会设置正确的Linux文件权限，它们会保护文件不被其他应用访问。不过，不能将简单地使用前面例子中的方法看做安全的解决方案。要在设备上存储非常敏感的信息，强烈建议对文件做一些加密处理。

12.1.4　验证调用应用

尽管权限提供了确认该用户接受应用可以访问你的Service或是ContentProvider的一种途径，但有时我们有必要验证一下发起调用的应用。假设ContentProvider为第三方应用提供了添加（插入）数据的一种途径，不过，你希望应用只能访问由它们创建的数据记录，这样就需要一些办法来识别各个对query()、insert()、update()、delete()的调用的远程调用方。

下面的方法会演示如何用Binder来提取发起调用的应用的UID（User ID）。在那里，你可以提取出拥有这个UID的应用的包名。

```java
private String getPackageNameForCaller(Context context) {
    int callingUid = Binder.getCallingUid();
    PackageManager packageManager = context.getPackageManager();
    String[] packages = packageManager.getPackagesForUid(callingUid);
    if(packages != null && packages.length > 0) {
        return packages[0]; // 返回第一个匹配的应用包...
    }
    return null;
}
```

由于可以使用同一个密钥对多个应用进行签名并在AndroidManifest.xml文件中使用android:sharedUserId属性，从而使多个应用使用同一个UID，你可能会在这次查找中获得多个包名。因此，在ContentProvider的公共文档中，你需要说明，调用API的应用不能跟其他应用共享UID。

获取该应用的包名后，就可以在查询数据库时使用它了。在每个插入操作中，确保将该调用应用的包名放到专门一列中。在查询、更新和删除操作中，可以修改选择的范围和选择的参数，这样包名就可以加到前面，如下所示：

```java
private String prependSelection(String selection) {
    return Columns.PACKAGE_NAME + " = ? AND (" + selection + ")";
}
```

```
private String[] prependSelectionArgs(String[] selectionArgs) {
    String[] newSelArgs = new String[selectionArgs.length + 1];
    System.arraycopy(selectionArgs, 0, newSelArgs, 1, selectionArgs.length);
    newSelArgs[0] = getPackageNameForCaller(getContext());
    return newSelArgs;
}
```

这样，你就可以为其他应用提供一个既可以配合使用同时又能提供保护从而不会泄露数据的 `ContentProvider`。这种方法适用于要将来自不同数据源的数据聚合的应用以及用到第三方开发人员提供的插件的应用。

12.2 客户端数据加密

假设我们有个将用户生成的数据同步到云服务平台上的应用。这种情况下，存储在云服务平台上的数据必须做加密处理，这样才能做到只有用户可以解密数据。这意味着加密和解密必须都在客户端完成。现有的例子包括管理所有密码的LastPass和将所有数据都在客户端做加密处理的云存储服务Wuala（即使云服务被攻破，用户的数据依然可以受到保护）。

这类应用面临的挑战在于你不想将任何未经过加密处理的数据存储到设备上。举个例子，如果使用一个记事本应用来存储安全笔记，不能直接将解密过的笔记存储到应用的数据目录，因为一旦用户丢失设备，黑客不费吹灰之力就能获取到文件系统的访问权限，读取未加密的文件。要解决这个问题，就只能在内存中保留未加密数据。尽管经过这种处理后仍存在黑客直接读取内存状态的可能，但这么做要比读取文件系统困难多了。

本节将介绍如何使用密码来进行数据加密和解密，以及如何创建一个基于内存的数据库，并像使用其他`ContentProvider`一样在应用中使用。

12.2.1 Android 的加密 API

Android中的数据加密和解密API是基于Java SE的javax.crypto包中的API开发的。实际的实现基于开源的Bouncy Castle加密API（JCE 1.2.1规范的净室技术实现）。因此，在开发Android应用时，大多数使用Java SE `javax.crypto` API的Java库我们都能用。

12.2.2 生成密钥

使用加密和解密函数时，需要生成一个可根据用户输入（密码或其他安全方法）重新生成的安全且唯一的密钥。

下面的代码演示了如何为AES算法（它能满足大多数情况下的安全需求）生成一个SecretKey。salt是用于生成密钥的输入部分，你需要记录下来。在密码学中，**盐**（salt）是用做加密算法中单向函数输入的一段随机数据。

```
public static SecretKey generateKey(char[] password, byte[] salt)
        throws Exception {
```

```
int iterations = 1000;
int outputKeyLength = 256;
SecretKeyFactory secretKeyFactory
                    = SecretKeyFactory.getInstance("PBKDF2WithHmacSHA1");
KeySpec keySpec = new PBEKeySpec(password, salt,
                                iterations, outputKeyLength);
byte[] keyBytes = secretKeyFactory.generateSecret(keySpec).getEncoded();
return new SecretKeySpec(keyBytes, "AES");
}
```

12.2.3 加密数据

要加密数据，必须先生成用于加密的作为Cipher输入的盐和初始化向量。

下面的方法会通过SecureRandom类生成一个长度为8字节的盐。**注意**：不需要人工给SecureRandom喂种子，系统会自动帮你处理。创建一个初始化向量，初始化Cipher，然后将明文加密成字节阵列。有了密文数据后，可以使用Base64工具类从这些字节生成一个普通String对象。可以将初始化向量和盐用同样的方式追加上去，并通过一个非Base64字符来分开。

```
public static String encryptClearText(char[] password, String plainText)
        throws Exception {
    SecureRandom secureRandom = new SecureRandom();
    int saltLength = 8;
    byte[] salt = new byte[saltLength];
    secureRandom.nextBytes(salt);
    SecretKey secretKey = generateKey(password, salt);

    Cipher cipher = Cipher.getInstance("AES/CBC/PKCS5Padding");
    byte[] initVector = new byte[cipher.getBlockSize()];
    secureRandom.nextBytes(initVector);
    IvParameterSpec ivParameterSpec = new IvParameterSpec(initVector);
    cipher.init(Cipher.ENCRYPT_MODE, secretKey, ivParameterSpec);
    byte[] cipherData = cipher.doFinal(plainText.getBytes("UTF-8"));
    return Base64.encodeToString(cipherData,
                        Base64.NO_WRAP | Base64.NO_PADDING)
            + "]" + Base64.encodeToString(initVector,
                            Base64.NO_WRAP | Base64.NO_PADDING)
            + "]" + Base64.encodeToString(salt,
                            Base64.NO_WRAP | Base64.NO_PADDING);
}
```

返回的String对象可以安全地通过网络传送或是存储到外部存储上。使用这种方法来对数据进行安全加固的应用应该要求用户输入一个足够安全的密码。如何选择这样一个足够安全的密码已经超出了本书的讨论范围。建议使用正则表达式来检验密码的复杂度。下面是一个介绍各种可用的正则表达式的资源站点：http://regexlib.com/。

12.2.4 解密数据

解密数据跟加密非常相似。可以接收调用前面的encryptClearText()方法生成的String对象，然后按照选择的分隔符来拆分。

从下面的方法可以了解到Cipher、初始化向量和SecretKey是如何通过输入的字符串重新生成的。只要密码匹配，就能够对数据进行解码和编码。

```
public static String decryptData(char[] password, String encodedData)
        throws Exception {
    String[] parts = encodedData.split("]");
    byte[] cipherData = Base64.decode(parts[0], Base64.DEFAULT);
    byte[] initVector = Base64.decode(parts[1], Base64.DEFAULT);
    byte[] salt = Base64.decode(parts[2], Base64.DEFAULT);

    Cipher cipher = Cipher.getInstance("AES/CBC/PKCS5Padding");
    IvParameterSpec ivParams = new IvParameterSpec(initVector);
    SecretKey secretKey = generateKey(password, salt);
    cipher.init(Cipher.DECRYPT_MODE, secretKey, ivParams);
    return new String(cipher.doFinal(cipherData), "UTF-8");
}
```

这个方法对小组数据非常有用。如果你需要对较大的文件进行加密解密，可以看看Cipher-InputStream和CipherOutputStream，它们支持流数据（通常很大，很难一次放入内存）。

12.2.5 处理加密数据

对数据进行编码后，开发人员可以将它们安全地写入文件，或是通过网络发送出去，而不必担心泄露用户的私密信息。能够解密数据的唯一一个人就是知道密码的那个人，也就是说你可以简单地将加密数据存储到公共服务器上，而不必担心任何人（包括你自己）能够读取它的内容。这是取得用户信任的一种绝佳方式——只要你能够用通俗易懂的语言解释给非技术专业人士。已经有一些服务将这种能力当成他们的主要卖点。

试想一下安全记事本应用的例子。可以用刚刚描述的这种方法来进行笔记的加密和解密。在用户更新笔记后，可以将文件上传到Google Drive或是类似服务，而笔记也能通过用户的其他设备访问。（参见第19章中向Google Drive存储数据的例子）

假设用如下Java对象来表示记事本应用中的笔记：

```
public class NoteData {
    private UUID mID;
    private String mTitle;
    private String mContent;
    private String mCategory;
    private Date mLastChange;

    public NoteData() {
        mID = UUID.randomUUID();
    }

    // 简洁起见，省略getter和setter方法...
}
```

可以使用谷歌的Gson来对这个类的对象参照JSON格式进行序列化和反序列化操作，就像第9章中介绍的。JSON数据可以用常见的String对象来表示，之后可以用它来对笔记进行加密。解密和反序列化的工作机制类似。

下面的例子演示了一个记事本应用中使用的简化方法如何安全地基于用户密码对笔记加密和解密。加密后的数据可以在线传送，我会在第17章中详细介绍。

```
public String encryptNoteDataCollection(Collection<NoteData> notes,
                                         char[] password) {
    StringWriter writer = new StringWriter();
    JsonWriter jsonWriter = new JsonWriter(writer);
    Gson gson = new Gson();
    Type type = new TypeToken<Collection<NoteData>>(){}.getType();
    gson.toJson(notes, type, jsonWriter);
    String clearText = writer.toString();
    try {
        return encryptClearText(password, clearText);
    } catch (Exception e) {
        // 简洁起见，省略部分代码
        return null;
    }
}

public static Collection<NoteData> decryptAndDecode(char[] password,
                                                    String encryptedData) {
    try {
        String jsonData = decryptData(password, encryptedData);
        Gson gson =  new Gson();
        Type type = new TypeToken<Collection<NoteData>>(){}.getType();
        JsonReader jsonReader = new JsonReader(new StringReader(jsonData));
        return gson.fromJson(jsonReader, type);
    } catch (Exception e) {
        // 简洁起见，省略部分代码
        return null;
    }
}
```

如果你倾向于通过ContentProvider来提供，可以在内存中使用如下代码创建一个SQLite数据库：

```
mDatabase = SQLiteDatabase.create(null);
```

数据库实例会在该数据库对象被关闭后销毁。这意味着你的应用应该将加密后的内容存储到一个本地文件来记录对数据库的修改（插入、更新或删除），而且必须在每次打开数据库时重新生成数据库内容。

12.3　Android 的钥匙链管理

Android长期缺乏的一个功能就是集中式安全凭据存储以及一个控制系统中受信证书颁发机构（它对于构建针对企业和其他敏感服务的安全应用至关重要）的途径。

本节假设你已经熟知证书、证书颁发机构和PKI等基本概念。如果你还不了解，请参考12.6节。尽管权限可以保护数据不被其他应用访问，即使从设备上复制文件也有加密阻止数据被直接访问，但你的应用仍然需要一个安全的方法来验证跟它进行通信的远程主机确实是它声称的。不能假设用户总是处于安全、熟悉、受保护的网络中，你需要通过证书来对任何通信主机进行验证。

介绍有关证书颁发机构、钥匙链以及它们如何对互联网安全加固等详细内容已经超出了本书的范围。不过，我会演示如何使用自 Android 4.0/ICS 之后可用的钥匙链 API 来存储新的密钥对，以及如何验证数据源并对它进行签名，这样接收者可以对它的真实性进行验证。

首先，需要生成一个可用于测试应用的新证书。可以用本章前面演示过的 keytool 工具来为应用创建签名。

下面的例子演示了如何使用 keytool 命令生成一个简单证书。结果会被写入一个名为 MyKeyStore.pfx 的文件中。在实际情况中，公司的 IT 部门通常会为每个用户生成这些证书，并安全地分发。之后，企业应用程序会导入该证书，并将其存储到集中式凭据存储中。

```
$ keytool -genkeypair -alias MyCertificate -keystore MyKeyStore.pfx
  -storepass thepassword -validity 10000 -keyalg RSA -keysize 2048
  -storetype pkcs12
What is your first and last name?
  [Unknown]:  Erik Hellman
What is the name of your organizational unit?
  [Unknown]:  Development
What is the name of your organization?
  [Unknown]:  Hellsoft
What is the name of your City or Locality?
  [Unknown]:  Malmoe
What is the name of your State or Province?
  [Unknown]:  Skaane
What is the two-letter country code for this unit?
  [Unknown]:  SE
Is CN=Erik Hellman, OU=Development, O=Hellsoft, L=Malmoe, ST=Skaane,
  C=SE correct?
  [no]:  yes
```

下面的代码展示了如何从文件（呈现为一个字节阵列）中安装证书。

```java
public class SigningActivity extends Activity {
    private static final int INSTALL_CERT_CODE = 1001;
    private static final String CERT_FILENAME = "MyKeyStore.pfx";
    private static final String CERTIFICATE_NAME = "MyCertificate";

    @Override
    protected void onActivityResult(int requestCode, int resultCode,
                                    Intent data) {
        if(requestCode == INSTALL_CERT_CODE) {
            if(resultCode == RESULT_OK) {
                // 成功安装证书
            } else {
                // 用户取消了证书安装
            }
        }
    }

    // 安装证书过程的点击监听器
```

```
public void doInstallCertificate(View view) {
    byte[] certData = readFile(CERT_FILENAME);
    Intent installCert = KeyChain.createInstallIntent();
    installCert.putExtra(KeyChain.EXTRA_NAME, CERTIFICATE_NAME)
    installCert.putExtra(KeyChain.EXTRA_PKCS12, certificateData);
    startActivityForResult(installCert, INSTALL_CERT_CODE);
}

    ...

}
```

该代码会激活一个对话框来供用户为选定的密钥存储输入密码。下一步，激活另一个对话框
（如图12-1所示），以便用户选择证书的别名。

图12-1　在应用安装证书过程中，供用户为证书输入名字的对话框

当你的应用需要使用证书时，它必须先询问用户他们想要使用哪个。这步可以通过调用
KeyChain.choosePrivateKeyAlias()方法来完成，如下面的代码中所示。

```
public void doSignNoteData(View view) {
    KeyChain.choosePrivateKeyAlias(this, new KeyChainAliasCallback() {
        @Override
```

```
    public void alias(String alias) {
        EditText editText = (EditText) findViewById(R.id.input_text);
        String textToSign = editText.getText().toString();
        new MySigningTask().execute(textToSign, alias);
    }
}, null, null, null, -1, null);
}
```

它会激活一个系统对话框，如图12-2所示。

图12-2　允许用户从受信存储中选择证书的系统对话框

前面的回调函数会收到所选证书的别名，现在可以继续提取证书并开始签名过程了。注意：该回调是在Binder线程中执行的，不是在主线程中进行的。由于签名过程有可能会阻塞运行它的线程，可以对实际的签名过程使用AsyncTask。

下面的方法会演示如何提取证书对中的私钥，并用它来对要签名的String对象创建签名。可以使用跟前面的加密示例中相同的方法来构建两个Base64编码的String对象，然后用一个分隔符分开。

```
public String createSignedNote(String textToSign, String alias) {
    try {
```

```
        byte[] textData = textToSign.getBytes("UTF-8");
        PrivateKey privateKey
                = KeyChain.getPrivateKey(getApplicationContext(), alias);
        Signature signature
                = Signature.getInstance("SHA1withRSA");
        signature.initSign(privateKey);
        signature.update(textData);
        byte[] signed = signature.sign();
        return Base64.encodeToString(textData,
                Base64.NO_WRAP | Base64.NO_PADDING)
                + "]" + Base64.encodeToString(signed,
                Base64.NO_WRAP | Base64.NO_PADDING);
    } catch (Exception e) {
        Log.e(TAG, "Error signing data.", e);
    }
    return null;
}
```

为了验证数据的签名，应用程序首先需要从证书中获取PublicKey。下面的代码假设证书链只包含一个条目，但实际的情况可能至少有两个条目（一个用于组织机构，一个用于用户）。

```
private boolean verifySignature(String dataAndSignature, String alias) {
    try {
        String[] parts = dataAndSignature.split("]");
        byte[] decodedText = Base64.decode(parts[0], Base64.DEFAULT);
        byte[] signed = Base64.decode(parts[1], Base64.DEFAULT);
        X509Certificate[] chain = KeyChain.getCertificateChain(this, alias);
        PublicKey publicKey = chain[0].getPublicKey();
        Signature signature = Signature.getInstance("SHA1withRSA");
        signature.initVerify(publicKey);
        signature.update(decodedText);
        return signature.verify(signed);
    } catch (Exception e) {
        Log.e(TAG, "Error verifying signature.", e);
    }
    return false;
}
```

你也可以使用公钥和私钥来对数据进行加密。如果双方（如公司的服务器和雇员智能手机上的应用）需要安全地通信，你就要使用收信方的公钥来对数据进行加密，经过加密处理的数据随后只能用私钥来解密。

现今，许多Web服务器都支持安全的HTTP协议，即HTTPS。该协议内建了对客户端和服务器端采用此方法建立安全连接的支持，所以你需要做的就是提供客户端的证书。参考 `HttpsURLConnection`文档来了解更多有关这个话题的内容。

12.4　设备管理 API

尽管加密和验证数据是安全中非常重要的环节，但对于大多数公司来说这么做通常还不够。在企业应用领域，我们还需要在设备跟公司内网进行通信之前在设备上设定特定的限制。这种情况可以通过Android中的设备管理API解决。它提供了一些函数来处理企业需求。该API提供了一些策略来供应用程序将其应用到设备上以保证它是安全的。这些策略包括限制和重置密码、锁定和擦除设备、对存储进行加密等。你可以翻阅设备管理API的文档了解全部的策略（Device Administration API，参见http://developer.android.com/guide/topics/admin/device-admin.html）。

在你的应用中使用这类功能的首要条件是在资源文件中建立一个XML文件来定义你的应用中需要应用的设备策略。

下面的例子演示了一个简单的设备策略XML文件，你可以将它存储到XML资源文件中。它会在用户登录时让你的应用完成注册，并支持限制和重置密码、强制设备锁定以及在需要时加密整个存储。

```xml
<?xml version="1.0" encoding="utf-8"?>
<device-admin xmlns:android="http://schemas.android.com/apk/res/android">
    <uses-policies>
        <watch-login/>
        <force-lock/>
        <limit-password/>
        <encrypted-storage/>
        <reset-password/>
    </uses-policies>
</device-admin>
```

下一步需要定义一个BroadcastReceiver，以便应用中启用设备管理功能后调用它。

```xml
<receiver
        android:name=".MyDeviceAdminReceiver"
        android:label="@string/device_admin_label"
        android:description="@string/device_admin_description"
        android:permission="android.permission.BIND_DEVICE_ADMIN">
    <meta-data
            android:name="android.app.device_admin"
            android:resource="@xml/device_admin"/>
    <intent-filter>
        <action android:name="android.app.action.DEVICE_ADMIN_ENABLED"/>
    </intent-filter>
</receiver>
```

现在你需要实现一个自定义BroadcastReceiver（对DeviceAdminReceiver进行扩展）来对AndroidManifest.xml文件中的条目进行配置，如前面的例子所示。首先，需要为BroadcastReceiver添加权限，并添加一个用来说明前面例子中的XML文件的元数据标记。

```java
public class MyDeviceAdminReceiver extends DeviceAdminReceiver {
    @Override
    public void onEnabled(Context context, Intent intent) {
        super.onEnabled(context, intent);
        PackageManager packageManager = context.getPackageManager();
        ComponentName deviceAdminService
                = new ComponentName(context, MyDeviceAdminService.class);
        packageManager.setComponentEnabledSetting(deviceAdminService,
                PackageManager.COMPONENT_ENABLED_STATE_ENABLED, 0);
        context.startService(new Intent(context,
```

```
                                        MyDeviceAdminService.class));
        }

        @Override
        public void onDisabled(Context context, Intent intent) {
            super.onDisabled(context, intent);
            context.stopService(new Intent(context,
                                    MyDeviceAdminService.class));
            PackageManager packageManager = context.getPackageManager();
            ComponentName deviceAdminService
                    = new ComponentName(context, MyDeviceAdminService.class);
            packageManager.setComponentEnabledSetting(deviceAdminService,
                    PackageManager.COMPONENT_ENABLED_STATE_DISABLED, 0);
        }
    }
```

在应用的设备管理功能启用或关闭时，这个BroadcastReceiver都会收到通知。对于特定的设备策略事件，如密码过期，我们还需要有一些回调函数。在前面的例子中，根据该应用的设备管理的状态，你能看到如何在应用中启用和关闭一个服务。

要为应用启用设备管理功能，需要启动一个系统Activity来请求用户权限（参见图12-3）。

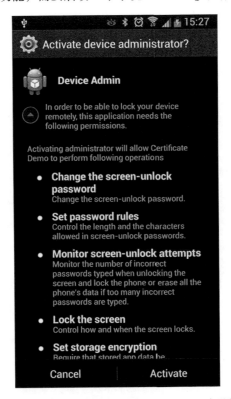

图12-3　为应用请求启用设备管理权限的系统Activity。标题下的第一段文本跟 EXTRA_ADD_EXPLANATION参数中的相同

下面的例子演示了如何请求用户为应用打开设备管理功能。注意：可以将`ComponentName`发送给该`BroadcastReceiver`，而且还能添加一段显示给用户的额外说明。我们建议对使用设备管理API的应用都附上额外说明；否则，用户会对弹出的对话框不知所措。

```java
public static void enableDeviceAdmin(Context context) {
    Intent enableDeviceAdmin
            = new Intent(DevicePolicyManager.ACTION_ADD_DEVICE_ADMIN);
    ComponentName deviceAdminReceiver
            = new ComponentName(context, MyDeviceAdminReceiver.class);
    enableDeviceAdmin.putExtra(DevicePolicyManager.EXTRA_DEVICE_ADMIN,
            deviceAdminReceiver);
    enableDeviceAdmin.putExtra(DevicePolicyManager.EXTRA_ADD_EXPLANATION,
            context.getString(R.string.device_admin_explanation));
    context.startActivity(enableDeviceAdmin);
}
```

在用户确认接受设备管理请求后，应用程序就可以开始应用它的策略并在一定程度上控制该设备。

下面的方法是一个重置密码并立即锁定设备的简单例子。

```java
private void changePasswordAndLockDevice(String password) {
    mDevicePolicyManager = (DevicePolicyManager)
            getSystemService(DEVICE_POLICY_SERVICE);
    if(mDevicePolicyManager.resetPassword(password, 0)) {
        mDevicePolicyManager.lockNow();
    }
}
```

这么处理对于远程安全加固功能比较有用。通过向设备发送一条经过验证的消息（如本章中前面所示），用户或拥有正确身份权限的人就可以在设备被偷窃或丢失后锁定该设备了。这条消息可以来自短信服务（在第15章介绍）或是来自谷歌云消息（GCM）服务（在第19章介绍）。

12.5　小结

本章介绍了如何使用Android的权限系统来限制哪些其他应用可以访问你的应用以及如何访问。我还演示了如何识别发起调用的应用来分离你从多个应用收到的数据。当你的应用要处理来自多个数据源的汇总数据时，这个功能尤其有用。

之后演示了如何使用Android中的加密API来对数据进行加密和解密。当应用中的用户数据存储在外部或是远程服务器时，它通常能提供足够的安全加固。

如果应用还要包含一些外部资源，比如远程服务器，简单地对数据进行加密处理可能不够。还需要验证应用收到的数据是来自验证过的数据源。Android 4.0及后续版本中新加的钥匙链API为应用专属的证书提供了安全和可信的存储。

最后，我演示了如何用设备管理API来从编程上控制一些安全功能。这样，你就能开发可以锁定设备或重置密码的应用了。设备管理API和本章中介绍的其他安全功能相互结合可以为我们提供一组强大工具，能创建满足大多数企业安全需求的应用。

12.6　扩展阅读

1. 图书
❑ Adams, Carlisle, and Steve Lloyd. *Understanding PKI: Concepts, Standards, and Deployment Considerations, 2nd edition.* Addison-Wesley, 2002.

2. 文档
❑ 设备管理API文档：http://developer.android.com/guide/topics/admin/device-admin.html

3. 网站
❑ Android开发者博客（Android Developers Blog）。"Using Cryptography to Store Credentials Safely"：

http://android-developers.blogspot.se/2013/02/using-cryptography-to-store-credentials.html

❑ Android开发者博客（Android Developers Blog）。"Unifying Key Store Access in ICS"：

http://android-developers.blogspot.se/2012/03/unifying-key-store-access-in-ics.html

❑ Android漏洞探查（Android Explorations）。"Using the ICS KeyChain API"：

http://nelenkov. blogspot.se/2011/11/using-ics-keychain-api.html

❑ "Sample CodeC for Using the ICS KeyChain API and Related Articles"：

https://github.com/ nelenkov/keystore-test#readme

第 13 章

地图、位置和活动API

2013年5月，在一年一度的谷歌IO大会上，谷歌为Android开发者呈现了一些不同的东西。谷歌过去在IO会议上主要关注新平台特性以及Android的版本，但是在这次会议上，他们为基于位置的应用提供了一个新的服务API，这些API同样适用于老版本的Android手机。这些API是Google Play Service的一部分，允许开发者使用高级的位置和活动API，尤其是在大多数Android设备都部署到应用市场的今天。

本章将介绍新的位置API（Location API）功能，以及如何将它集成到应用程序中。

13.1 融合位置管理器

通过把所有传感器的输入以及其他输入**融合**到一个库中，谷歌提供了一个适合老版本Android设备的新的统一的位置API。图13-1和图13-2显示了使用旧的基于位置的API以及新的融合位置管理器（Location Manager）之间的区别。新的库检查所有可能的输入和传感器，并管理所有Android版本的细节。

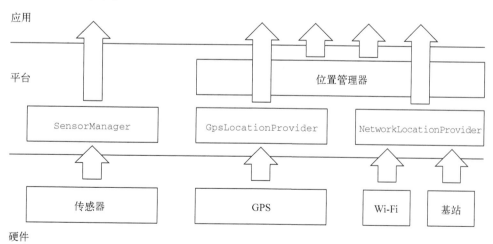

图13-1　旧的基于位置的API。使用这些API需要大量的精力，另外还需要考虑不同的
　　　　Android平台

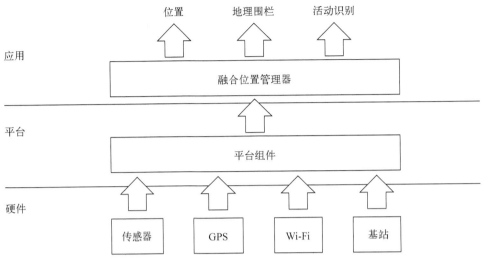

图13-2 融合位置管理器把传感器、GPS、Wi-Fi和基站定位结合成了一个API

使用新的方法有几个优势，但最突出的是谷歌可以提供更新和修复错误，否则必须由各个手机制造商自己维护。另外，它还允许在老版本的手机上构建高级的地图以及有定位功能的应用，只要手机安装了Google Play Service。有关如何验证是否正确地安装了Google Play Service，请参阅第19章。

13.2 集成 Google Maps v2

要在Android上集成Google Maps API，开发者需要在Google API Console中创建一个新的项目，具体网址为https://code.google.com/apis/console，应该为使用Google Play Service API的每个Android应用都创建一个项目，如图13-3所示。（第19章会详细介绍如何使用API控制台以及Google Play Service。）创建项目后第一件事是要在Services选项中打开Google Maps API v2，并在API Access选项中创建一个新的Android密钥。

通过输入用于签名APK的SHA1值来生成密钥，如图13-4所示。通常有两个密钥。一个用于开发（调试密钥），通常在多个应用间共享，不是那么安全（通常放在 $HOME/.android/debug.keystore）。另一个是发布密钥，注意保存好不要泄露。建议为每个应用创建两个密钥，一个用于开发版本，一个用于发布版本。

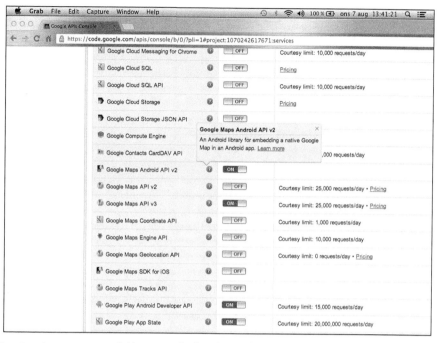

图13-3　Google API Console中的Services部分，在这里打开Google Maps Android API v2选项

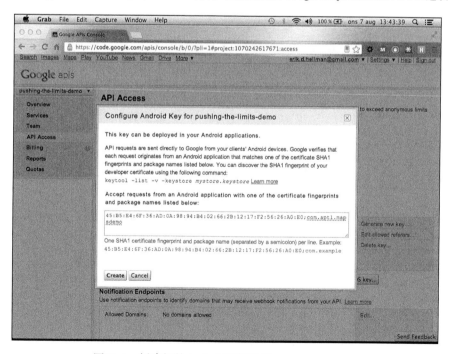

图13-4　创建新的Android密钥访问Google Maps API

通过在终端使用keytool来获取SHA1，如下所示，相关文本已标粗：

```
$ keytool -list -v -keystore ~/.android/debug.keystore -alias androiddebugkey
  -storepass android -keypass android
Alias name: androiddebugkey
Creation date: May 15, 2013
Entry type: PrivateKeyEntry
Certificate chain length: 1
Certificate[1]:
Owner: CN=Android Debug, O=Android, C=US
Issuer: CN=Android Debug, O=Android, C=US
Serial number: 5193e7a1
Valid from: Wed May 15 21:53:05 CEST 2013 until: Fri May 08 21:53:05 CEST
  2043
Certificate fingerprints:
   MD5: 09:AF:DA:16:0B:94:71:67:61:5B:C3:7D:9E:12:53:A0
   SHA1: A0:D6:9F:F7:6E:F0:AD:B3:70:0B:74:91:13:E8:57:C3:C9:80:6D:EA
   Signature algorithm name: SHA1withRSA
   Version: 3
```

复制文本并将其粘贴到API Console中的对话框中，以配置新的Android密钥（见图13-4）。记得在SHA1值的后面追加一个分号，并附上应用程序的包名。点击Create按钮就会生成密钥，接下来可以把它复制到清单文件中。更详细的过程参考第19章。

最后需要把API密钥添加到清单文件的`<metadata>`元素中，如下例所示，其中API密钥已用粗体显示。

```
<application
    android:allowBackup="true"
    android:icon="@drawable/ic_launcher"
    android:label="@string/app_name"
    android:theme="@style/AppTheme" >
    ...
    <meta-data
            android:name="com.google.android.maps.v2.API_KEY"
            android:value="AIzaSyCXNWDY7nx-_0vnwMW-6mXryYD5BTblyVM"/>
</application>
```

13.3 使用 Google Maps

使用新的Google Maps API（第2版）非常简单直接。下面的例子展示了如何在应用程序中添加Google Maps：

```
protected void onCreate(Bundle savedInstanceState) {
    super.onCreate(savedInstanceState);
    setContentView(R.layout.activity_main);
    mMapFragment = (MapFragment) getFragmentManager().
                                  findFragmentById(R.id.map);
    GoogleMap map = mMapFragment.getMap();
    map.setTrafficEnabled(true);
    CameraPosition cameraPosition = new CameraPosition.Builder().
                                      target(MY_HOME).
```

```
                                                    zoom(17).
                                                    bearing(90).
                                                    tilt(30).build();

    map.animateCamera(CameraUpdateFactory.
        newCameraPosition(cameraPosition));
    map.setMapType(GoogleMap.MAP_TYPE_NORMAL);
    map.setMyLocationEnabled(true);
    map.setIndoorEnabled(true);
}
```

Google Maps API中的核心部分是GoogleMap对象。本例先把相机移到MY_HOME位置（预先定义的LatLng常量），并告诉GoogleMap对象在地图上打开"我的位置"以及室内定位。

下面的XML布局展示了如何定义初始化地图：

```
<fragment xmlns:android="http://schemas.android.com/apk/res/android"
          xmlns:map="http://schemas.android.com/apk/res-auto"
          android:id="@+id/map"
          android:layout_width="match_parent"
          android:layout_height="match_parent"
          android:name="com.google.android.gms.maps.MapFragment"
          map:cameraBearing="112.5"
          map:cameraTargetLat="55.59612590"
          map:cameraTargetLng="12.98140870"
          map:cameraTilt="30"
          map:cameraZoom="13"
          map:mapType="normal"
          map:uiCompass="true"
          map:uiRotateGestures="true"
          map:uiScrollGestures="true"
          map:uiTiltGestures="true"
          map:uiZoomControls="true"
          map:uiZoomGestures="true"/>
```

该XML布局非常适合在地图上展示一个默认的位置，因为这里的值可以像其他资源一样被本地化。

可以注册多个相关事件的监听器来和GoogleMap对象交互。

13.3.1　地图标记

Marker是能添加到GoogleMap对象最简单的东西（见图13-5）。只需一个表示位置坐标的LatLng对象即可。

下面的代码显示了如何在GoogleMap对象上添加新的Marker。

```
mMap.addMarker(new MarkerOptions().
        position(latLng).
        title(mMarkerTitle).
        snippet(mMarkerSnippet).
        icon(mMarkerDrawable));
```

创建标记只需要一个位置属性。另外还可以定义一个可拖放的Marker，允许用户四处移动。通过调用MarkerOptions.draggable(true)，并确保在地图上设置Marker的拖放监听器

`GoogleMap.setOnMarkerClickListener()`即可。

图13-5   在地图上放置标记。注意：使用了自定义的图标标记

13.3.2   绘制圆形区域

在GoogleMap上绘制圆形区域和放置Marker标记一样。

下例展示了如何针对GoogleMap使用onMapClick()回调，在用户按下的地方放置一个半径为40米的红色圆形区域（效果见图13-6）。

```
public void onMapClick(LatLng latLng) {
    mMap.addCircle(new CircleOptions().
            radius(40).
            center(latLng).
            fillColor(Color.RED).
            strokeColor(Color.BLACK).
            strokeWidth(6));
}
```

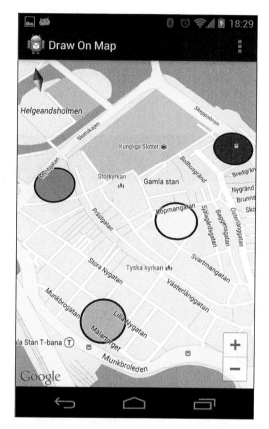

图13-6 有多个圆形区域的谷歌地图

13.3.3 绘制多边形

多边形是由多个点构成的复杂几何对象，可以使用它覆盖地图中的区域（见图13-7）。

下面是一个简单的例子，快速按下地图会添加一个绘制多边形的点，长按会完成多边形的绘制：

```
@Override
public void onMapClick(LatLng latLng) {
    if (mNewPolygon == null) {
        mNewPolygon = new PolygonOptions().add(latLng);
    } else {
        mNewPolygon.add(latLng);
    }
}

@Override
public void onMapLongClick(LatLng latLng) {
    Log.d(TAG, "Closing polygon at " + latLng.toString());
```

```
mNewPolygon.add(latLng).
        fillColor(getColor()).
        strokeColor(Color.BLACK).
        strokeWidth(6);
mMap.addPolygon(mNewPolygon);
mNewPolygon = null;
mDrawState = null;
}
```

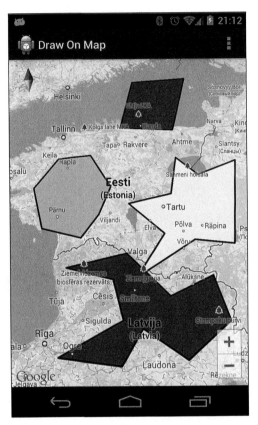

图13-7   绘有多个多边形的谷歌地图

13.3.4   有用的位置 API 工具

在基于位置的应用程序中, 一个常见的操作是确定某个位置(经纬度)是否接近另一个位置。下面的方法需要两个LatLng参数, 并以米为单位返回它们之间大致的距离。

```
public float distanceBetween(LatLng latLng1, LatLng latLng2) {
    float[] results = new float[3];
    Location.distanceBetween(latLng1.latitude,
            latLng1.longitude,
```

```
                latLng2.latitude,
                latLng2.longitude,
                results);
        return results[0];
    }
```

另一个常用的操作是确定某个位置是否在特定的区域中。最常见的情况是通过两个坐标位置定义一个矩形。然而有时候，在你首先想确定的最小矩形周围会围绕多个坐标。

```
public LatLngBounds getBoundsForPoints(List<LatLng> coordinates) {
    LatLngBounds.Builder builder = LatLngBounds.builder();
    for (LatLng coordinate : coordinates) {
        builder.include(coordinate);
    }
    return builder.build();
}

public boolean isWithinBound(LatLng latLng, LatLngBounds bounds) {
    return bounds.contains(latLng);
}
```

前面两个方法演示了如何使用LatLngBounds类创建围绕若干点的矩形。接下来可以使用LatLngBounds.contains()方法来确定一个LatLng对象是否在该矩形中。

13.3.5 地理编码

此时，开发者应该对GoogleMaps类比较熟悉了，并知道如何在Android中使用新的位置API。但是，位置是通过经纬度定义的，用户很少使用。大多数用户比较熟悉街道、城市名和地名。要查找特定经纬度的名称，Android为开发者提供了Geocoder类：

```
public static Address getAddressForLocation(Context context, Location
   location) {
    try {
        Geocoder geocoder = new Geocoder(context);
        List<Address> addresses = geocoder.
                getFromLocation(location.getLatitude(),
                    location.getLongitude(),
                    1);
        if(addresses != null && addresses.size() > 0) {
            return addresses.get(0);
        } else {
            return null;
        }
    } catch (IOException e) {
        return null;
    }
}

public String getStreetNameForAddress(Address address) {
    String streetName = address.getAddressLine(0);
    if(streetName == null) {
        streetName = address.getThoroughfare();
```

```
    }
        return streetName;
    }
```

第一种方法显示了如何检索第一个匹配某位置的`Address`。可能有多个匹配，所以一种方案是给用户提供一个列表，用户可以从中选择最佳匹配。

`Address`对象不同字段表示的意义可能有点模糊，因为它们可能根据不同的国家和地区而变。

第二个方法通常返回当前街道名。然而，在使用之前要记得处理空指针，因为返回的`Address`对象可能为`null`。

13.4   使用 `LocationClient`

需要通过`LocationClient`类访问新的融合位置管理器。该类用来监听位置的更新，并执行地理围栏操作。建议在`onCreate()`方法中创建`LocationClient`实例，并在`onDestroy()`中释放实例。

下面的代码展示了初始化位置API：

```
@Override
protected void onCreate() {
    super.onCreate();
    setContentView(R.layout.activity_main);
    MapFragment mapFragment = (MapFragment) getFragmentManager().
                                            findFragmentById(R.id.map);
    mMap = mapFragment.getMap();
    mLocationCallbacks = new MyLocationCallbacks();
    mLocationClient = new LocationClient(this,
            mLocationCallbacks, mLocationCallbacks);
    mLocationClient.connect();
}

@Override
protected void onDestroy() {
    super.onDestroy();
    if (mLocationClient != null && mLocationClient.isConnected()) {
        mLocationClient.disconnect();
        mLocationClient = null;
    }
}
```

这是一个异步API，所以需要注册相关的回调函数。还要记得在正确的回调函数中断开`LocationClient`连接。

```
private class MyLocationCallbacks
        implements GooglePlayServicesClient.ConnectionCallbacks,
        GooglePlayServicesClient.OnConnectionFailedListener,
        LocationListener {


    @Override
```

```
public void onConnected(Bundle bundle) {
    LocationRequest locationRequest = new LocationRequest();
    locationRequest.setSmallestDisplacement(TWENTYFIVE_METERS);
    locationRequest.setExpirationDuration(FIVE_MIUTES);
    mLocationClient.requestLocationUpdates(locationRequest, this);
}

@Override
public void onDisconnected() {

}

@Override
public void onConnectionFailed(ConnectionResult connectionResult) {
    // TODO：错误处理
}

@Override
public void onLocationChanged(Location location) {
    LatLng latLng = new LatLng(location.getLatitude(),
            location.getLongitude());
    CameraPosition cameraPosition = new CameraPosition.Builder()
            .target(latLng)
            .zoom(17)
            .bearing(90)
            .tilt(30)
            .build();
    mMap.animateCamera(CameraUpdateFactory.
                          newCameraPosition(cameraPosition));
}
}
```

上面显示的回调函数在接下来的5分钟会每隔25米请求一次位置更新。在收到对onConnected()的调用后，不能再在LocationClient上执行任何操作。此外，最好给LocationRequest设置一个较短的过期时间，并在需要的时候更新请求，这样做可以减少不必要的电池消耗。

触发onLocationChanged()会更新GoogleMap对象的相机位置。本例在移动相机的时候播放了一个动画，这是尽快显示地图，并在异步位置请求完成后尽快移动相机的有效方式。

13.5 地理围栏

Android新位置API最佳的一个功能是地理围栏。基本上，地理围栏允许定义一个代表围绕特定位置（经纬度）的虚拟围栏的圆。设备进入围栏区域就会收到通知。Geofence是由维度，经度，以及半径定义的。在使用新位置API注册Geofence时需要使用过期时间，过渡类型（"进入"或"退出"），ID参数。

下面是给GoogleMap对象设置的长按回调函数：

```
public void onMapLongClick(LatLng latLng) {
```

```
Geofence.Builder builder = new Geofence.Builder();
builder.setCircularRegion(latLng.latitude,
                          latLng.longitude,
                          TWENTYFIVE_METERS);
builder.setExpirationDuration(ONE_WEEK);
// 现在，使用维度/经度作为ID
String geofenceRequestId = latLng.latitude + ","
                         + latLng.longitude;
builder.setRequestId(geofenceRequestId);
// 现在只关心进入地理围栏
builder.setTransitionTypes(Geofence.GEOFENCE_TRANSITION_ENTER);
List<Geofence> geofences = new ArrayList<Geofence>();
geofences.add(builder.build());
Intent intent = new Intent(MyIntentService.
                               ACTION_NOTIFY_ENTERED_GEOFENCE);
PendingIntent pendingIntent = PendingIntent.getService(this,
                                        1001,
                                        intent,
                                        0);

mLocationClient.addGeofences(geofences, pendingIntent,
        new LocationClient.OnAddGeofencesResultListener() {
            @Override
            public void onAddGeofencesResult(int status,
                                        String[] strings) {
                if (status == LocationStatusCodes.SUCCESS) {
                    double latitude = Double.parseDouble(strings[0])
                    double longitude = Double.parseDouble(strings[0])
                    LatLng latLng = new LatLng(latitude, longitude);
                    Circle circle = mMap.addCircle(new CircleOptions().
                            fillColor(Color.GREEN).
                            strokeWidth(5).
                            strokeColor(Color.BLACK).
                            center(latLng).
                            visible(true).
                            radius(TWENTYFIVE_METERS));
                    mGeoReminders.add(circle);
                } else {
                    // TODO：错误处理
                }
            }
        });
}
```

本例在用户长按的位置添加了新的 Geofence。和其他 LocationClient 操作一样，这也是一个异步调用。接下来在回调函数中检查结果，如果新的 Geofence 添加成功，再在 GoogleMap 对象上创建一个表示注册 Geofence 的位置的圆形。

这个例子展示了如何结合 Geofence API 在 GoogleMap 顶部绘制对象。前面例子中的 PendingIntent 包含了有关触发 Geofence 的信息。

下面的 IntentService 会给用户显示一个通知，告诉有 Geofence 被触发了：

```
public class MyIntentService extends IntentService {
    public static final String TAG = "MyIntentService";
```

```
public static final String ACTION_NOTIFY_ENTERED_GEOFENCE =
                    "com.aptl.locationandmapsdemo.NOTIFY_ENTER_GEOFENCE";
private int mNextNotificationId = 1;

public MyIntentService() {
    super(TAG);
}

@Override
protected void onHandleIntent(Intent intent) {
    String action = intent.getAction();

    if (LocationClient.hasError(intent)) {
        // TODO：错误处理
    } else {
        List<Geofence> geofences =
                        LocationClient.getTriggeringGeofences(intent);
        for (Geofence geofence : geofences) {
            showNotification(geofence);
        }
    }
}

private void showNotificat(Geofence geofence) {
    // 为用户显示通知
}
}
```

13.6 活动识别

新的位置API的最后一部分是活动识别（Activity Recognition）。此功能由`Activity-RecognitionClient`类提供，它和`LocationClient`类似。

下面演示了在Activity中启动并连接`ActivityRecognitionClient`：

```
public class ActivityRecognition extends Activity implements
        GooglePlayServicesClient.ConnectionCallbacks,
        GooglePlayServicesClient.OnConnectionFailedListener {
    private static final long THIRTY_SECONDS = 1000 * 30;
    private static final long FIVE_SECONDS = 1000 * 5;
    private boolean mActivityRecognitionReady = false;
    private ActivityRecognitionClient mActivityRecognitionClient;
    private PendingIntent mPendingIntent;

    @Override
    protected void onCreate(Bundle savedInstanceState) {
        super.onCreate(savedInstanceState);
        mActivityRecognitionReady = false;
        setContentView(R.layout.activity_recognition);
        mActivityRecognitionClient =
                new ActivityRecognitionClient(this, this, this);
        mActivityRecognitionClient.connect();
```

```
    }

    @Override
    protected void onDestroy() {
        super.onDestroy();
        if (mActivityRecognitionClient != null
                && mActivityRecognitionClient.isConnected()) {
            mActivityRecognitionClient.disconnect();
            mActivityRecognitionClient = null;
        }
    }

    public void doStartActivityRecognition(View view) {
        if (mActivityRecognitionReady) {
            Intent intent = new Intent(MyIntentService.
                    ACTION_NOTIFY_ACTIVITY_DETECTED);
            mPendingIntent =
                    PendingIntent.getService(this, 2001, intent, 0);
            mActivityRecognitionClient.
                    requestActivityUpdates(FIVE_SECONDS,
                            mPendingIntent);
        }
    }

    @Override
    public void onConnected(Bundle bundle) {
        mActivityRecognitionReady = true;
        findViewById(R.id.start_activity_recognition_btn).setEnabled(false);
    }

    @Override
    public void onDisconnected() {
        mActivityRecognitionReady = false;
        findViewById(R.id.start_activity_recognition_btn).setEnabled(true);
    }

    @Override
    public void onConnectionFailed(ConnectionResult connectionResult) {
        mActivityRecognitionReady = false;
        findViewById(R.id.start_activity_recognition_btn).setEnabled(true);
        // 错误处理
    }
}
```

点击事件（doStartActivityRecognition()）被触发后，会请求活动（不要与Activity
组件混淆）变化，并提供一个PendingIntent，该Intent会被发送给前面所示的同一个
IntentService，当然经过修改以处理活动变化。如果请求的活动变化，5秒后会继续发送请求。
开发者应根据应用的需要选择适合的频率。频率越高，应用程序就越耗电。

```
protected void onHandleIntent(Intent intent) {
    String action = intent.getAction();

    if (ACTION_NOTIFY_ACTIVITY_DETECTED.equals(action)){
        if (ActivityRecognitionResult.hasResult(intent)) {
```

```
        ActivityRecognitionResult result = ActivityRecognitionResult.
                extractResult(intent);
        DetectedActivity detectedActivity =
                                result.getMostProbableActivity();
        Log.d(TAG, "Detected activity: " + detectedActivity);
        if(detectedActivity.getType() != mLastDetectedActivity) {
            mLastDetectedActivity = detectedActivity.getType();
            showNotification(detectedActivity);
        }
    }
} else if (ACTION_NOTIFY_ENTERED_GEOFENCE.equals(action)) {
    ... 前面部分显示了地理围栏的检测 ...
}
}

private void showNotification(DetectedActivity detectedActivity) {
    Notification.Builder builder = new Notification.Builder(this);
    builder.setContentTitle("Activity change!");
    builder.setContentText("Activity changed to: "
            + getActivityName(detectedActivity.getType()));
    builder.setSmallIcon(R.drawable.ic_launcher);
    NotificationManager manager =
            (NotificationManager) getSystemService(NOTIFICATION_SERVICE);
    manager.notify(2001, builder.build());
}

private String getActivityName(int type) {
    switch (type) {
        case DetectedActivity.IN_VEHICLE:
            return "In vehicle";
        case DetectedActivity.ON_BICYCLE:
            return "On bicycle";
        case DetectedActivity.ON_FOOT:
            return "On foot";
        case DetectedActivity.STILL:
            return "Still";
    }
    return "Unknown";
}
```

前面的三个方法显示了`IntentService`如何同时监听地理围栏以及活动变化。当活动发生变化时，可以通过`ActivityRecognitionResult.extractResult()`获取结果。这时就可以检查检测结果的类型和信息。

该API可以提供有关用户行为以及此时他们所处位置的精确信息。如果用户是在自行车上，或是在汽车上，可以调整应用程序的用户界面，并更多地依赖语音识别和文本转语音功能。如果设备报告这段时间没有移动，此时可以假定用户处于静止状态，并相应地调整应用程序的行为。

13.7　小结

谷歌提供的新位置API并没有增加新的功能。Android平台一直都有位置相关的API，还有第三方库能通过读取传感器来估计用户的活动。然而，新API支持所有版本的设备，只要设备安装了Google Play Service就能使用该API。新API非常容易使用，可以很容易地集成到现有的应用程序中。

通过使用新地图、位置API、地理围栏，以及活动识别这些强大的工具，开发者可以创建上下文和位置感知的应用程序，否则可能要开发数个月。现在可以比以前更容易地构建新的基于位置的社交游戏。

如果应用程序能感知用户的上下文，则可以创建一个更丰富的用户体验，并根据不同的情况改变用户界面。

但是，不要过度使用这些API，因为它们比较耗电，过于频繁的请求消耗电量很大。应该通过实验找到适合应用程序的请求频率。

13.8　延伸阅读

1. 文档
❏ Google Maps API v2：https://developers.google.com/maps/documentation/android/

2. 网站
❏ 在Google API Console中设置API访问以及项目密钥：https://code.google.com/apis/console
❏ 位置感知应用程序开发者指南：http://developer.android.com/training/location/index.html

第 14 章

本地代码和JNI

虽然基于Java的Android API对大多数应用来说已经足够了，但有时候开发者难免会需要一些本地代码。下面是一些需要在应用中使用本地代码的原因，比如需要把一个现存的私有本地库集成到一个Android应用，但是把它改写成Java语言的代码需要太多的时间。另一个常见的理由是提升性能，Andriod中大多数高效的核心代码都已经运行在本地而不是Dalvik虚拟机中。当开发者需要一个性能攸关的库时，最好的解决方案是使用本地代码版本，而不是尝试去寻找或移植一个Java版本。

本章首先会介绍如何编写一个纯本地化的Android应用，因为游戏通常会使用纯本地代码，本章也会展示怎样用C语言编写基于OpenGL ES 2.0的Android应用程序。之后会介绍通过结合Java和本地代码来达到两边的最佳效果。接下来介绍Java本地接口（JNI）的基础知识以及如何在实际代码中使用它。最后，通过一个例子来说明如何用独立的工具链把一个已有的本地C库整合到Java应用程序中。

> 本章假设读者具备 C 语言编程的基础知识。即便不熟悉 C 语言，本章仍然可以帮助读者理解本地代码在 Android 应用程序中是如何工作的。

14.1 关于 CPU 体系结构

当使用Android NDK编译一些本地代码时，它会匹配到一个特定的二进制应用接口（ABI）。ABI描述的是Android支持的不同CPU体系结构。到本书写作时，绝大多数Android设备都运行在ARM CPU上，更具体点是ARMv7a CPU上，它是标准ARM体系的扩展，但支持一些诸如硬件浮点运算等高级特性。Android NDK 支持的ABI有 armeabi（基本的32位ARM）、armeabi-v7a（ARMv7）、x86（32位Intel x86或IA-32），以及mips（MIPS32第一版）。

当编写本地代码时，首先要考虑应用程序支持哪种CPU体系（ABI）。如果只针对ARMv7编译代码，那么使用其他CPU体系的设备就不会在Google Play Store中看到该应用，所以它可用于Google Play Store的过滤器。

既然只需要在编译脚本中指定一下目标ABI（见14.2.1节），开发者可能会问为什么不生成支持所有平台的本地代码，原因是使用一种支持所有ABI的本地代码可能在另一些平台中无法编译。例如，如果本地代码使用了一个特别的CPU特性，那么把它移植到其他平台可能需要一些额外的工作。

14.2　用 C 语言编写 Android 应用程序

C语言是目前还在使用的最古老的语言之一，它是由美国电话电报公司（AT&T）贝尔实验室的Dennis Ritchie在1969年至1973年间发明的。1989年C语言被标准化为ANSI C（或C89）并随后进行了多次按年份命名的升级，如C90、C99和C11。最新版本是C11，于2011年12月得到了确认。

> 本章主要集中讲解如何用 C 语言编写本地代码，并没有涉及 C++的指令和例子。虽然很多代码同样适用于 C++，但在某些情况下还是要区别对待，另外，把这两种语言的指令混在一起很可能让人困惑。关于如何用 C++写本地代码，读者可以参考官方的 NDK 文档。

Android支持用本地C代码实现全部或部分功能。开始之前开发者需要从Android开发者网站下载Android本地开发套件（Android Native Development Kit，NDK），并把下载后的ZIP包解压到本地目录。

> 更多下载和安装 Android NDK 的指南请参考http://developer.android.com/tools/sdk/ndk/index.html。

14.2.1　Android NDK 编译脚本

下载并解压Android NDK之后就可以开始纯本地应用开发了。当然，开发者仍然需要标准的Android SDK来把本地代码打包进一个可以运行的APK中。开发时需要把所有的本地代码放到源码的jni目录中。

为了让Android知道如何编译本地代码，开发者需要提供一份合适的NDK编译脚本。这些文件使用常用的GNU makefile语法，但是它们的命名和Linux桌面或类似的基于UNIX操作系统源码中的makefile不太一样。

唯一需要的文件是Android.mk，下面是一个简单的示例：

```
LOCAL_PATH := $(call my-dir)

include $(CLEAR_VARS)

LOCAL_MODULE    := native-activity
LOCAL_SRC_FILES := main.c
LOCAL_LDLIBS    := -llog -landroid -lEGL -lGLESv1_CM
LOCAL_STATIC_LIBRARIES := android_native_app_glue

include $(BUILD_SHARED_LIBRARY)
```

```
$(call import-module,android/native_app_glue)
```

本例来自 Android NDK 中的本地 `Activity` 示例应用程序（`<ndk root>/samples/native-activity/`）。笔者会使用这个例子来解释纯本地代码的 Android 应用程序是如何运行的。请注意 `LOCAL_STATIC_LIBRARIES` 开始的行，它告诉编译系统在构建代码时要导入一个静态库，详细信息请参考 14.5 节。

第二个文件是 Application.mk，它描述了应用程序中需要使用哪些本地模块。该文件还可以定义额外的编译参数，如下所示：

```
APP_ABI := all
APP_PLATFORM := android-10
```

上面例子中的 `APP_ABI` 参数用来定义应用程序支持的 ABI——本例支持所有的 ABI 类型。`APP_PLATFORM` 参数和 AndroidManifest.xml 文件中的 `uses-sdk` 元素类似，用于指定支持的 Android API 版本。

14.2.2　本地 `Activity`

定义好编译脚本后，接下来可以开始编写本地代码了。本节的例子仍然基于 NDK 中的示例。

```
<activity
        android:name="android.app.NativeActivity"
        android:label="@string/app_name"
        android:configChanges="orientation|keyboardHidden">
    <meta-data
            android:name="android.app.lib_name"
            android:value="native-activity"/>
    <intent-filter>
        <action android:name="android.intent.action.MAIN"/>
        <category android:name="android.intent.category.LAUNCHER"/>
    </intent-filter>
</activity>
```

注意　AndroidManifest.xml 文件中 Activity 的定义和基于 Java 的定义方式不同。本地 Activity 的名字只能使用 android.app.NativeActivity。

接下来，通过在 meta-data 元素中设置 android.app.func_name 属性的值来指定要加载的本地库。该库必需和 Android.mk 中 LOCAL_MODULE 使用的库一致。

当使用 NativeActivity 来编译纯本地应用程序时，开发者可以有多种选择。Android NDK 本地示例应用中示范了一种大多数开发者可能感兴趣的方法。它使用了 android_native_app_glue.h 提供的 API，可以很方便地处理线程问题，还展示了如何设置传感器和事件输入。

```
#include <jni.h>
#include <errno.h>
```

```
#include <EGL/egl.h>
#include <GLES/gl.h>

#include <android/sensor.h>
#include <android/log.h>
#include <android_native_app_glue.h>
```

在上面的代码中，请注意示例程序main.c文件引入的头文件。通过在本地代码中添加android_native_app_glue.h和在Android.mk中引用本地静态库android_native_app_glue.h，开发者可以得到很多代码模板。这样就可以集中精力编写应用程序代码，而不需要一切都从头开始。

当使用android_native_app_glue库时，下面的函数是本地Activity的入口点。因为涉及代码太多，本例并没有包括全部的示例代码，详细代码请参考Android NDK中的示例程序。

```
void android_main(struct android_app* state) {
    // 此处进行应用程序初始化和设置

    state->onInputEvent = engine_handle_input;

    while(1) {
        // 这里是应用程序线程循环
    }
}
```

state参数是一个android_app的指针，它指向的结构体可用来获取应用程序数据和设置回调函数。前面的代码演示了如何设置一个指向实现输入事件处理的函数。下面演示了如何声明这类函数：

```
static int32_t engine_handle_input(struct android_app* app, AInputEvent* event) {
    // 处理输入事件
}
```

本节简单介绍了如何实现纯本地代码的Android应用程序。更详细的信息请参考Android NDK中的示例程序以及如何在本地应用中使用OpenGL ES的例子。

14.3　使用 JNI

当编写一个混合有本地C代码和Java代码的应用程序时，需要使用Java本地接口（Java Native Interface，JNI）来作为连接的桥梁。JNI作为一个软件层和API，允许使用本地代码调用Java对象的方法，同时也允许在Java方法中调用本地函数。

在Java端，开发者所需做的仅仅是在连接到本地函数的方法之前加上native关键字。这样VM就会去寻找这个本地函数，如下一节所示。如果本地代码需要调用一个Java对象的方法则需要做较多的工作，14.3.2节会有具体说明。

14.3.1　从 Java 调用本地函数

从Java方法中调用本地函数时，需要在类中定义一个带有native关键字的特别方法，作为连接本地代码的桥梁。通过这个定义，尝试调用本地方法时JVM会找到一个名字带有包名、类名和方法名的本地函数。

```
public class NativeSorting {

    static {
        System.loadLibrary("sorting_jni");
    }

    public NativeSorting() {

    }

    public void sortIntegers(int[] ints) {
        nativeSort(ints);
    }

    private native void nativeSort(int[] ints);
}
```

上面是一个简化的示例，包括一个对int数组进行排序的方法。除构造函数之外还有两个方法。第一个是sortIntegers()，它是一个常规的Java方法，可以在其他Java类中调用它。第二个是nativeSort()，这个方法指向本地代码中的函数。虽然可以把本地方法定义为公共的，但更好的做法是把它们作为私有方法包装在一个Java方法中，以便进行一些错误处理。

可以从头开始写本地代码，但也可以借助javah工具来生成部分代码，该工具在Java SDK中（不在Android SDK里）。它会生成一个C语言头文件，包括与本地方法对应的函数定义。首先要编译Java程序代码，然后在当前项目下的src/main目录运行如下命令：

$ $ javah -classpath ../../build/classes/release/ -d jni/ com.apt1.jnidemo.NativeSorting

下面的命令展示了如何为之前示例代码中的NativeSorting类生成一个头文件。-classpath参数指定了编译好的类文件位置（通常在/build目录），注意不是DEX文件。-d参数指定了生成头文件的输出目录（通常位于工程的jni目录）。运行完命令后，会在jni目录生成com_apt1_jnidemo_NativeSorting.h文件，它包含了本地函数的定义。

```
/* 不要编辑这个文件，它是机器生成的 */
#include <jni.h>
/* com_apt1_jnidemo_NativeSorting类的头文件 */

#ifndef _Included_com_apt1_jnidemo_NativeSorting
#define _Included_com_apt1_jnidemo_NativeSorting
#ifdef __cplusplus
extern "C" {
#endif
/*
 * 类: com_apt1_jnidemo_NativeSorting
 * 方法: nativeSort
 * 签名: ([F)V
 */
JNIEXPORT void JNICALL Java_com_apt1_jnidemo_NativeSorting_nativeSort
  (JNIEnv *, jobject, jintArray);
```

```
#ifdef __cplusplus
}
#endif
#endif
```

这段代码即为生成的头文件。正如第一行注释所说，不要修改这个文件。开发者所要做的就是把函数定义复制到实现该函数的.c文件中。

下面的代码展示了头文件com_ aptl_jnidemo_NativeSorting.h中的JNI函数实现，本例没有在JNI_OnLoad函数中做太多操作，只是返回了一个代表当前JNI版本为1.6的常量，这是Dalvik VM支持的一个版本。

```
#include <jni.h>
#include <android/log.h>
#include "com_aptl_jnidemo_NativeSorting.h"

void quicksort(int *arr, int start, int end);

JNIEXPORT jint JNI_OnLoad(JavaVM *vm, void *reserved) {
    return JNI_VERSION_1_6;
}

JNIEXPORT void JNICALL Java_com_aptl_jnidemo_NativeSorting_nativeSort
  (JNIEnv *env, jobject obj, jintArray data) {
    jint* array = (*env)->GetIntArrayElements(env, data, 0);
    jint length = (*env)->GetArrayLength(env, data);
    quicksort(array, 0, length);
    (*env)->ReleaseIntArrayElements(env, data, array, 0);
}

void quicksort(int *arr, int start, int end)
{
    // 留给读者作为接下来去谷歌面试的练习
}
```

这个示例中，函数GetIntArrayElements、GetArrayLength和ReleaseIntArrayElements都是特定的JNI代码。第一个函数得到一个本地数据的数组指针，以便把数据传给普通的C函数；第二个函数返回数据的大小；第三个函数告诉JVM本地端的工作已经完成，需要把数组复制回原地。这些函数都是必需的，因为从Java到JNI传送复杂数据类型（数组和对象）时必须通过JNIEnv对象来完成。

注意：调用GetIntArrayElements返回一个jnit指针，指向函数中jintArray里的数据，接下来就可以把jint指针作为普通int类型指针来使用。

之前的 JNI 例子只是演示用的，开发者应该使用 Arrays.sort() 或 Collections.sort()来进行排序。通常不需要在本地进行排序，因为 Java 实现已经足够快了。

14.3.2 从本地调用 Java 方法

从本地调用Java方法比从Java调用本地代码要稍微复杂一点。因为Java是面向对象的，任何方法调用必须通过一个Java对象（或者通过Java类调用静态方法）。这样就需要拿到方法以及方法所属对象的引用。所以之前例子中的JNIenv、JavaVM和jobject参数很重要。

我们看一下上节中本地排序的例子。例子中的代码都是在同一个线程中执行的，本地函数调用会一直阻塞直到排序完毕。可以把这个排序改为异步执行。本例会给本地方法传递一个回调函数，接下来会由本地代码使用JNI函数调用，如下所示：

```
public void sortIntegersWithCallback(int[] ints, Callback callback) {
    nativeSortWithCallback(ints, callback);
}

private native void nativeSortWithCallback(int[] ints, Callback callback);

public interface Callback {
    void onSorted(int[]sorted);
}
```

上面的方法是修改后的Java端的本地排序代码，下面是使用javah工具再次生成的头文件：

```
/* 不要编辑这个文件，它是机器生成的 */
#include <jni.h>
/* com_aptl_jnidemo_NativeSorting类的头文件 */

#ifndef _Included_com_aptl_jnidemo_NativeSorting
#define _Included_com_aptl_jnidemo_NativeSorting
#ifdef __cplusplus
extern "C" {
#endif
/*
 * 类: com_aptl_jnidemo_NativeSorting
 * 方法: nativeSortWithCallback
 * 签名: ([ILcom/aptl/jnidemo/NativeSorting/Callback;)V
 */
JNIEXPORT void JNICALL Java_com_aptl_jnidemo_NativeSorting_nativeSortWithCallback
  (JNIEnv *, jobject, jintArray, jobject);

#ifdef __cplusplus
}
#endif
#endif
```

注意　方法定义中包含了一个jobject参数，该参数是回调对象的JNI引用，可以用它返回结果。

下面是本地排序代码的新实现，清晰起见，本节会分块介绍。与之前例子不同的地方都已用粗体标出：

```
#include <jni.h>
#include <android/log.h>
#include <pthread.h>
#include "com_apt1_jnidemo_NativeSorting.h"

JavaVM *g_vm;

struct thread_args {
    int* data;
    int data_size;
    jobject callback;
};

void quicksort(int *arr, int start, int end);
void background_sorting(void* args);

JNIEXPORT jint JNI_OnLoad(JavaVM *vm, void *reserved) {
    g_vm = vm;
    return JNI_VERSION_1_6;
}
```

如上所示，为了实现多线程，需要引用pthread库。接下来定义了两个全局变量，一个JavaVM的引用和一个用来给新线程传递参数的struct。JavaVM变量是在JNI_OnLoad函数中被赋值的。另外需要注意的是background_sorting函数，它同样会被传递到新的线程中。

```
JNIEXPORT void JNICALL
  Java_com_apt1_jnidemo_NativeSorting_nativeSortWithCallback
  (JNIEnv *env, jobject obj, jintArray data, jobject callback) {
    jint* array;
    jint length;
    jmethodID callbackMethodId;
    jclass callbackClass;
    pthread_t thread;
    struct thread_args* myThreadData = malloc(sizeof(struct thread_args));

    array = (*env)->GetIntArrayElements(env, data, 0);
    length = (*env)->GetArrayLength(env, data);
    myThreadData->data = array;
    myThreadData->data_size = length;
    myThreadData->callback = (*env)->NewGlobalRef(env, callback);

    (*env)->ReleaseIntArrayElements(env, data, array, JNI_COMMIT);

    pthread_create(&thread, NULL, (void*)background_sorting,
                   (void*) myThreadData);
}
```

前面的例子中，映射到本地方法的JNI函数首先分配了一个名为thread_args的struct作为新线程的参数。接下来通过调用NewGlobalRef()创建了一个回调函数的全局引用，由于JNI函数的引用只在当前线程有效，所以只能这样做。随后调用ReleaseIntArrayElements方法来通知虚拟机已经处理完jintArray。但是，和14.3.1节中的例子不同的是，本例最后传递了一个JNI_COMMIT参数，用来阻止虚拟机释放包含数据的数组变量。最后，调用pthread_create()

来启动新线程。`pthread_create()`的第三个参数是一个指针，指向运行在新线程的函数，第四个参数是传给该函数的自定义参数。

下面的代码显示了运行在本地后台线程的方法：

```
void background_sorting(void* arg) {
    struct thread_args *data = (struct thread_args *) arg;
    JNIEnv* env = NULL;
    jclass callbackClass;
    jmethodID callbackMethodId;
    jintArray result;

    quicksort(data->data, 0, data->data_size);

    (*g_vm)->AttachCurrentThread(g_vm, &env, NULL);

    result = (*env)->NewIntArray(env, data->data_size);
    (*env)->SetIntArrayRegion(env, result, 0, data->data_size, data->data);

    callbackClass = (*env)->GetObjectClass(env, data->callback);
    callbackMethodId = (*env)->GetMethodID(env, callbackClass,
                                           "onSorted", "([I)V");
    (*env)->CallVoidMethod(env, data->callback, callbackMethodId, result);

    free(data->data);
    free(data);
    (*env)->DeleteGlobalRef(env, data->callback);
    (*g_vm)->DetachCurrentThread(g_vm);
}
```

首先要把参数类型强制转换回原来的类型。然后便可以用这些参数调用`quicksort()`方法对数组进行排序。接下来需要连接到Java虚拟机并创建一个Java数组来存放结果，然后找到回调方法并调用它，最后再释放所有的资源。

`AttachCurrentThread()`告诉Java虚拟机连接到当前线程，并为`JNIEnv`参数生成一个有效的实例。然后就可以调用`JNIEnv`对象生成一个新的Java int型数组。为了找到该回调方法，开发者需要通过使用全局`jobject`参数调用`GetObjectClass`来查找该方法。接下来通过调用`GetMethodID()`方法来获取`jmethodID`，该方法需要的参数为`jclass`、方法名和它的本地方法签名。通过`jmethodID`和`jobject`，开发者现在可以调用`CallVoidMethod()`来执行Java方法了。

> Java 的方法签名是一个标明参数和返回类型的字符串，更多关于类型签名的信息请参考：
> http://docs.oracle.com/javase/6/docs/technotes/guides/jni/spec/types.html#wp16432。

最后需要释放结构体中的资源，删除回调对象的全局引用，并断开虚拟机与这个线程的连接。

本节的例子并不包含错误情况的处理，只是用于演示如何在两个线程间传递Java对象以及如何在一个本地的`pthread`中调用外部方法。值得注意的是在使用JNI中产生的大部分错误都是由于没有及时释放全部资源造成的。

14.4　Android 本地 API

当编写应用程序时，无论是全部用本地代码还是使用JNI混合本地与Java代码都可能需要一些Android本地的API。本节会介绍部分API以及如何在代码中引入它们。

使用一个本地的API需要做两样事情：在Android.mk中添加一个引用以便连接共享库，以及在C代码中导入正确的头文件。

要查看完整的本地API文档，请参考NDK文档（/documentation.html）。

14.4.1　C 语言库

C语言有一个标准C库，即libc。Android的实现版本是Bionic，它与一般的Linux发行版中的libc有一些细微的差别。

Android NDK的编译系统会一直连接C库，所以开发者唯一需要做的就是导入正确的头文件（stdio.h、stdlib.h等）。另外，pthread和数学（math）库也会被自动连接。

14.4.2　本地 Android 日志

Android的日志功能是通过Java中的`Log`类来实现的，本地C语言通过日志库来实现该功能。要在本地代码中实现日志功能，需要在Android.mk中添加如下代码：

```
LOCAL_LDLIBS := -llog
```

在C代码中，需要引入如下的头文件：

```
#include <android/log.h>
```

为了简化代码，应该把Android日志库中定义的函数封装在一个宏里面。在本地C代码中使用如下代码来定义日志宏：

```
#define TAG "native-log-tag"
#define LOGI(...) ((void)__android_log_print(ANDROID_LOG_INFO, TAG,
    __VA_ARGS__))
#define LOGW(...) ((void)__android_log_print(ANDROID_LOG_WARN, TAG,
    __VA_ARGS__))
#define LOGE(...) ((void)__android_log_print(ANDROID_LOG_ERROR, TAG,
    __VA_ARGS__))
#define LOGD(...) ((void)__android_log_print(ANDROID_LOG_DEBUG, TAG,
    __VA_ARGS__))
```

14.4.3　本地 OpenGL ES 2.0

如果开发者在写一个纯本地化的应用，那么使用OpenGL ES 2.0来实现用户界面最合适不过了，这个在14.2.2节中已经有介绍。在本地代码中使用此API需要在Android.mk文件中把`-lGLESv2`添加到`LOCAL_LDLIBS`，同时在C代码中引入GLES2/gl2.h和GLES2/gl2ext.h头文件。

引入EGL库来设置一个GL上下文也是一个好办法。在Android.mk文件中添加`-lEGL`，同时在

C代码中引入EGL/egl.h和EGL/eglext.h头文件。

14.4.4 OpenSL ES 中的本地音频

Android中的本地音频是由科纳斯组织基于OpenSL ES 1.0.1开发的。该API提供了比Java版实现更快的选择。如果应用需要非常低的音频延迟，可以使用这个API。要引入该API，需要在Android.mk文件中添加如下标记：

```
LOCAL_LDLIBS += -lOpenSLES
```

在代码中使用下面的include语句来同时使用标准OpenSL ES API和Android端扩展：

```
#include <SLES/OpenSLES.h>
#include <SLES/OpenSLES_Platform.h>
#include <SLES/OpenSLES_Android.h>
#include <SLES/OpenSLES_AndroidConfiguration.h>
```

14.5 移植本地库到 Android

经常有一些现存的开源库需要集成到应用程序中。但是这样做会很困难，因为这些库通常是在传统编译环境下生成的（通常是用Autoconf和Automake生成的GNU makefile），用于Linux或其他UNIX操作系统。开发者可以复制所有需要的文件并从头写一个新的Android.mk来配置编译，并导入合适的头文件。但是这个方法太费时间，而且很容易出错，所幸有更好的办法来解决这个难题。

Android NDK可以生成一个独立的工具链，它和标准的工具链一样。通过用这个工具链来编译库，开发者可以使用一个已经配置好源码的编译系统并为应用程序编译一个二进制库。该过程使得移植一个已有的本地C/C++库变得相对容易很多，同时减少了编译的复杂度。

要生成独立的工具链，运行下面的命令：

```
$NDK/build/tools/make-standalone-toolchain.sh --platform=android-5
--install-dir=<install path>
```

这个命令会为ARM ABI以及Android API 5创建一个独立的工具链。如果没有提供install-dir参数，则带有工具链的压缩归档会被放在系统的temp目录。

编译一个本地库

本节的示例库是一个名为Opus的音频编码库。这是一个免费开源的音频编码库，可生成优秀的交互式语音和网络流媒体音乐。这个库使用了Skype的SILK编码和Xiph.org的CELT编码。这里不会介绍Opus的工作方式，相反，我们会关注以PCM格式记录的大音频片段和较小的Opus包之间的编解码操作。

关于 Opus 编码更多信息和源码下载：http://opus-codec.org。

虽然这个例子只使用了 Opus 音频编码，但同样的方法可以运用在大多数其他的 Linux 本地库上。开发者只需要下载所需的库并按照本节所示的方法如法炮制即可。

下载并解压库之后，需要在编译前配置一下环境变量：

```
$ export PATH=$TOOLCHAINS/arm-linux-androideabi-4.6/bin/:${PATH}
$ export CC=arm-linux-androideabi-gcc
$ export CXX=arm-linux-androideabi-g++
```

配置这些路径的目的是方便工具链中的二进制文件根据当前的操作系统获得有效的前缀。它同样为编译系统配置了两个环境变量用于决定使用哪一个编译架构。

> 把所有的独立工具链安装到一个公共目录并设置一个环境变量，这样可以更方便地访问某个工具链。

下面的命令生成一个 Makefile，用于在指定的位置编译并生成库（注意 <project path> 需要一个绝对路径）。

```
opus-1.0.2 $ ./configure --prefix=<project path>/jni/libopus --host=arm-eabi
```

这个命令需要在配置了环境变量的终端进入解压的 Opus 源码目录来执行。执行命令后就设置好了程序源码中的 JNI 编译参数。参数 host 告诉配置脚本使用哪一个 CPU。参数 prefix 决定编译好的二进制文件和头文件的存放位置。如果要在这里放置编译好的库，prefix 应该使用 Android 应用的目录。注意如果 jni 和 libopus 目录不存在，则它们会被自动创建。

在继续下一步编译之前，开发者可能需要手动修改生成的 makefile。在普通 UNIX 环境中，可以安装同一库的多个版本，它们是通过内部版本号和文件名来区分的（如 libXYZ.1.2.3.so）。但 Android NDK 不支持这种版本信息，所以在编译之前需要告诉编译系统避免加载任何版本信息。修改 Makefile 可以解决这个问题。用文本编辑器打开 Makefile 并找到这样一行：

```
libopus_la_LDFLAGS = -no-undefined -version-info 3:0:3
```

把 -version-info 参数删除，改为 -avoid-version，这会告诉编译系统不要把版本信息加到编译结果中。修改后的代码如下：

```
libopus_la_LDFLAGS = -no-undefined ˜Cavoid-version
```

现在可以在项目的 jni 目录中编译并安装库了：

```
opus-1.0.2 $ make ; make install
```

上面一行命令实际上是两个命令：make 和 make install。第一个命令按照配置脚本编译好代码。make install 把生成的二进制文件和其他文件复制到安装目录。目前为止已经成功地把 Opus 编译好并作为 ARM 二进制格式安装到工程的 jni 目录中了。现在可以配置 NDK makefile，并实现 JNI 桥接来调用这个库了。

1. 静态库模块

刚刚编译好的库包含了真正的库文件 libopus.so 和一堆 C 头文件。这些头文件用于库内部的函数调用。当使用NDK编译本地代码时，一定要为本地库定义一个独立的模块。这就是为什么输出路径是<project path>jni/libopus，而不是简单的<project path>/jni。libopus目录中的Android.mk如下所示：

```
LOCAL_PATH := $(call my-dir)
include $(CLEAR_VARS)
LOCAL_MODULE := libopus
LOCAL_SRC_FILES := libopus.so
LOCAL_EXPORT_C_INCLUDES := $(LOCAL_PATH)/include
include $(PREBUILT_SHARED_LIBRARY)
```

上例中的配置文件把模块定义成了一个共享库，并输出include目录中的文件。因为这个模块没有源文件需要编译（上节已经编译过了），所以只需要把libopus.so设定为源文件即可。

2. 本地库的JNI模块

现在需要在libopus的同级目录创建一个opus_jni目录。这是本地库的一个JNI封装模块。首先要创建一个Android.mk文件来导入模块：

```
LOCAL_PATH := $(call my-dir)
include $(CLEAR_VARS)
LOCAL_MODULE      := opus_jni
LOCAL_SRC_FILES := opus_jni.c
LOCAL_LDLIBS := -llog
LOCAL_SHARED_LIBRARIES := libopus
include $(BUILD_SHARED_LIBRARY)
$(call import-module,libopus)
```

这个Android.mk文件告诉NDK将静态本地库libopus导入编译环境，14.2.1节的例子中已经有过介绍。下一步是定义提供本地方法的Java类。

下面的类加载了名为opus_jni的库，并为每个实例初始化一个编码器和解码器。这样就有两个公共方法：encodePcm()和decodeOpus()，它们会做实际的操作。最后，destroy()方法会释放编码器所使用的内存。现在可以使用javah工具来生成这些函数的头文件，方法同之前一样。生成头文件以后就可以开始实现JNI代码了。

```
public class OpusCodec {

    {
        System.loadLibrary("opus_jni");
    }

    public OpusCodec(int sampleRate, int channels) {
        initOpusEncoder(sampleRate, channels);
        initOpusDecoder(sampleRate, channels);
    }

    private native void initOpusDecoder(int sampleRate, int channels);
    public native int decodeOpus(byte[] encodedData,
                                 int encodedLength,
                                 short[] pcmOutput,
                                 int pcmLength);
```

```
private native void initOpusEncoder(int sampleRate, int channels);
public native int encodePcm(short[] pcmData,
                            int pcmLength,
                            byte[] encodedData,
                            int encodedLength);

public native void destroy();
}
```

这里是全部的JNI代码，一行接着一行，最开始是头文件和定义：

```
#include <opus/opus.h>
#include <opus/opus_defines.h>
#include <opus/opus_types.h>
#include <opus/opus_multistream.h>
#include <android/log.h>
#include <string.h>
#include <stdlib.h>
#include <time.h>
#include "com_apt1_opus_OpusCodecTest_OpusCodec.h"

#define LOG_TAG "OpusTest"
#define LOGD(LOG_TAG, ...) __android_log_print(ANDROID_LOG_DEBUG, LOG_TAG,
    __VA_ARGS__)
#define LOGV(LOG_TAG, ...) __android_log_print(ANDROID_LOG_VERBOSE, LOG_TAG,
    __VA_ARGS__)
#define LOGE(LOG_TAG, ...) __android_log_print(ANDROID_LOG_ERROR, LOG_TAG,
    __VA_ARGS__)

OpusDecoder* gOpusDecoder;
OpusEncoder* gOpusEncoder;

JNIEXPORT jint JNI_OnLoad(JavaVM *vm, void *reserved) {
    return JNI_VERSION_1_6;
}
```

这里导入了本地生成的JNI函数头文件和位于libopus模块的Opus编解码器头文件。两个全局变量OpusDecoder和OpusEncoder是Opus库的解码和编码对象的两个引用。

本例定义了较短的日志函数，以及默认的JNI_OnLoad函数，用来告诉系统它所支持的JNI版本。

```
/*
 * 类： com_apt1_opus_OpusCodecTest_OpusCodec
 * 方法：initOpusDecoder
 * 签名：(II)I
 */
JNIEXPORT void JNICALL Java_com_apt1_opus_OpusCodecTest_OpusCodec_initOpusDecoder
  (JNIEnv *env, jobject obj, jint sampleRate, jint channels) {
    int error;
    gOpusDecoder = opus_decoder_create(sampleRate, channels, &error);
    LOGD(LOG_TAG, "Decoder initialized: %d", error);
}
```

```
/*
 * 类:     com_apt1_opus_OpusCodecTest_OpusCodec
 * 方法: initOpusEncoder
 * 签名: (II)I
 */
JNIEXPORT void JNICALL Java_com_apt1_opus_OpusCodecTest_OpusCodec_initOpusEncoder
  (JNIEnv *env, jobject obj, jint sampleRate, jint channels) {
      int error;
      gOpusEncoder = opus_encoder_create(sampleRate, channels,
                                    OPUS_APPLICATION_VOIP, &error);
}
```

两个init函数分别调用了Opus库的两个create函数。这个例子中定义了一个参数，告诉编码器来优化VoIP应用程序。

```
/*
 * 类:     com_apt1_opus_OpusCodecTest_OpusCodec
 * 方法: decodeOpus
 * 签名: ([BI[BIZ)I
 */
JNIEXPORT jint JNICALL Java_com_apt1_opus_OpusCodecTest_OpusCodec_decodeOpus
  (JNIEnv *env, jobject obj, jbyteArray in, jint inLength, jshortArray out,
  jint outLength) {
    opus_int32 encodedBytes;
    jbyte* jniIn;
    jshort* jniOut;

    if(in != NULL) {
        jniIn = (*env)->GetByteArrayElements(env, in, NULL);
        jniOut = (*env)->GetShortArrayElements(env, out, NULL);

        encodedBytes = opus_decode(gOpusDecoder,
                                   jniIn,
                                   inLength,
                                   jniOut,
                                   outLength, 0);

        (*env)->ReleaseByteArrayElements(env, in, jniIn, JNI_ABORT);
        (*env)->ReleaseShortArrayElements(env, out, jniOut, 0);
    } else {
        jniOut = (*env)->GetShortArrayElements(env, out, NULL);

        encodedBytes = opus_decode(gOpusDecoder,
                                   NULL,
                                   0,
                                   jniOut,
                                   (*env)->GetArrayLength(env, out), 1);

    }

    return encodedBytes;
}
```

decode函数允许opus_decode函数的输入为null，该函数会处理异常情况，比如网络延迟导致Opus数据包丢失。Opus库设计时就考虑了这种情形并生成了一个PCM包来弥补缺失的音频。

```
/*
 * 类:   com_aptl_opus_OpusCodecTest_OpusCodec
 * 方法: encodePcm
 * 签名: ([BI[BI)I
 */
JNIEXPORT jint JNICALL Java_com_aptl_opus_OpusCodecTest_OpusCodec_encodePcm
  (JNIEnv *env, jobject obj, jshortArray in, jint inLength, jbyteArray out,
  jint outLength) {
    opus_int32 encodedBytes;
    jshort* jniIn;
    jbyte* jniOut;

    jniIn = (*env)->GetShortArrayElements(env, in, NULL);
    jniOut = (*env)->GetByteArrayElements(env, out, NULL);

    encodedBytes = opus_encode(gOpusEncoder,
                               jniIn,
                               inLength,
                               jniOut,
                               outLength);

    if(encodedBytes == OPUS_BAD_ARG) {
        LOGE(LOG_TAG, "OPUS_BAD_ARG");
    } else if(encodedBytes == OPUS_BUFFER_TOO_SMALL) {
        LOGE(LOG_TAG, "OPUS_BUFFER_TOO_SMALL");
    } else if(encodedBytes == OPUS_INTERNAL_ERROR) {
        LOGE(LOG_TAG, "OPUS_INTERNAL_ERROR");
    } else if(encodedBytes == OPUS_INVALID_PACKET) {
        LOGE(LOG_TAG, "OPUS_INVALID_PACKET");
    } else if(encodedBytes == OPUS_UNIMPLEMENTED) {
        LOGE(LOG_TAG, "OPUS_UNIMPLEMENTED");
    } else if(encodedBytes == OPUS_INVALID_STATE) {
        LOGE(LOG_TAG, "OPUS_INVALID_STATE");
    } else if(encodedBytes == OPUS_ALLOC_FAIL) {
        LOGE(LOG_TAG, "OPUS_ALLOC_FAIL");
    }

    (*env)->ReleaseShortArrayElements(env, in, jniIn, JNI_ABORT);
    (*env)->ReleaseByteArrayElements(env, out, jniOut, 0);

    return encodedBytes;
}
```

encode函数中的PCM数据是以短整型数组表示的编码。计算结果以字节数组形式存放以便Java能够处理。

destroy函数是文件的最后一段。一旦不再使用OpusCodec对象，一定要记得在Java代码中调用这个方法，否则可能会泄漏内存。

```
/*
 * 类:   com_aptl_opus_OpusCodecTest_OpusCodec
 * 方法: destroy
```

```
 *  签名: ()V
 */
JNIEXPORT void JNICALL Java_com_aptl_opus_OpusCodecTest_OpusCodec_destroy
  (JNIEnv *env, jobject obj) {
    opus_decoder_destroy(gOpusDecoder);
    opus_encoder_destroy(gOpusEncoder);
}
```

现在已经完成了一个为VoIP应用优化的完整JNI Opus编解码库。只需很小的改动，开发者就可以基于这个实现按需构建自己的VoIP应用或者流媒体音乐应用了。

14.6　小结

本章介绍了Android NDK以及怎样用它为Android应用程序编写和构建本地代码。开发者可以选择写一个全部用本地代码实现的应用程序，这个方法大多用于已经有3D引擎的3D游戏，或者可以选择混合编写Java代码与本地C代码以提升性能。同时网上有数以千计的有用的开源库，使用本章介绍的技术，开发者可以把它们轻松地移植到Android中，并创建一个供Java使用的简单的JNI封装。

很明显本章没有完整讨论关于NDK和JNI的所有东西。所以如果要获取更多信息，请访问Android NDK官方网站和Oracle的JNI规范，同时关注14.7节。

14.7　延伸阅读

1. Android开发者网站
❑ Android开发中的"JNI Tips"：http://developer.android.com/training/articles/perf-jni.html

2. Oracle网站
❑ "Java SE Documentation"。这里可以找到JNI的文档信息：

http://docs.oracle.com/javase/7/docs/technotes/guides/jni/index.html
❑ "Java Native Interface Documentation"（Java本地接口文档）。这里可以找到JNI的接口规范：

http://docs.oracle.com/javase/7/docs/technotes/guides/jni/spec/jniTOC.html

第 15 章

隐藏的Android API

Android平台的很多功能并没有公开的API。例如，尽管Android支持发送SMS（`SmsManager`和`SmsMessage`），但这些类并没有包含在正式的API中。不过，开发者还是能在Google Play Store上发现一些提供功能全面的SMS客户端，并且许多应用程序要和收到的短信打交道。虽然可以简单地搜索如何在Android应用中接收SMS，但在很多情况下，这些隐藏的平台API对开发者还是很有用的。

本章将解释如何以及在哪里可以找到隐藏的API。本章还会描述两种以安全的方式访问它们的方法。

大部分隐藏的API还具有`signature`或者`system`的`protectionLevel`权限保护（见第12章）。虽然不能在Google Play Store发布的应用中使用这些API，但是可以在为自定义固件开发的应用程序中使用它们。这样做可在不修改Android平台的前提下使用它们。（更多关于如何构建自定义固件的介绍请参见第16章。）

15.1 官方 API 和隐藏 API

SDK文档中的所有类、接口、方法以及常量都属于官方API。虽然这些API通常能满足大多数应用的需求，但开发者有时候想访问更多的东西，而不知道如何在官方API中找到它们。

Android SDK中包含了一个JAR文件（android.jar），在编译代码时会引用它。该文件位于<sdk root>/platforms/android-<API level>/目录。不过它里面全是空的类，方法中所有的代码都被移除了，只声明了`public`和`protected`的类。构建Android平台时，SDK会包含该JAR文件。

通过检查每一个源文件，并移除所有被@hide注解的域（如常量）、方法和类，在构建SDK时会生成方法体为空的android.jar文件。这意味着仍然可以在运行的设备上访问这些符号，但是在编译时却找不到它们。

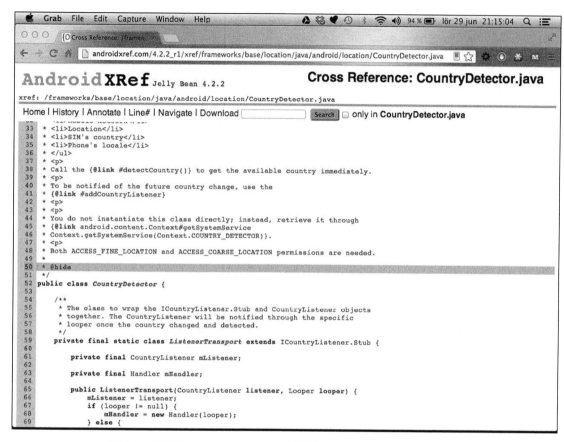

图15-1　隐藏类CountryDetector的源码。注意@hide JavaDoc注解

Android会自动隐藏某些API，而不需要使用@hide注解。这些API位于com.android.internal包中，不属于android.jar文件，但确实包含大量供Android平台使用的内部代码。Android系统应用还包含一些其他隐藏API，这些API通常提供没有包含在官方SDK中的系统ContentProvider信息。

15.2　发现隐藏 API

寻找隐藏API最简单的方法是在Android源代码中搜索它们。但是Android源代码量是巨大的，幸好有几个在线的网站已经对这些代码进行了索引，并提供了搜索功能。AndroidXRef（http://androidxref.com/）就是这样的网站，它将所有Android版本的源代码进行了索引（见图15-2）。

另一种寻找隐藏API的方法是通过Android API参考网站上的查看源码（View Source）链接（见图15-3）。虽然该网站并不像AndroidXRef那样提供搜索功能，但是它能很方便地从官方API文档中直接访问。

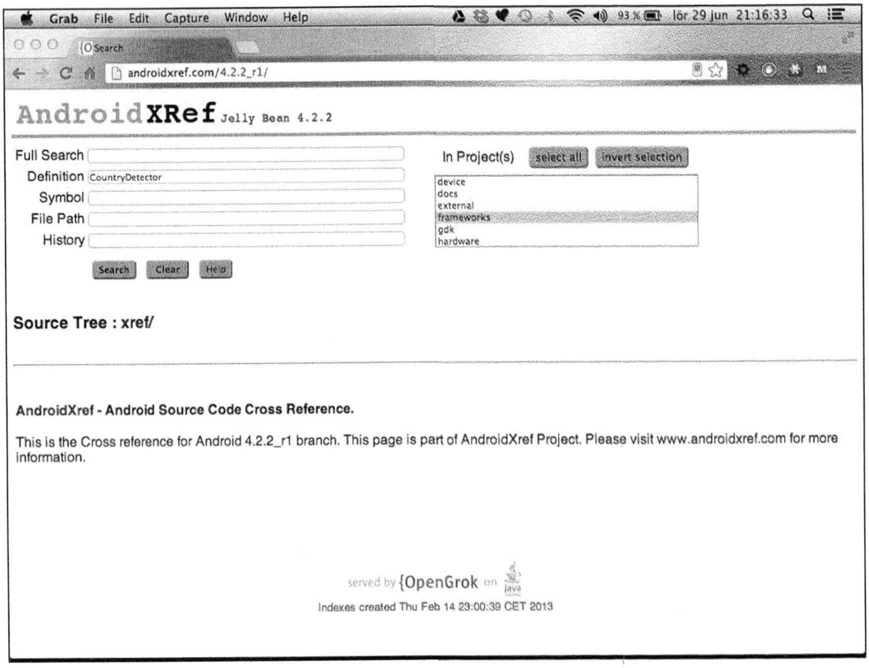

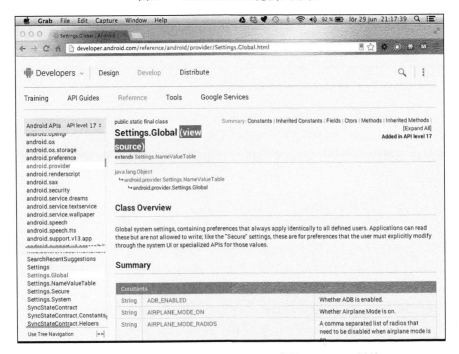

图15-2   AndroidXRef的搜索对话框

图15-3   API参考网站上Settings.Global类的view source链接

如果开发者知道在哪里以及如何寻找隐藏API，使用搜索功能会很有用，但是找到需要的代码很困难。大部分隐藏API都位于frameworks项目。所有android包中的API都可以在frameworks项目中找到，该项目还包含大部分com.android.internal包中的API。

通常，开发者寻找的隐藏API是公开类的一部分。例如，`WifiManager`有几个公开的未隐藏方法，但也有一些实用的隐藏方法和字段。在其他情况下，这些隐藏API并不是公开的，比如前面图15-1所示的`CountryDetector`类。

15.3　安全地调用隐藏 API

常量字段，比如广播的`action`或者`ContentProvider`的Uri，是实用隐藏API的主要部分。开发者可以把这些字段复制到自己的代码中，并像使用其他API一样使用它们。最简单的方法是把整个类（例如，直接从AndroidXRef）复制到项目中。如果这些隐藏的API已经在不同的Android API级别中被修改过，开发者还需要在自己的包中保持每个版本的副本。通过这种方式，开发者不仅可以使用隐藏API，还能同时支持多种Android版本的设备。

> 大多数情况下，在需要使用包含常量值的隐藏 API 时（比如广播 action），建议从 Android 源代码中复制这些常量。

对于需要编译时链接的API，也就是接口、类以及方法，开发者有两个选择。第一种，可以修改SDK的JAR文件，使之包含所有需要的类和接口，并使用该SDK来编译应用程序。另一种解决方案是使用Java反射API来动态查找要调用的类和方法。每种方法都有优缺点，需根据不同的情况选择不同的方法。

通过修改SDK来生成android.jar（见15.3.1节）可以有效地把代码绑定到使用的设备上，但如果不小心的话，在其他设备上运行可能会导致崩溃。然而，这种解决方案没有任何性能损失。使用反射API允许同时支持多个Android版本，但是会有性能问题，因为它需要在运行时查找类和方法。接下来会讨论这两种方法。

15.3.1　从设备中提取隐藏 API

要做到编译时链接隐藏API，开发者首先要提取和处理设备中的库文件。既可以从模拟器提取库文件，也可以从设备中提取这些文件，因为它们只是用来编译代码。由于这个过程需要提取出大量文件，建议单独创建一个空的工作目录。另外可能要提取多个版本的库文件，所以开发者还应为每个API级别创建一个工作目录。

```
$ adb pull /system/framework .
pull: building file list...
pull: <files pulled from device>
63 files pulled. 0 files skipped.
4084 KB/s (35028810 bytes in 8.374s)
```

在工作目录内运行前面的命令会从设备的/system/framework目录内拉取所有的文件。提取完成后，运行ls命令列出所有的文件（不同的设备制造商以及不同的Android版本提取的文件可能会有所不同）：

```
$ ls
am.jar                                      ext.jar
am.odex                                     ext.odex
android.policy.jar                          framework-res.apk
android.policy.odex                         framework.jar
android.test.runner.jar                     framework.odex
android.test.runner.odex                    ime.jar
apache-xml.jar                              ime.odex
apache-xml.odex                             input.jar
bmgr.jar                                    input.odex
bmgr.odex                                   javax.obex.jar
bouncycastle.jar                            javax.obex.odex
bouncycastle.odex                           mms-common.jar
bu.jar                                      mms-common.odex
bu.odex                                     monkey.jar
com.android.future.usb.accessory.jar        monkey.odex
com.android.future.usb.accessory.odex       pm.jar
com.android.location.provider.jar           pm.odex
com.android.location.provider.odex          requestsync.jar
com.android.nfc_extras.jar                  requestsync.odex
com.android.nfc_extras.odex                 send_bug.jar
com.google.android.maps.jar                 send_bug.odex
com.google.android.maps.odex                services.jar
com.google.android.media.effects.jar        services.odex
com.google.android.media.effects.odex       settings.jar
com.google.widevine.software.drm.jar        settings.odex
com.google.widevine.software.drm.odex       svc.jar
content.jar                                 svc.odex
content.odex                                telephony-common.jar
core-junit.jar                              telephony-common.odex
core-junit.odex                             uiautomator.jar
core.jar                                    uiautomator.odex
core.odex
```

这些文件都是Android设备上基于Java的系统库，它们是由Dalvik虚拟机加载的DEX优化文件。下一步是决定哪些文件包含隐藏API，以便把它们转成可以在编译时使用的Java类文件。大部分隐藏API都位于framework.odex文件，bouncycastle.odex文件包含了加密的库。

> 　　从 Android 4.2 开始，原来位于 framework.odex 的几个隐藏 API 现在放在了其他文件中。例如，Telephony 类现在是可选的了（因为并不是所有的 Android 设备都支持电话），可以在 telephony-common.odex 文件中找到它。

　　一旦知道需要转换的文件，就可以下载Smali的工具了，它能把优化后的DEX文件（.odex）转换为中间格式（.smali）。接下来使用dex2Jar工具再把这种中间格式转换回Java类文件。可在

https://code.google.com/p/smali/下载 Smail，更多 dex2Jar 的内容请访问 https://code.google.com/p/dex2jar/。下载并把它们解压缩到一个适当的位置（如工作目录旁边）。下面展示了如何把ODEX文件转化成中间格式：

```
$ mkdir android-apis-17
$ java -jar ~/Downloads/baksmali-2.0b5.jar -a 17 -x framework.odex -d . -o
android-apis-17
```

在工作目录中运行上面的命令会把framework.odex文件转换成许多SMALI文件，这些文件会按包结构放在android-apis-17目录内。接下来，需要将这些文件转成一个单独的DEX文件。

```
$ java -jar ~/Downloads/smali-2.0b5.jar -a 17 -o android-apis-17.dex
android-apis-17
```

可以对每个需要转换的文件重复前面两个步骤。例如，在Android 4.2中，Telephony类位于telephony-common.odex文件中。通过这种方式，最后可以创建一个包含所有隐藏类的JAR文件，即便它们从一开始就包含在不同的ODEX文件中。

最后，需要使用dex2Jar工具把DEX文件转成包含所有Java类的JAR文件。

```
$ ~/Downloads/dex2jar-0.0.9.15/d2j-dex2jar.sh android-apis-17.dex
dex2jar android-apis-17.dex -> android-apis-17-dex2jar.jar
```

从原来的ODEX文件开始，最终的JAR文件包含了所有的类，既有隐藏的类也有公共的类。要在SDK中使用新生成的JAR文件，只需把它重命名为android.jar，并替换原有的文件即可（如<sdk root>/platforms/android-17/android.jar）。记得备份原始文件，以便在不使用隐藏API时替换过来。

> 这种方法提供了一组平台 API，保证只能在提取文件的设备上工作。由于这是所有其他Android设备的底线，建议只从 Nexus 设备上提取官方的出厂映像。如果需要使用设备制造商实现的隐藏和专有 API，需要确保使用一个非 Nexus 设备来执行上面的操作（如隐藏的照相机扩展 API 或者类似的东西）。

修改SDK的错误处理

当使用前面介绍的隐藏API方法时，很难知道抽取类的方法签名是否和用户设备中相应的方法签名匹配。虽然修改后的SDK可能在开发用的设备上正常工作，但是用户的设备制造商可能修改了这些隐藏API。当这种情况发生时，应用程序将抛出NoSuchMethodException或者ClassNotFoundException异常。

有几种方法可以处理这种情况。可以结合使用反射（下一节介绍）来检测是否存在隐藏API。推荐使用这种方式因为它结合了两种方法的优点。另一种方法是简单地捕获异常，防止应用程序崩溃。

不管做什么，一定要确保在调用隐藏API时执行错误处理。最起码可以确保应用程序在测试过的设备上能正常工作。应该总是避免应用程序在用户的设备上崩溃。

15.3.2　使用反射调用隐藏 API

使用Java中的反射API（在java.lang.reflect包中）比修改Andorid SDK更安全，因为它可以在调用隐藏API前检测它们是否存在。但是，由于所有隐藏API的绑定和调用都发生在运行时，反射会比前面介绍的方法更慢。

使用反射调用隐藏的API需要两步。首先，需要查找要调用的类和方法，并把它们的引用存到Method对象中。当持有了引用后，接下来可以调用对象的方法。下面的代码演示了查找检查Wi-Fi网络共享状态的方法的两个过程：

```
public Method getWifiAPMethod(WifiManager wifiManager) {
    try {
        Class clazz = wifiManager.getClass();
        return clazz.getMethod("isWifiApEnabled");
    } catch (NoSuchMethodException e) {
        throw new RuntimeException(e);
    }
}

public boolean invokeIsWifiAPEnabled(WifiManager wifiManager,
                                     Method isWifiApEnabledMethod) {
    try {
        return (Boolean) isWifiApEnabledMethod.invoke(wifiManager);
    } catch (IllegalAccessException e) {
        throw new RuntimeException(e);
    } catch (InvocationTargetException e) {
        throw new RuntimeException(e);
    }
}
```

前面的例子展示了一个相对简单的反射API调用。如果隐藏的方法需要参数，还需在调用Class.getMethod()时提供相应的类信息。另外，本例处理错误时只是简单地抛出了RuntimeException异常。开发者在自己的应用中应妥善处理错误，并在一些不支持的设备上禁用某些功能。

永远不要假设使用反射获取的方法在所有的设备上都可用。如果是隐藏API，制造商可能已经修改了它们，并修改了它们的签名（如修改参数的数量）。在Android刚出现时，这种情况是很常见的，因为好多功能在制造商添加到平台时都丢失了。但是，现在可以认为这些API都是存在的，只是在使用隐藏API时要做适当的错误处理和功能降级。

15.4　隐藏 API 示例

本节会展示一些如何使用隐藏API的典型例子。

15.4.1　接收和阅读 SMS

Android中使用隐藏API最常见的例子是接收和阅读SMS。虽然官方API包含了RECEIVE_SMS

和READ_SMS这两个权限，但实际执行的API却是隐藏的。

应用程序要想接收SMS必须声明使用RECEIVE_SMS权限，并且实现BroadcastReceiver，以处理收到的短信。

```java
public class MySmsReceiver extends BroadcastReceiver {
    // Telephony.java中隐藏的常量
    public static final String SMS_RECEIVED_ACTION
            = "android.provider.Telephony.SMS_RECEIVED";

    public static final String MESSAGE_SERVICE_NUMBER = "+461234567890";
    private static final String MESSAGE_SERVICE_PREFIX = "MYSERVICE";

    public void onReceive(Context context, Intent intent) {
        String action = intent.getAction();
        if (SMS_RECEIVED_ACTION.equals(action)) {
            // 通过"pdus"获取SMS数据的隐藏键
            Object[] messages =
                    (Object[]) intent.getSerializableExtra("pdus");
            for (Object message : messages) {
                byte[] messageData = (byte[]) message;
                SmsMessage smsMessage =
                        SmsMessage.createFromPdu(messageData);
                processSms(smsMessage);
            }
        }
    }

    private void processSms(SmsMessage smsMessage) {
        String from = smsMessage.getOriginatingAddress();
        if (MESSAGE_SERVICE_NUMBER.equals(from)) {
            String messageBody = smsMessage.getMessageBody();
            if (messageBody.startsWith(MESSAGE_SERVICE_PREFIX)) {
                // TODO: 消息验证通过，开始处理
            }
        }
    }
}
```

上面的代码使用BroadcastReceiver监听Intent操作android.provider.Telephony.SMS_RECEIVED（记得同样要把它加到清单文件中的intent-filter中）。在这个例子中，唯一"隐藏的"部分是Intent操作，以及用来从Intent（"pdus"）检索SMS数据的字符串。

要阅读已经收到的SMS，需要查询一个隐藏的ContentProvider，并声明使用READ_SMS权限。android.provider包中的Telephony类提供了所有需要的信息。使用该类最佳的方式是把它复制到自己的项目中，并修改类的包结构。由于Telephony类还包含对其他隐藏类和方法的调用，所以还必须删除或者重构这些调用，以便能够编译代码。取决于使用的隐藏API的数量，有时候简单复制一些常量声明而不是整个类就足够了。

```java
@Override
public void onActivityCreated(Bundle savedInstanceState) {
    super.onActivityCreated(savedInstanceState);
```

```
        mAdapter = new SimpleCursorAdapter(this,
                R.layout.sms_list_item, null,
                new String[] {Telephony.Sms.ADDRESS, Telephony.Sms.BODY,
Telephony.Sms.DATE},
                new int[] {R.id.sms_from, R.id.sms_body, R.id.sms_received},
                CursorAdapter.FLAG_REGISTER_CONTENT_OBSERVER);
        setListAdapter(mAdapter);
        getLoaderManager().initLoader(0, null, this);
    }

    public Loader<Cursor> onCreateLoader(int id, Bundle args) {
        Uri smsUri = Telephony.Sms.CONTENT_URI;
        return new CursorLoader(getActivity(), smsUri, new String[] {
                Telephony.Sms._ID,
                Telephony.Sms.ADDRESS,
                Telephony.Sms.BODY,
                Telephony.Sms.DATE},
                null, null, Telephony.Sms.DEFAULT_SORT_ORDER);
    }
```

这两个方法来自一个自定义的`ListFragment`，它从`ContentProvider`加载SMS `Cursor`，并把它放到`SimpleCursorAdapter`中。本例仅仅使用了`Telephony`类的`Uri`以及数据库列的名字。

15.4.2　Wi-Fi 网络共享

Android智能手机可以启用Wi-Fi网络共享，这使得它可以创建一个移动的Wi-Fi热点，让其他设备（通常是笔记本电脑）连接互联网。此功能在Android上非常流行，但它给应用开发者引入了一些问题。

当用户启用Wi-Fi网络共享时，Wi-Fi的状态既不是打开的，也不是关闭的，如果通过API查询，得到的状态会是"未知"。前面的例子（见15.3.2节）展示了如何使用`isWifiApEnabled()`隐藏方法检测Wi-Fi网络共享是已启用。`WifiManager`类的一些其他隐藏方法提供了更多关于Wi-Fi网络共享的信息。

```
    private WifiConfiguration getWifiApConfig() {
        WifiConfiguration wifiConfiguration = null;
        try {
            WifiManager wifiManager =
                    (WifiManager) getSystemService(WIFI_SERVICE);
            Class clazz = WifiManager.class;
            Method getWifiApConfigurationMethod =
                    clazz.getMethod("getWifiApConfiguration");
            return (WifiConfiguration)
                    getWifiApConfigurationMethod.invoke(wifiManager);
        } catch (NoSuchMethodException e) {
            Log.e(TAG, "Cannot find method", e);
        } catch (IllegalAccessException e) {
            Log.e(TAG, "Cannot call method", e);
        } catch (InvocationTargetException e) {
            Log.e(TAG, "Cannot call method", e);
        }
        return wifiConfiguration;
    }
```

　　上面的代码显示了如何为设备上的Wi-Fi网络共享设置检索WifiConfiguration对象。注意，调用这些方法需要应用程序具有android.permission.ACCESS_WIFI_STATE权限。所有Android设备配置（也就是连接的）的Wi-Fi网络都可以通过WifiManager.getConfigured-Networks()枚举出来，返回的结果是WifiConfiguration对象列表。安全起见，每个通过该方法获取的WifiConfiguration对象，其preSharedKey都被设置成了null。然而，如果像前面的代码那样获取Wi-Fi网络共享设置的WifiConfiguration对象，会发现preSharedKey呈现的是明文密码。这样一来，当激活Wi-Fi网络共享时，应用程序可以获取创建的访问点的名字和密码。

　　虽然可以认为这个功能是一个安全漏洞，但是激活Wi-Fi网络共享的权限需要应用程序使用系统证书进行签名。因此，即使一个应用程序可以读取密码，但是未经用户同意没有办法为它激活Wi-Fi网络共享。

15.4.3　隐藏设置

　　Android设备有数百种不同的设置，都可以通过Settings类访问。除了为每个设置提供访问的值，Android还提供了一系列Intent操作，使用它们可以打开特定的设置UI。例如，要启动飞行模式设置，在创建Intent时可以使用Settings.ACTION_AIRPLANE_MODE_SETTINGS。图15-4显示了AndroidXRef中Settings.java的内容：

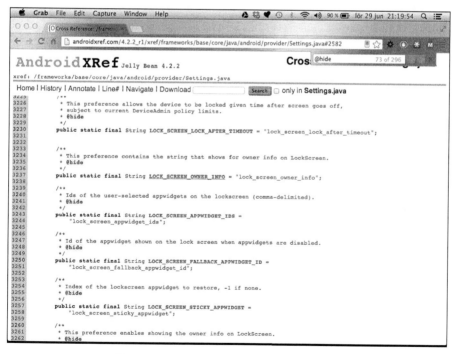

图15-4　Settings.java文件中的部分隐藏常量

　　`Settings`类包含了一些隐藏的设置键和`Intent`操作，当应用程序需要弄清楚设备的细节或者呈现一个特定系统设置的快捷方式时，其中的一些常量值是非常有用的。

15.5　小结

　　本章介绍了如何在Android平台上发现和使用隐藏API。尽管只有几个例子，但隐藏API的数量是相当大的。大多数这类API不仅是隐藏的，通过使用`signature`或者`system`保护级别，它们还有权限保护，这使得它们对大多数开发者来说并不可用。然而，正如将在下一章看到的，如果创建自定义的固件，使用这些方法可以非常有效地构建访问系统API的高级应用程序。

　　这些API，有些是用来访问`ContentProvider`的简单常量，有些是用来启动`Activity`的`Intent`操作，或者是用于读取系统设置的设置键，而另一些则需要开发者去调用相应的方法。

　　虽然大多数应用程序可能永远也不需要这些API，但是在某些情况下，开发者能从这些非官方API中获益。聪明地使用隐藏API可以进一步增强你的应用程序。

15.6　延伸阅读

网站
❑ 各版本Android源代码索引：http://androidxref.com/
❑ 反射API Java教程：http://docs.oracle.com/javase/tutorial/reflect/
❑ 将odex文件转换为dex文件的工具：https://code.google.com/p/smali/
❑ 将dex文件转换为jar文件的工具：https://code.google.com/p/dex2jar/

第 16 章

深入研究Android平台

16

可以预期大部分开发者会使用NDK（见第14章）或者隐藏API（见第15章）来开发Android应用程序，但有些开发者可能因为一些特别的理由需要修改Android平台。还好，Android平台是开源的，开源项目为Android Open Source Project（AOSP）。第三方开发者可以根据自己的需求来试验和修改Android平台。

开发者可以下载以及编译所有的代码，但是如果想在真机上测试所做的修改，则还需要一台支持的设备。幸好，所有谷歌Nexus品牌的手机都支持这样做，还有很多厂商（比如索尼移动和HTC）允许解锁它们的设备，并使用自定义的固件进行刷机。例如，一家开发底层软件的公司可以授权手机制造商使用这种方法在真机上展示它们的产品。

在谷歌开源Android平台并提供开放设备之前，要使用这种方法，开发者需要从芯片厂商（比如高通和德州仪器）那里购买昂贵的开发平台。现如今，数以百计的独立开发者花费了大量的时间来适配自己的Android平台。有些开发者已经组织了自己的社区，他们关注为Android设备构建自定义的固件，以供用户下载和安装。

本章将介绍如何为Android设备构建自己的固件或者第三方ROM，这其中包括如何访问和下载AOSP源代码，设置编译环境，编译代码，以及把固件刷到设备上。本章笔者会使用Galaxy Nexus手机，但是开发者可以使用任意一台Nexus设备。除此之外，本章还会提供如何为其他设备制造商构建自定义固件的一些通用的指南。

此外，本章还将介绍如何修改和扩展Android平台。由于Android源代码非常大，本章只会选择几个简单的例子，以便向读者介绍Android平台的设计思想。如果碰巧开发者正在为Android平台开发定制的解决方案，那么这些信息会很有价值。

本章最后会介绍如何给AOSP贡献自己的修改。如果开发者觉得谷歌遗忘了某个功能或者没有时间去添加该功能，那么开发者可以使用这种方法做到这一点。（**注意**：无法保证谷歌会接受提交，但除非尝试，否则永远也不知道是否可行。）

要注意的是：千万要谨慎，本章描述的做法可能会损坏你的设备。如果确实需要这样做，建议使用一个不经常使用的手机，并且清楚该行为可能导致设备无法使用或者打破保修规则。另外，刷机会删除手机上所有的内容，所以在开始前先备份好内容。

几个主要的Android设备制造商都允许开发者对设备刷机，方法就是解锁bootloader让设备接受签名不一样的固件映像。这样做通常会影响设备的保修，但如果是给制造商演示一个底层功能，这样做还是值得的。本章后面会介绍解锁主要厂商bootloader的做法。

16.1　解锁设备

所有Android设备的bootloader都是被锁定的，在刷新固件前要对它们进行解锁（这也适用于刷出厂固件，见16.1.1节）。所有的谷歌Nexus设备只需用一个简单的命令就可解锁，下面是详细的解锁过程。

首先，把设备连接到电脑上，并确保启用了USB调试功能（见第1章）。接下来，使用adb命令将设备重新启动到bootloader，如下所示：

```
$ adb reboot-bootloader
```

设备会重新启动到bootloader，如图16-1，这时可以使用fastboot命令解锁设备和刷新固件映像。

图16-1　解锁后处于快速启动模式的Galaxy Nexus手机

接下来，执行下面的命令，该命令会解锁bootloader，此时就可以刷新自定义映像了：

```
$ fastboot oem unlock
```

也可以使用 `fastboot oem lock` 命令再次锁定 bootloader。

设备屏幕会变化（见图16-2），并显示有关解锁bootloader可能会产生的影响。按音量加/减键进行选择，然后按电源键确认。解锁后设备会重新进入快速启动模式，这时就可以刷新固件映像了。

图16-2   尝试在Galaxy Nexus上解锁bootloader时会出现一个警告框

16.1.1   刷新出厂映像

构建自定义固件并测试新功能时，设备很可能会崩溃。虽然这时通常可以恢复到快速启动模式，并重新刷一个新的固件映像，但有时候直接刷出厂映像会很有用，比如测试老版本Android。开发者可在https://developers.google.com/android/nexus/images下载出厂映像，并把它提取到一个空的文件夹中。

在目录中，会有一个名为flash-all.sh的shell脚本，它会把整个出厂固件刷到设备上，并恢复到原来的状态。命令运行结束后（可能需要几分钟，具体取决于设备和电脑），设备会重新启动新安装的Android映像。

16.1.2   解锁非 Nexus 设备

市场上大多数Android设备并不是谷歌Nexus品牌的，也不是所有的设备制造商都允许开发者解锁bootloader和刷新自定义固件。然而，越来越多的厂商开始意识到允许高端用户和第三方公司解锁和刷新自定义固件的正面效益，所以支持解锁的设备现在越来越多。

索尼移动是第一家宣布其2011年后的设备可以解锁的厂商。但并非索尼移动2011年后的设备都能被解锁，有时候运营商销售的设备就不能。更多解锁索尼移动Android设备的信息见：http://unlockbootloader.sonymobile.com/。

HTC也提供了解锁设备的官方方法。有些设备被解锁前还需要更新固件。更多信息请参考：http://www.htcdev.com/bootloader。

摩托罗拉有一个官方bootloader解锁程序可以解锁某些设备。要了解设备是否可以使用该程序请访问：https://motorola-global-portal.custhelp.com/app/standalone/bootloader/unlock-your-device-a。

其他厂商也可能支持解锁设备，更多信息请访问他们的支持网站。此外，即便没有解锁设备的官方方法，也可能有一些非官方的解决方案。XDA开发者论坛（http://www.xda-developers.com）

是个不错的开始。请记住，解锁设备通常会导致保修失效。此外，即使设法解锁了设备，多数厂商并没有提供全套必要的硬件驱动。具体细节还请参考每家厂商的信息。

16.1.3　社区支持的固件

自从发布第一台Android设备以来，已经有很多活跃的开发者社区在开发自己的固件。其中最知名的是CyanogenMod，它支持很多设备。更多信息请访问：http://www.cyanogenmod.org/。

其他组织大多关注特定厂商的设备。例如，FreeXperia Project正在给索尼移动的Xperia设备构建高质量的社区固件。更多信息请访问：http://freexperiaproject.com/。

开发者可在XDA开发者论坛（http://forum.xda-developers.com/）找到最好的第三方固件。在这个网站上，开发者可找到大多数已发布设备的信息。

16.2　Android 源码

Android 开源项目（AOSP）是针对 Android 平台的公开可用的源代码，网址为：http://source.android.com/。该网站不仅包含Android平台的源代码，还包含SDK和其他开发工具的源码。AOSP由多个Git模块组成，每个模块都是整个系统的一部分，比如Linux内核、本地库、Dalvik虚拟机，或者系统应用程序。

16.2.1　设置构建环境

开发者可在Linux或者Mac OS X上编译AOSP。由于构建指令会定期更新，以支持新的操作系统和开发工具，所以本章并不会涉及关于如何设置开发环境的内容。开发者可在http://source.android.com/source/initializing.html找到设置AOSP构建环境的最新指南。

由于OS X默认的分区是不区分大小写的，所以对于Mac OS X，开发者需要创建一个新的区分大小写的磁盘映像。此外，第一次下载源代码（使用repo sync）会非常耗时，因为要下载很多代码。

Nexus二进制文件

虽然Android平台是开源的，但是所有的Nexus设备的硬件驱动程序都不是开源的。例如，Galaxy Nexus手机的图形驱动程序是Imagination Technologies公司的专有库，它的源码并没有被公开。因此，在构建自定义固件前还需要下载所有必要的二进制驱动程序。https://developers.google.com/android/nexus/drivers上有可用的驱动程序列表。

接下来下载所有设备可用的二进制驱动程序，并把它放在刚才下载的Android平台项目的根目录中。运行下面的命令提取归档文件，这时会提示使用许可协议：

```
$ tar xzvf imgtec-maguro-jdq39-bb3c4e4e.tgz
x extract-imgtec-maguro.sh
$ sh ./extract-imgtec-maguro.sh

The license for this software will now be displayed.
```

```
You must agree to this license before using this software.

-n Press Enter to view the license
```

同意许可协议条款后，vendor目录下会生成新的项目，这些通常只是头文件、makefile和二进制的.so文件，它们会在构建结束后安装到自定义固件中。

要确保添加了所有可用的二进制驱动程序，否则可能无法正常启动构建的自定义固件。

16.2.2　构建并刷新固件

当下载了所有的源代码并设置完开发环境后，接下来可以开始构建自定义固件了。在这之前请确保安装并配置好了ccache（见http://source.android.com/source/initializing.html#setting-up-ccache），因为它可以加速后续的构建过程。

第一次构建会花费一些时间（16 GB内存的MacBook Pro耗时约1个半小时）。

首先，开发者需要把构建环境加载到当前的shell中，并告诉构建系统需要构建的设备和配置。

```
$ source build/envsetup.sh
$ lunch full_maguro-userdebug
```

第一个命令会加载构建系统，并正确设置所有的环境变量。lunch命令允许选择构建的目标（不使用参数时开发者可以手动选择目标）。本例会构建Galaxy Nexus(maguro)设备的userdebug配置。userdebug配置允许使用root权限访问adb，并提供更多的权限，比如可以调试设备，写入系统分区等，这在安装系统应用程序时会非常有用。

由于构建过程会花费很长时间，建议在构建时使用配有快速硬盘（最好是SSD）的高端电脑，不过也可以在低端电脑上编译。为了加快速度，给make命令提供-jN参数可以指示构建系统使用额外的线程，其中N是电脑支持的硬件线程数的2倍。一般情况下，每个CPU核心（使用超线程）可以支持两个硬件线程，因此一个四核CPU电脑可以支持8个线程。

```
$ make -j8
```

趁着编译时间可以去喝点咖啡。

构建成功后可以重启到快速启动模式，然后给设备刷新固件。

```
$ adb reboot-bootloader
$ fastboot flashall -w
```

这个过程完成后设备会使用新的固件启动。在终端运行下面的命令来确认获取了root权限：

```
$ adb root
restarting adbd as root
$ adb remount
remount succeeded
$ adb shell
root@android:/ #
```

第一个命令会重新启动adb守护进程，并以root身份运行。第二个命令使用读/写模式重新挂载系统分区，允许开发者在/system/app目录下安装新的系统应用程序。最后一个命令通过在设备上打开一个shell来简单确认是否获得了root访问权限。如果命令行以root@android开始，就表明开发者获取了root权限。

恭喜，你已经成功刷上了自己的固件，并且还拥有root控制权限，接下来就可以在设备上安装系统以及平台签名的应用程序了。

16.3   编写系统应用

正如第3章和第12章描述的，Android的权限系统有各种protectionLevel，用来描述哪个应用程序可以使用特定的权限。如果protectionLevel为system，那么使用此权限的应用程序一开始就必须安装在系统分区上（具体来说是/system/app）。这样一来，第三方开发者可以构建应用程序，然后由设备制造商安装在系统分区上，这样应用程序就有机会获取系统级别的权限。注意，更新应用程序还会保持同样的权限，即便更新后的应用程序被放在了数据分区（/data）中。这就是为什么谷歌的Android应用程序（比如Gmail、Google+和Google Maps）即便在没有制造商签名的情况下仍然可以获取额外权限。

作为第三方开发者，只要能把应用程序放在系统分区中，便可以通过Google Play Store给用户提供更新。

> 除了要把应用程序放在系统分区外，开发者还应定义新的权限，以便制造商把它添加到系统权限中。通过在系统应用程序中使用该权限，可以有效地在 Google Play 上过滤那些没有这些修改的用户。

安装系统应用程序前需要拥有系统分区的写权限（见16.2.2节）。接下来可以使用如下命令把新的APK推送到/system/app目录中。

```
$ adb push <apk file> /system/app
```

应用程序被放进系统分区后，包管理器会正确地处理它。应用程序现在可以使用protectionLevel为sytem的权限了，即便没有使用制造商平台的证书进行签名。

protectionLevel为signature的权限通常更为敏感。例如，android.permission.FORCE_STOP_PACKAGES权限的protectionLevel为signature，也就是说只有使用供应商平台证书进行签名的应用程序才能使用需要该权限的API。如果第三方开发者要给设备制造商提供解决方案，可以给平台提供一个没有签名的APK，就像Nexus设备中的硬件驱动程序一样。

16.3.1   平台证书

<aosp root>/build/target/product/security目录有用于签名自定义固件的默认测试密钥。由于这些密钥是公开的，它们并不安全。更多信息以及如何生成平台密钥的说明请参考目录中的README文件。但是，可以在开发阶段使用它们来测试新的系统应用程序。这些密钥的格式和

使用Android SDK或者Android Studio签名应用程序的密钥是不同的，所以在开发环境中使用前需要先进行转换。

```
$ openssl pkcs8 -inform DER -nocrypt -in platform.pk8 -out platform.pem
$ openssl pkcs12 -export -in platform.x509.pem -inkey platform.pem -out
  platform.p12 -name android-platform -password pass:<password>
$ keytool -importkeystore -destkeystore platform.keystore -srckeystore
  platform.p12 -srcstoretype PKCS12
```

现在我们有一个Android开发工具能识别格式的密钥库了。在使用平台证书签名应用程序时可以简单地使用该密钥库。这样做允许应用程序使用所有需要protectionLevel为signature的权限。另外，可以在AndroidManifest.xml文件中把sharedUserId的值设置成android.uid.system，这样应用程序会使用和系统服务器一样的用户ID，并能访问额外的系统级别的API。

要使用该认证，需要把密钥库复制到应用程序中，并在Gradle构建脚本中添加如下配置：

```
android {
    signingConfigs {
        debug {
            storeFile file("platform.keystore")
            storePassword "password"
            keyAlias "android-platform"
            keyPassword "password"
        }
    }

    // ... 简单起见，省略部分代码 ..
}
```

Android Studio在生成调试时要使用提取的平台密钥来签名应用程序。

> **记住**　不要在发布到 Google Play Store 的应用程序中使用该证书。它只是用来测试和演示。

16.3.2　编写签名的应用

第15章讨论了如何使用WifiManager中的隐藏API来检测是否启用了Wi-Fi共享功能。通过使用一些额外的隐藏API以及平台密钥，开发者可以在应用程序中控制Wi-Fi网络共享，如下例所示：

```
<?xml version="1.0" encoding="utf-8"?>
<manifest xmlns:android="http://schemas.android.com/apk/res/android"
    package="com.apt1.systemlevelapps"
    android:sharedUserId="android.uid.system"
    android:versionCode="1"
    android:versionName="1.0" >

    <uses-permission android:name="android.permission.CHANGE_WIFI_STATE" />
    <uses-sdk
```

```
            android:minSdkVersion="17"
            android:targetSdkVersion="17" />

    <application
        android:allowBackup="true"
        android:icon="@drawable/ic_launcher"
        android:label="@string/app_name"
        android:theme="@style/AppTheme" >
        <activity
            android:name=".EnableTetheringActivity"
            android:label="@string/app_name" >
            <intent-filter>
                <action android:name="android.intent.action.MAIN" />
                <category android:name="android.intent.category.LAUNCHER" />
            </intent-filter>
        </activity>
    </application>
</manifest>
```

首先，需要在 AndroidManifest.xml 文件中添加 sharedUserId 元素，并把值设置为 android.uid.system，以便控制 Wi-Fi 网络连接。即便应用程序现在使用平台证书进行了签名，开发者仍然需要声明应用程序需要的权限，所以本例添加了 CHANGE_WIFI_STATE 权限。

```
public class EnableTetheringActivity extends Activity {
    private static final String TAG = "EnableTetheringActivity";
    private WifiManager mWifiManager;
    private Method mSetWifiApEnabledMethod;

    @Override
    protected void onCreate(Bundle savedInstanceState) {
        super.onCreate(savedInstanceState);
        mWifiManager = (WifiManager) getSystemService(WIFI_SERVICE);
        try {
            Class clazz = WifiManager.class;
            mSetWifiApEnabledMethod = clazz.getMethod("setWifiApEnabled",
                               WifiConfiguration.class, boolean.class);
        } catch (NoSuchMethodException e) {
            Log.e(TAG, "Error retrieving method setWifiApEnabled()", e);
        }
        setContentView(R.layout.activity_main);
    }

    public void doEnableWifiTethering(View view) {
        try {
            if(mWifiManager.isWifiEnabled()) {
                mWifiManager.setWifiEnabled(false);
            }
            EditText ssidNameView = (EditText) findViewById(R.id.ssid_name);
            String ssidName = ssidNameView.getText().toString();
            EditText wifiPasswordView =
                            (EditText) findViewById(R.id.wifi_password);
            String wifiPassword = wifiPasswordView.getText().toString();
            WifiConfiguration wifiConfiguration = new WifiConfiguration();
```

```
        wifiConfiguration.SSID = ssidName;
        wifiConfiguration.preSharedKey = wifiPassword;
        mSetWifiApEnabledMethod.invoke(mWifiManager,
                                    wifiConfiguration, true);
    } catch (IllegalAccessException e) {
        Log.e(TAG, "Illegal access.", e);
    } catch (InvocationTargetException e) {
        Log.e(TAG, "Invocation error.", e);
    }
  }
}
```

本例中的 `Activity` 从 `WifiManager` 获取隐藏的 `setWifiApEnabled()` 方法。在 `doEnableWifiTethering()` 回调方法中使用检索的SSID和密码构建默认的`WifiConfiguration`，并在调用`Method`对象时使用它作为参数。

现在可以使用平台证书进行签名的标准Android应用程序来控制Wi-Fi网络共享状态了。

16.4　探索 Android 平台

本节会介绍如何和AOSP源码打交道。代码示例使用的是Java，但是同样的方法也适用于本地开发。

16.4.1　设置 IDE

虽然Android Studio能胜任开发常规的Android应用程序，但是笔者建议使用IntelliJ IDEA CE（社区版，http://www.jetbrains.com/idea/）来引入AOSP源代码。也可以在Eclipse中引入AOSP，但不建议使用，因为IntelliJ IDEA CE有着卓越的性能和良好的代码导航功能。

在打开IDE导入源代码前，先来一次完整的构建，见16.2.2节。这样会为平台资源生成Java源文件，可以更方便地在IDE中使用它。

完整的构建结束后，可以通过在项目根目录执行下面的命令来生成IntelliJ项目文件（以及Eclipse .classpath文件）：

```
$ development/tools/idegen/idegen.sh
Read excludes: 3ms
Traversed tree: 50027ms
```

现在项目根目录会有两个IntelliJ IDEA文件：android.ipr和android.iml。

启动IntelliJ IDEA CE并打开项目文件（android.ipr），第一次操作会构建所有源代码的索引，因此需要一段时间。

接下来就可以深入研究AOSP源代码了。

16.4.2　Android 项目

Android平台包含多个项目，每个都在自己的Git仓库中。由于有超过300个项目，所以本书不

16

可能——介绍这些源码。相反，本节会根据它们在文件系统中的路径介绍一些比较重要的项目。还有一些项目包含多个Git仓库（如packages项目）。

<aosp root>/.repo/project.list里有完整的项目列表。

1. frameworks/base

Android平台中最核心（某种程度上最重要）的项目是frameworks/base。该项目包含大多数系统服务源码，以及许多其他组件。在这里能找到大多数Android API的实现（java和javax包中的代码除外）。开发者如果要添加新的系统服务或者修改Android API，可以在这里操作。

2. packages

packages项目包含所有标准系统应用程序，其中有apps、inputmethods、providers、screensavers和wallpapers。apps文件夹包含用户可以在桌面看到图标的应用，比如电子邮件、电话和计算器。providers文件夹包含系统`ContentProvider`，比如多媒体和联系人相关的`ContentProvider`。inputmethods文件夹包含默认的键盘。

如果要修改其中的系统应用程序，请在packages中找到相应的应用。开发者通常会从修改默认的启动应用程序（packages/apps/Launcher2）开始。

3. vendor

vendor目录并不是只有一个项目，第三方相关的平台项目会放在该目录。二进制硬件驱动程序通常也放在该目录。如果要给Android平台提供第三方厂商的应用，比如专有实现的共享库，也应把它放在该目录。另外，最好把那些需要预装的设备厂商相关的应用放在该目录。事实上，大部分第三方设备厂商相关的代码都应放在该目录，这样一来，可以把那些非开源的代码和开源的代码区分开。

下面是Broadcom公司为Galaxy Nexus手机提供的Wi-Fi和蓝牙驱动程序的Android.mk文件：

```
LOCAL_PATH := $(call my-dir)

ifeq ($(TARGET_DEVICE),maguro)

include $(CLEAR_VARS)
LOCAL_MODULE := bcm4330
LOCAL_MODULE_OWNER := broadcom
LOCAL_SRC_FILES := bcm4330.hcd
LOCAL_MODULE_TAGS := optional
LOCAL_MODULE_SUFFIX := .hcd
LOCAL_MODULE_CLASS := ETC
LOCAL_MODULE_PATH := $(TARGET_OUT_VENDOR)/firmware
include $(BUILD_PREBUILT)

endif
```

该makefile文件位于<aosp root>/vendor/broadcom/maguro/prebuilt。如果开发者使用Android NDK开发本地应用，会发现该文件和标准的Android.mk文件非常相似。该驱动的代码是二进制文件bcm4330.hcd，会输出到设备的firmware目录中。

构建扩展程序时请参考其他项目的构建文件。对于要添加到系统分区中的Android应用

（APK），请参考packages目录中的Android.mk文件。

16.4.3 Android Linux Kernel

当为Nexus设备构建Android平台时，请注意Linux内核（kernel）通常是预先构建好的，并放在了<aosp root>/device目录（如Galaxy Nexus手机的内核代码位于<aosp root>/device/samsung/tuna）。如果开发者需要修改设备的内核，必须先下载该设备的Linux源代码，然后修改构建配置，构建映像文件，并把它复制到正确的位置。

不同于Android平台的Apache License v2，Linux内核使用的是GPLv2许可。有趣的是，Linux内核授权保证可以访问每台Android设备的源代码。修改Linux内核不在本书的讨论范围，开发者可以从设备芯片制造商那里获取更多内核开发的信息。

16.4.4 添加系统服务

当修改Android平台时，一个常见的任务是添加新的系统服务。开发者可以通过调用 `Context.getSystemService()`方法来获取这些服务。下面的代码会展示如何通过修改 frameworks/base里的代码来添加新的系统服务。本例会创建`HomeDetector`服务，它会在设备进入预先定义的位置时发送广播。此类属于位置API，因此把它放在android.location包中。

```
public class HomeDetector {
    private static final String TAG = "HomeDetector";

    /**
     * 粘性广播，表明设备进入或者离开预先定义好的位置
     *
     */
    public static final String ACTION_HOME_LOCATION_CHANGED =
                                "android.location.HOME_LOCATION_CHANGED";
    /**
     * 布尔值，表明设备是否到达预先定义好的位置
     */
    public static final String EXTRA_AT_HOME = "atHome";

    private IHomeDetector mHomeDetectorService;

    public HomeDetector(IHomeDetector homeDetector) {
        mHomeDetectorService = homeDetector;
    }

    /**
     * 应该只对系统应用程序可见
     *
     */
    public void setHomeWifi(WifiInfo wifiInfo) {
        try {
            mHomeDetectorService.setHomeWifi(wifiInfo);
        } catch(RemoteException e) {
```

```
        Log.e(TAG, "setHomeLocation.", e);
    }
  }
}
```

使用Contex.HOME_DETECTOR(同样需要在Context类中添加该常量)作为参数调用Context.getSystemService()方法时会返回HomeDetector对象。该类使用HomeDetectorService实例作为构造函数的参数,其中包含实际的实现代码。

当在Android中添加新的系统服务时,标准的做法是定义供系统服务器使用的AIDL文件。本例会在HomeDetector类所在的包(android.location)中创建此AIDL。

```
package android.location;

import android.location.Location;

oneway interface IHomeDetector {
    void setHomeWifi(in WifiInfo homeWifi);
}
```

该AIDL会被编译为一个针对普通应用程序的AIDL,并允许开发者实现新系统服务的其他部分。

下面的代码修改了com.android.server包中的SystemServer.run()方法。它是所有系统服务的核心类。

```
try {
    Slog.i(TAG, "Home Detector");
    homeDetector = new HomeDetectorService(context);
    ServiceManager.addService(Context.HOME_DETECTOR, homeDetector);
} catch (Throwable e) {
    reportWtf("starting Home Detector", e);
}
```

上面的代码只是简单地创建HomeDetectorService实例,并启动该服务。

下面是新服务的实际代码实现:

```
public class HomeDetectorService extends IHomeDetector.Stub {

    private static final String TAG = "HomeDetectorService";
    public static final String HOME_WIFI_SSID = "homeDetector.ssid";
    public static final String HOME_WIFI_BSSID = "homeDetector.bssid";
    public static final String SET_HOME_WIFI_PERMISSION
            = "android.permission.SET_HOME_WIFI";
    private Context mContext;
    private boolean mCurrentState = false;

    public HomeDetectorService(Context context, WifiManager wifiManager) {
        mContext = context;
        WifiInfo wifiInfo = wifiManager.getConnectionInfo();

        if(wifiInfo != null) {
            String ssid = SystemProperties.get(HOME_WIFI_SSID);
```

```
            String bssid = SystemProperties.get(HOME_WIFI_BSSID);
            mCurrentState = wifiInfo.getSSID().equals(ssid)
                                    && wifiInfo.getBSSID().equals(bssid);
        }
        sendHomeDetectionBroadcast(mCurrentState);

        IntentFilter intentFilter =
                new IntentFilter(WifiManager.NETWORK_STATE_CHANGED_ACTION);
        mContext.registerReceiver(new WifiListener(), intentFilter);
    }

    public void setHomeWifi(WifiInfo homeWifi) throws RemoteException {
        mContext.enforceCallingPermission(SET_HOME_WIFI_PERMISSION,
                "Missing permission " + SET_HOME_WIFI_PERMISSION);
        SystemProperties.set(HOME_WIFI_SSID, homeWifi.getSSID());
        SystemProperties.set(HOME_WIFI_BSSID, homeWifi.getBSSID());
    }

    public void sendHomeDetectionBroadcast(boolean state) {
        Intent homeDetectorBroadcast =
                    new Intent(HomeDetector.ACTION_HOME_LOCATION_CHANGED);
        homeDetectorBroadcast.putExtra(HomeDetector.EXTRA_AT_HOME, state);
        mContext.sendStickyBroadcast(homeDetectorBroadcast);
    }

    class WifiListener extends BroadcastReceiver {

        @Override
        public void onReceive(Context context, Intent intent) {
            NetworkInfo networkInfo = intent.
                        getParcelableExtra(WifiManager.EXTRA_NETWORK_INFO);
            boolean newState = false;
            if(networkInfo.getState().equals(NetworkInfo.State.CONNECTED)) {
                String ssid = SystemProperties.get(HOME_WIFI_SSID);
                String bssid = SystemProperties.get(HOME_WIFI_BSSID);
                WifiInfo  wifiInfo =
                    intent.getParcelableExtra(WifiManager.EXTRA_WIFI_INFO);
                newState = wifiInfo.getSSID().equals(ssid) &&
                                    wifiInfo.getBSSID().equals(bssid);
            }

            // 只在状态改变时发送新的广播
            if(newState != mCurrentState) {
                mCurrentState = newState;
                sendHomeDetectionBroadcast(mCurrentState);
            }
        }
    }
}
```

通常把新的系统服务放在com.android.server.<category>包中，其中<category>是服务的类型（本例是location）。注意对Context.enforceCallingPermission()方法的调用，它会验证调用进程必须有权限调用此方法。

本例创建了一个被动式的服务，但是如果服务需要运行在自己的线程中，开发者还需要实现Runnable接口，并在run()方法中初始化新的Looper对象，如下所示：

```
@Override
public void run() {
    // 设置正确的线程优先级
    Process.setThreadPriority(Process.THREAD_PRIORITY_BACKGROUND);
    Looper.prepare(); // 准备Looper
    // 创建自定义Handler
    mServiceHandler = new MySystemServiceHandler();
    init(); // 执行初始化操作
    Looper.loop(); // 启动该线程
}
```

在上面的run()方法中，后台服务可以给拥有单独线程的Handler发送Message。通过这种方式，开发者可以在该服务中执行阻塞式的操作，如果不使用单独的线程则会阻塞整个系统。

最后一步是声明setHomeWifi()方法所需的权限，可以通过修改系统服务器的AndroidManifest.xml来实现，该文件位于<aosp root>/frameworks/base/core/res/目录。定位到属于位置分组的权限（android.permission-group.LOCATION），并添加新的权限。

```
<!-- 允许应用程序设置家用Wi-Fi -->
<permission android:name="android.permission.SET_HOME_WIFI"
    android:permissionGroup="android.permission-group.LOCATION"
    android:protectionLevel="signature|system"
    android:label="@string/permlab_setHomeWifi"
    android:description="@string/permdesc_setHomeWifi" />
```

在这种情况下，只有使用system或者signature的应用程序才能使用该权限。如果要创建一个新的任何人都能使用的开放API，可以考虑将protectionLevel设置为normal或者dangerous。

16.4.5　加快平台开发周期

添加完新的系统服务后，就可以构建代码并把改动推送到设备上了。由于每次都从头构建整个平台会花费很多时间，可以使用一些技巧来减少这类开发的周转时间。

例如，不要构建整个平台，而只构建修改过的项目。16.4.4节中只修改了frameworks/base项目，所以可以把它当做参数传给make命令，这样就只会重新构建修改的部分。

```
$ make -j8 frameworks/base
```

该命令只会编译和构建特定项目的代码。接下来可以使用下面的命令把修改的二进制文件推送到设备上：

```
$ adb shell stop
$ adb sync
$ adb shell start
```

第一个命令会停止Android系统服务器，这样就可以放心地推送新的二进制文件而不会导致设备崩溃。第二个命令会推送实际的二进制文件，该命令还可以添加第二个参数来说明要同步的目录。最后，调用第三个命令重新启动系统服务器。新添加的服务会和新修改的系统服务器一起启动。该过程使得开发者可以进行快速迭代，而不需关闭手机然后再刷新固件，后者会非常耗时。

> 前面的过程不会在每次构建时生成新的固件映像。要做到这一点，开发者还需要执行一个新的、全量的构建。然而，因为（希望是这样）已经开启了 ccache，并且没有删除构建输出目录，第二次构建不会花费太多时间。

16.5　为 AOSP 贡献代码

Android平台大部分功能都是谷歌开发的，但是其他公司和个人通过AOSP也贡献了大量的代码。Android设备制造商和芯片厂商是最大的贡献者，但是规模较小的公司也修复了很多bug，开发了不少小功能。虽然Android平台的内容最终由谷歌决定，但是对于其他愿意贡献高质量功能的开发人员来说，这还是非常有吸引力的。

第一件事是访问 Android 贡献论坛（https://groups.google.com/forum/?fromgroups#!forum/android-contrib），并描述新的提议。如果想修复bug，可以访问问题追踪（issue tracker）网站（https://code.google.com/p/android/issues/list），并报告bug（不要忘记检查是否已经被报告了）。如果开发者感觉解决方法不错，接下来可以开始贡献代码了。

http://source.android.com/source/contributing.html详细描述了如何给Android项目贡献代码。请记住，贡献的代码要保持高质量，并且符合Android代码风格指南（Android Code Style Guidelines，见http://source.android.com/source/code-style.html）。不要指望贡献的代码会被立刻接受或者很快处理。谷歌要处理很多提交，由于很多原因，大部分提交可能都不会被合并到项目中。要有耐心，并确保代码经过良好的测试，而且有完善的文档。

图16-3显示了提交一个补丁的流程。可以看到的是，谷歌接受提交前要经过很多步，但是这些步骤有助于保证代码和功能的质量。

16

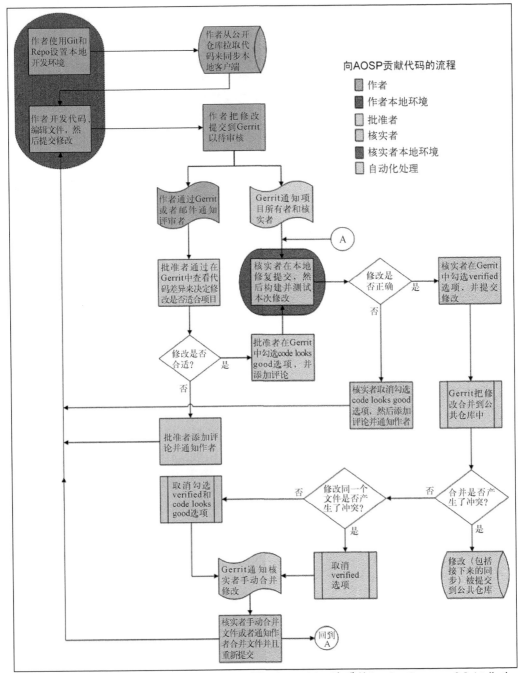

从AOSP复制的图像（http://source.android.com/source/life-of-a-patch.html）遵循Creative Commons 2.5 Attribution License条款

图16-3　向AOSP贡献代码的流程

16.6　小结

本章介绍了开发Android平台的基础知识。展示了如何解锁谷歌Nexus设备，使用自定义固件，以及如何下载整个Android平台的源代码和相关的二进制驱动程序来构建自己的固件。本章还从商业的角度解释了这些原因。通过和设备制造商密切合作，开发者可以把需要系统级别访问的专有的第三方解决方案集成到设备中，并仍可以通过Google Play Store来更新应用程序。

本章还展示了如何构建系统应用程序，并把它推送到系统分区。接下来解释了使用平台证书签名应用程序的步骤，以访问需要`signature permissionLevel`的权限。

本章最后介绍了如何通过添加系统服务来修改Android平台。虽然示例很简单，并且可以使用普通的应用程序实现该功能，但是它演示了如何以及在哪里为Android平台添加新的代码。

笔者相信，如果能充分理解Android平台的构建和工作过程，以及平台证书如何保护敏感的平台API，开发者会从中受益良多。

如果你想出了一个新的功能，可以考虑把它贡献给AOSP。并不能保证谷歌会接受开发者的提交，并把它合并到源码中，但它是一个参与大型开源项目很好的方法。这样做也是开发高质量代码的上好体验——因为谷歌对代码的要求非常高。

16.7　延伸阅读

网站

❑ 开发AOSP：http://source.android.com/
❑ 评审AOSP提交的补丁的Gerrit网站：https://android-review.googlesource.com/
❑ Android平台和技术讨论组：
　　https://groups.google.com/forum/?fromgroups#!forum/androidplatform
❑ 构建Android源码讨论组：
　　https://groups.google.com/forum/?fromgroups#!forum/androidbuilding
❑ 将Android安装到新设备的主要讨论组：
　　https://groups.google.com/forum/?fromgroups#!forum/android-porting
❑ 通过AOSP贡献代码的主要讨论组：
　　https://groups.google.com/forum/?fromgroups#!forum/android-contrib
❑ Android平台公开的问题追踪网站：https://code.google.com/p/android/issues/list
❑ XDA开发者论坛：http://forum.xda-developers.com/

第 17 章

网络、Web服务和远程API

大多数Android应用程序通过互联网执行某种网络通信。即使在今天，单机游戏也通过在线Web服务支持社交功能。因此，应用程序生成的数据应该在线存储，以便用户在其他设备上也能访问相同的数据。

Android应用开发者应该考虑网络的各个方面。如果应用程序浪费网络资源，它会消耗更多电量，并可能因为移动数据收费增加用户的成本。

本章会讨论如何尽可能高效地执行网络调用。首先会介绍HTTP通信API。接下来描述三种不同类型的Web服务，以及如何在应用中集成它们。如果开发者要在应用中使用Web服务，可以使用非常相似的技术来集成它。

本章最后介绍一些网络操作过程中减少电池消耗的指南。所有的网络调用都会有额外的电池消耗，开发者应尽可能减少这种消耗。

17.1 Android 上的网络调用

虽然Android同时支持TCP和UDP通信，但应用程序的大部分网络调用都是通过建立在TCP之上的HTTP请求完成的。本节主要介绍HTTP通信以及相关的话题。第18章会简要介绍无连接的协议，如mDNS。

谈到网络时，第一个也是最重要的规则是：**永远不要在主线程上执行网络调用**。从Android 3.0版（蜂巢）开始，主线程是受系统保护的，试图在主线程中进行网络调用会导致应用程序崩溃。

第二个几乎同样重要的规则是：**在Service而不是Activity中执行网络操作**。这样做有几个原因，但最重要的是，如果在Activity中执行网络操作，开发者还需考虑Activity快速的状态变化。用户可能在网络请求中间按了主屏幕键，1秒后又返回到应用程序。通过把所有的网络操作移到Service中可以避免这个问题。这样应用程序会有更好的整体设计，因为使用这种方式可以减少Activity的代码量，使得它不太复杂。

然而，在许多情况下，开发者不得不直接在Activity中执行网络操作，如17.2.2节所示，不过这属于例外情况。应尽可能地在Service中执行网络调用。

建议使用回调接口或者LocalBroadcastManager在Activity和Service之间更新网络结果。另一种方式是把网络调用的结果直接存储到ContentProvider中，当有数据变化时再通知注册的客户端，如图17-1所示。

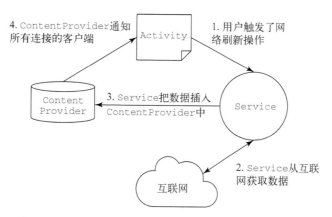

图17-1　从Service发起网络调用，并把数据插入ContentProvider中，最后通知Activity

17.1.1　HttpUrlConnection

Android提供了两个用于HTTP通信的API，Apache的HttpClient和HttpUrlConnection。两者都能提供相同的功能，但是推荐使用HttpUrlConnection，因为谷歌一直积极维护它。谷歌还实现了一些有用的功能，比如透明的响应压缩以及相应缓存，如果谷歌不做，开发者就得自己实现这些功能了。

```
private void enableHttpResponseCache() {
    try {
        long httpCacheSize = 10 * 1024 * 1024; // 10 MiB
        File httpCacheDir = new File(getCacheDir(), "http");
        Class.forName("android.net.http.HttpResponseCache")
            .getMethod("install", File.class, long.class)
            .invoke(null, httpCacheDir, httpCacheSize);
    } catch (Exception httpResponseCacheNotAvailable) {
    }
}
```

Android 4.0（ICS）提供响应缓存功能，所以如果要支持早期的版本，开发者需使用前面介绍的反射来初始化缓存。如果应用最低支持4.0，可以使用下面的代码来安装响应缓存：

```
try {
    HttpResponseCache httpResponseCache = HttpResponseCache.
            install(new File(getCacheDir(), "http"), CACHE_SIZE);
} catch (IOException e) {
    Log.e(TAG, "Error installing response cache!", e);
}
```

为应用程序选择一个合适的缓存大小。如果只获取少量的数据，可以选择几兆大小的缓存。缓存对应用程序是私有的，所以不必担心缓存泄漏会影响到设备上的其他应用。

1. 简单的HTTP GET请求

大多数应用的网络调用都是简单的HTTP GET请求。下例演示了如何发起GET请求：

```java
public JSONObject getJsonFromServer(URL url,
                                    long lastModifiedTimestamp) {
    try {
        HttpURLConnection urlConnection = url.openConnection();
        urlConnection.setRequestMethod("GET");
        urlConnection.setInstanceFollowRedirects(true);
        urlConnection.setIfModifiedBecause(lastModifiedTimestamp);
        urlConnection.setUseCaches(true);
        urlConnection.connect();
        if (urlConnection.getResponseCode()
                == HttpURLConnection.HTTP_OK) {
            if (urlConnection.getContentType().
                    contains("application/json")) {
                int length =
                        (HttpURLConnection) urlConnection.
                        getContentLength();
                InputStream inputStream = urlConnection.
                        getInputStream();
                String jsonString = readStreamToString(inputStream, length);
                return new JSONObject(jsonString);
            }
        } else {
            // TODO：处理错误
        }
    } catch (IOException e) {
        Log.e(TAG, "Error perform HTTP call!", e);
    } catch (JSONException e) {
        Log.e(TAG, "Error parsing JSON!", e);
    }
    return null;
}

private String readStreamToString(InputStream inputStream, int length)
                                                throws IOException {
    try {
        BufferedReader bufferedReader =
                new BufferedReader(new InputStreamReader(inputStream));
        StringBuilder stringBuilder = new StringBuilder(length);
        char[] buffer = new char[length];
        int charsRead;
        while ((charsRead = bufferedReader.read(buffer)) != -1) {
            stringBuilder.append(buffer, 0, charsRead);
        }
        return stringBuilder.toString();
    } finally {
        inputStream.close();
    }
}
```

这是一个使用HttpUrlConnection发起HTTP GET请求，并把响应解析成JSONObject的典型例子。需要注意的是 readStreamToString() 方法，虽然可在网上找到如何把 InputStream 读取到 String 的例子，前面显示了读取流的正确方法。没有异常的话，应读取 InputStream 中的所有内容。如果不这样做，数据会留在平台底层浪费资源并阻止设备进入节电模式，这是开发者在执行网络调用时最常犯的错误，所以从 InputStream 读取内容应该小心。

2. 上传文件

很多应用程序会给在线服务器发送数据，比如图像或者其他文件。已经证明这是很复杂的问题，因为标准的 Java API（包括 Android）并没有提供一个明显直接的方法。使用 HTTP 发送数据涉及使用 HTTP POST 发送 body 中的数据。然而，body 需要一些特殊的格式，并且还要正确地设置一些 header 字段。

下面的例子展示了使用 HTTP POST 往服务器发送文件的必要步骤。

```
public int postFileToURL(File file, String mimeType, URL url)
                                                throws IOException {
    DataOutputStream requestData = null;
    try {
        long size = file.length();
        String fileName = file.getName();

        // 创建一个随机边界字符串
        Random random = new Random();
        byte[] randomBytes = new byte[16];
        random.nextBytes(randomBytes);
        String boundary = Base64.
                encodeToString(randomBytes, Base64.NO_WRAP);

        HttpURLConnection urlConnection
                = (HttpURLConnection) url.openConnection();
        urlConnection.setUseCaches(false);
        urlConnection.setDoOutput(true);
        urlConnection.setRequestMethod("POST");

        // 设置HTTP header
        urlConnection.setRequestProperty("Connection", "Keep-Alive");
        urlConnection.setRequestProperty("Cache-Control", "no-cache");
        urlConnection.setRequestProperty("Content-Type",
                "multipart/form-data;boundary=" + boundary);

        // 如果文件大于MAX_FIXED_SIZE, 使用setChunkedStreamingMode()
        if (size > MAX_FIXED_SIZE) {
            urlConnection.setChunkedStreamingMode(0);
        } else {
            urlConnection.setFixedLengthStreamingMode((int) size);
        }

        // 打开文件以便读取
        FileInputStream fileInput = new FileInputStream(file);
        // 打开服务器连接
        OutputStream outputStream = urlConnection.getOutputStream();
        requestData = new DataOutputStream(outputStream);
```

```
    // 写入第一个边界字符串
    requestData.writeBytes("--" + boundary + CRLF);
    // 让服务器知道文件名
    requestData.writeBytes("Content-Disposition: form-data; name=\""
            + fileName + "\";filename=\"" + fileName + CRLF);
    // 以及文件的MIME类型
    requestData.writeBytes("Content-Type: " + mimeType + CRLF);

    // 循环读取本地文件，并写入服务器
    int bytesRead;
    byte[] buffer = new byte[8192];
    while ((bytesRead = fileInput.read(buffer)) != -1) {
        requestData.write(buffer, 0, bytesRead);
    }

    // 写入边界字符串，表明已到文件结尾
    requestData.writeBytes(CRLF);
    requestData.writeBytes("--" + boundary + "--" + CRLF);
    requestData.flush();

    return urlConnection.getResponseCode();
    } finally {
        if (requestData != null) {
            requestData.close();
        }
    }
}
```

最重要的部分是要理解使用边界字符串告诉服务器文件的开始和结束位置。另外，本例还检查了文件大小是否大于MAX_FIXED_SIZE（以字节为单位），如果大于则使用分块流模式（chunked streaming mode），否者使用固定长度流模式。对于分块流，参数0表示"系统默认"的块大小，这是大多数客户端在该模式下使用的大小。分块基本上意味着分部分发送数据，每一部分都附有该块的大小。分块能更有效地使用内存，并减少OutOfMemoryException的风险。然而，使用固定长度的数据流模式通常更快，但它需要更多的内存。

17.1.2　Volley

标准的HttpUrlConnection适用于大多数场合，但当有很多不同的HTTP请求时，很容易变得复杂。开发者还需要在后台线程上执行请求，并确保请求结束后正确地释放了所有的资源。为了让事情更容易，谷歌已经开始着手开发更易使用且更快速的新HTTP库。最新的Volley请参考下面的Git仓库。

```
$ git clone https://android.googlesource.com/platform/frameworks/volley
```

Volley目前还在开发中，但是已经足够稳定，可以在应用中使用。它提供了非常容易使用的网络调用API，另外，还处理所有的后台线程以及其他底层操作。

下面的例子展示了如何在Service中使用Volley发起HTTP GET请求，并处理返回的JSON

数据:

```
public class VolleyExample extends Service {
    private LocalBinder mLocalBinder = new LocalBinder();
    private RequestQueue mResponseQueue;

    @Override
    public void onCreate() {
        super.onCreate();
        mResponseQueue = Volley.newRequestQueue(this);
        mResponseQueue.start();
    }

    @Override
    public void onDestroy() {
        super.onDestroy();
        mResponseQueue.stop();
        mResponseQueue = null;
    }

    public void doJsonRequest(String url,
                              Response.Listener<JSONObject> response,
                              Response.ErrorListener error) {
        JsonObjectRequest jsonObjectRequest
                = new JsonObjectRequest(Request.Method.GET,
                url, null, response, error);
        mResponseQueue.add(jsonObjectRequest);
    }

    @Override
    public IBinder onBind(Intent intent) {
        return mLocalBinder;
    }

    public class LocalBinder extends Binder {
        public VolleyExample getService() {
            return VolleyExample.this;
        }
    }
}
```

请求时可以传入两个回调，一个处理成功的响应，一个处理错误情况。开发者不需要自己启动新的后台线程或者自己初始化连接，Volley会处理这些事情。开发者所要做的就是把新的请求添加到RequestQueue中，使其得到处理。

```
public void doJsonUpdateRequest() {
    Response.Listener<JSONObject> responseListener
            = new Response.Listener<JSONObject>() {
        @Override
        public void onResponse(JSONObject response) {
            handleJsonResponse(response);
        }
    };
    Response.ErrorListener errorListener
            = new Response.ErrorListener() {
```

```
        @Override
        public void onErrorResponse(VolleyError error) {
            handleError(error);
        }
    };
    mService.doJsonRequest(API_URL, responseListener, errorListener);
}
```

前面的例子定义了一个处理响应成功的回调和一个用于错误处理的回调。它们都运行在主线程之外的线程中，所以如果要修改用户界面，还要确保使用`Handler`或者`AsyncTask`发送界面更新操作。

> 目前，Volley 不支持上传任意的二进制文件。如果需要的话请使用前面"上传文件"中描述的方法。不过，还是要尽可能地使用 Volley 处理其他的网络请求。

如果有很多不同的HTTP请求，强烈建议开发者使用Volley。因为它还是Android开源项目的一部分，很可能在将来成为Android平台的核心部分。

17.1.3　OkHttp 和 SPDY

HTTP的一个大问题是每个连接一次只允许一个请求和响应，这迫使浏览器和其他客户端为了并行请求必须生成多个套接字（socket）连接。对客户端来说，这个问题不算什么大问题，因为一个应用在给定的时间内建立的连接相对较少，然而，服务器的情况就完全不同了。2009年，谷歌开始着手更新HTTP协议来解决这些问题。其结果就是SPDY（发音为speedy）协议，它允许在一个套接字连接上发送多个HTTP请求。该协议已成为下一代HTTP事实上的开放标准，但它不会取代HTTP，而是改良了如何通过网络发送请求和响应。HTTP IETF工作组目前已宣布即将开始HTTP 2.0的工作，并使用SPDY协议作为起点。

如果开发者同时开发客户端和服务器端代码，研究一下使用SPDY来代替常规的HTTP/1.1还是值得做的——SPDY能显著降低网络负载，并能提高性能。主流浏览器目前已经能很好地支持SPDY，并且已经有多个平台的实现版本了，其中就包括Android。

如果选择SPDY作为通信协议，建议使用OkHttp，它是由Square公司开发的，并且已在GitHub上开源（http://square.github.io/okhttp/）。要在Gradle中引入，只需添加下面的Maven依赖：

```
compile 'com.squareup.okhttp:okhttp:1.1.1'
```

该第三方库只是一个支持SPDY的新改进的HTTP客户端。它内部使用`HttpUrlConnection`接口，所以从现有代码切换到OkHttp只需要少量工作。

下面的代码展示了如何在Android中使用OkHttp库：

```
public class OkHttpExample {
    private final OkHttpClient mOkHttpClient;

    public OkHttpExample() {
```

```
        mOkHttpClient = new OkHttpClient();
    }

    public String okHttpDemo(URL url) throws IOException {
        HttpURLConnection urlConnection = mOkHttpClient.open(url);
        InputStream inputStream = null;
        urlConnection.setRequestMethod("GET");
        urlConnection.connect();
        if (urlConnection.getResponseCode()
                        == HttpURLConnection.HTTP_OK) {
            inputStream = urlConnection.getInputStream();
            return readStreamToString(inputStream,
                                urlConnection.getContentLength());
        }
        return null;
    }

    private String readStreamToString(InputStream inputStream,
                                    int length)
                                    throws IOException {
        try {
            BufferedReader bufferedReader =
                    new BufferedReader(new InputStreamReader(inputStream));
            StringBuilder stringBuilder = new StringBuilder(length);
            char[] buffer = new char[length];
            int charsRead;
            while ((charsRead = bufferedReader.read(buffer)) != -1) {
                stringBuilder.append(buffer, 0, charsRead);
            }
            return stringBuilder.toString();
        } finally {
            inputStream.close();
        }
    }
}
```

当创建OkHttpClient新实例时，它会初始化所有的东西，比如连接池和响应缓存。即使是普通的HTTP请求，该实现也非常快，所以使用它来发送网络请求是个不错的想法。使用OkHttp进行SPDY通信能显著提升网络调用的性能。

17.1.4 Web Socket

Web Socket是网络通信的新宠，它运行在标准HTTP之上，是HTTP的扩展。Web Socket允许在客户端和服务器端之间进行基于消息的异步通信。首先客户端发送一个常规的HTTP GET请求，该请求包含特殊的HTTP消息头，表明客户端希望把连接升级为Web Socket连接。

下面是用来初始化Web Socket连接的客户端GET请求示例：

```
GET /websocket HTTP/1.1
Host: myserver.com
Upgrade: websocket
Connection: Upgrade
```

```
Sec-WebSocket-Key: MjExMjM0MTI0MTI0MTI0MTIzCg==
Sec-WebSocket-Protocol: chat
Sec-WebSocket-Version: 13
Origin: http://myserver.com
```

如果接受客户端请求，下面是服务器对请求的响应：

```
HTTP/1.1 101 Switching Protocols
Upgrade: websocket
Connection: Upgrade
Sec-WebSocket-Accept: HSmrc0sMlYUkAGmm5OPpG2HaGWk=
Sec-WebSocket-Protocol: chat
```

> 　　前面 HTTP header 的值并不是对每一种情况都有效，而应根据 Web Socket 协议规范来计算。通常情况下，如果使用现成的 Web Socket 通信库，开发者就不需要考虑这些细节了。

　　当Web Socket连接建立后，双方（客户端和服务器端）可以给对方发送异步消息。更重要的是，现在有方法能够快速地从服务器端通知客户端。通信的消息可以是文本的，或者是二进制的，通常数据量很小。如果需要传输大的文件，还是要使用标准的HTTP。Web Socket用于发送负荷相对较小的通知。

　　通过Web Socket通信时，建议选择一个合适的数据格式。大多数情况下，JSON就足够了，它允许一个简单的实现。JSON消息应该作为文本消息发送。对于更高级的混合类型数据的场景，建议使用Google Protocol Buffer，如第9章描述。

　　虽然可以使用Andorid中标准的 Socket 类来实现自己的Web Socket客户端，但还是强烈建议使用现有的第三方库。我们有多种选择，本章会选择一个笔者认为现阶段最稳定的库，由Nathan Rajlich（又称TooTallNate）为Java实现的Web Socket，详见http://java-websocket.org/。另外，它还包含了一个服务器端的实现，第18章会用到。要使用这个库，只需把下面的依赖加到Gradle文件中：

```
compile 'org.java-websocket:Java-WebSocket:1.3.0'
```

　　使用这个Web Socket库就不需要使用 HttpUrlConnection 了，而要创建 WebSocketClient 并连接一个URI。

　　下面的代码是使用该库连接Web Socket的完整示例：

```java
public class ChatService extends Service {
    private static final String TAG = "ChatService";
    private ChatWebSocketClient mChatWebSocketClient;
    private ChatClient mChatClient;
    private LocalBinder mLocalBinder = new LocalBinder();

    public IBinder onBind(Intent intent) {
        return mLocalBinder;
    }

    public IBinder onBind(Intent intent) {
```

```
        return null;
    }

    public void connectToChatServer(URI serverUri) {
        new ChatWebSocketClient(serverUri).connect();
    }

    public void disconnect() {
        if (mChatWebSocketClient != null) {
            mChatWebSocketClient.close();
        }
    }

    public void setChatClient(ChatClient chatClient) {
        mChatClient = chatClient;
    }

    public void sendMessage(String message) {
        if(mChatWebSocketClient != null) {
            mChatWebSocketClient.send(message);
        }
    }

    public boolean isConnected() {
        return mChatWebSocketClient != null;
    }

    public interface ChatClient {
        void onConnected();
        void onMessageReceived(String from, String body, Date timestamp);
        void onDisconnected();
    }

    private class ChatWebSocketClient extends WebSocketClient {

        public ChatWebSocketClient(URI serverURI) {
            super(serverURI);
        }

        @Override
        public void onOpen(ServerHandshake serverHandshake) {
            // 连接Web Socket后被调用
            mChatWebSocketClient = this;
            if(mChatClient != null) {
                mChatClient.onConnected();
            }

            Notification notification = buildNotification();
            startForeground(1001, notification);
        }

        @Override
        public void onMessage(String message) {
            // 收到文本消息后被调用
            if(mChatClient != null) {
```

```
            try {
                JSONObject chatMessage = new JSONObject(message);
                String from = chatMessage.getString("from");
                String body = chatMessage.getString("body");
                Date timestamp =
                        new Date(chatMessage.getLong("timestamp"));
                mChatClient.onMessageReceived(from, body, timestamp);
            } catch (JSONException e) {
                Log.e(TAG, "Malformed message!", e);
            }
        }
    }

    @Override
    public void onMessage(ByteBuffer bytes) {
        // 收到二进制消息后被调用
    }

    @Override
    public void onClose(int code, String reason, boolean remote) {
        // 关闭连接后被调用
        mChatWebSocketClient = null;
        if(mChatClient != null) {
            mChatClient.onDisconnected();
        }

        stopForeground(true);
    }

    @Override
    public void onError(Exception e) {
        // 通信出错时被调用
    }
}

private class LocalBinder extends Binder {
    public ChatService getService() {
        return ChatService.this;
    }
}
}
```

这是在代码中实现Web Socket支持的简单指南。在实际的应用中，还应该添加额外的安全和错误检查。这里最重要的是，当调用WebSocketClient.connect()时，它会为Web Socket连接生成一个新的线程，所以开发者不需要自己去处理线程问题。

ChatClient继承自WebSocketClient，并且实现了不同的事件回调。这些回调都发生在Web Socket运行的线程上，所以不要阻塞这些调用，因为这样做会停止其他请求。

最好使用onOpen()和onClose()回调函数来确定何时可以开启Web Socket通信。在前面的例子中，mChatClient成员变量在各自的方法中被赋值和重置（设置成null），允许在发送消息时进行简单的空指针检查。

第18章还会介绍如何使用Web Socket在两个设备之间进行通信。

17.2 集成 Web 服务

Android应用中使用的大多数Web服务通常分为三类：不要求身份认证的、需要身份认证但是没有提供本地SDK的，需要身份认证且提供SDK的。本节会分别举例介绍这三类情况。

17.2.1 Google Static Maps v2

第13章介绍了Android中新的强大的位置API。虽然很容易使用，但它有时候可能比需要的更多。如果应用程序只需要显示一个不和用户交互的静态地图，开发者可以使用Google Static Maps v2（谷歌静态地图2.0）的API，它是谷歌提供的一个Web服务，允许以位图的方式获取地图（PNG、GIF或者JPEG）。

```java
public class StaticMapsFetcher {
    public static final String BASE_URL
            = "http://maps.googleapis.com/maps/api/staticmap";
    // TODO：发布前填写API_KEY
    public static final String API_KEY = null;
    public static final String UTF8 = "UTF-8";
    private static final String TAG = "StaticMapsFetcher";

    public static Bitmap fetchMapWithMarkers(String address,
                                             int width,
                                             int height,
                                             String maptype,
                                             List<String> markers) {
        HttpURLConnection urlConnection = null;
        try {
            StringBuilder queryString = new StringBuilder("?");

            if (address != null) {
                queryString.append("center=").
                        append(URLEncoder.encode(address, UTF8)).
                        append("&");
            }
            if (width > 0 && height > 0) {
                queryString.append("size=").
                        append(String.format("%dx%d", width, height)).
                        append("&");
            }
            if (maptype != null) {
                queryString.append("maptype=").
                        append(maptype).append("&");
            }
            if (markers != null) {
                for (String marker : markers) {
                    queryString.append("markers=").
                            append(URLEncoder.encode(marker, UTF8));
```

17

```
            }
        }
        if (API_KEY != null) {
            queryString.append("key=").append(API_KEY).append("&";
        }

        queryString.append("sensor=false");

        URL url = new URL(BASE_URL + queryString.toString());
        urlConnection = url.openConnection();
        urlConnection.connect();
        if (urlConnection.getResponseCode()
                == HttpURLConnection.HTTP_OK) {
            BufferedInputStream bufferedInputStream
                    = new BufferedInputStream(urlConnection.getInputStream());
            return BitmapFactory.decodeStream(bufferedInputStream);
        } else {
            return null;
        }
    } catch (IOException e) {
        Log.e(TAG, "Error fetching map!", e);
    } finally {
        if (urlConnection != null) {
            urlConnection.disconnect();
        }
    }
}
```

注意API_KEY现在还是null，谷歌静态地图API允许API_KEY为空，但是不推荐这样做。如果使用了这个API，在发布前应该使用Google API Developer Console创建一个新的API密钥。

还要注意如何使用URLEncoder.encode()对每个参数的值进行编码。这会保证不管是什么值，都会在URL中适当地编码。调用Web服务时很有可能会出错，因为服务器不能正常地解析请求的参数。

本例显示了如何在Android应用中集成最简单的Web服务。它们是单向的，不需要认证，并且只有几个参数。更多谷歌静态地图API的详细参数请参考https://developers.google.com/maps/documentation/staticmaps/。

17.2.2   使用 OAuth2 访问 Foursquare API

当Web服务需要用户账户时，开发者需要某种方式来进行验证。但是，因为应用是服务的第三方客户端，所以需要某种不影响用户凭据的认证方法，这意味着应用程序不能处理用户名和密码。OAuth标准就是为解决这个问题开发的，该标准目前已是第2版了，被称为OAuth2。它允许第三方网站集成一个用户认证页。要在Android中使用这种认证，可以给用户展示一个认证的WebView页。

虽然可以自己实现OAuth2的所有步骤，本书还是建议使用第三方库，这样省去了处理各种复杂的细节。笔者推荐使用 Scribe，它已在 GitHub 上开源，具体网址为 https://github.com/fernandezpablo85/scribe-java。Scribe 在 `HttpUrlConnection` 之上对 OAuth2 进行了简单的包装，所以它非常适合 Android。

本例使用 OAuth2 展示用户在 Foursquare 上的朋友。虽然很多 Foursquare API 请求不需要认证（比如搜索场地），但是获取 Foursquare 朋友列表很明显需要用户的认证。

下面的代码显示了一个 `Activity`，可以用它使用 OAuth2 获取用户 Foursquare 账户的授权：

```java
public class OAuthActivity extends Activity {
    public static final String CLIENT_ID
            = "<Client ID from foursquare.com/developer>";
    public static final String CLIENT_SECRET
            = "<Client SECRET from foursquare.com/developer>";
    public static final Token EMPTY_TOKEN = null;
    public static final String ACCESS_TOKEN = "foursquare.access_token";
    private static final String TAG = "FoursquareOAuth2";
    private OAuthService mOAuthService;

    @Override
    protected void onCreate(Bundle savedInstanceState) {
        super.onCreate(savedInstanceState);
        setContentView(R.layout.activity_main);
    }

    @Override
    protected void onResume() {
        super.onResume();
        mOAuthService = new ServiceBuilder()
                .provider(Foursquare2Api.class)
                .apiKey(CLIENT_ID)
                .apiSecret(CLIENT_SECRET)
                .callback("oauth://foursquare")
                .build();
        String authorizationUrl =
                    mOAuthService.getAuthorizationUrl(EMPTY_TOKEN);
        WebView webView = (WebView) findViewById(R.id.oauth_view);

        WebViewClient webViewClient = new WebViewClient() {
            @Override
            public boolean shouldOverrideUrlLoading(WebView view,
                                                    String url) {
                if (url.startsWith("oauth")) {
                    Uri uri = Uri.parse(url);
                    String oauthCode = uri.getQueryParameter("code");
                    Verifier verifier = new Verifier(oauthCode);
                    new GetTokenAccess().execute(verifier);
                    return true;
                }
                return super.shouldOverrideUrlLoading(view, url);
            }
        };
        webView.setWebViewClient(webViewClient);
```

17

```
        webView.getSettings().setJavaScriptEnabled(true);
        webView.loadUrl(authorizationUrl);
    }

    class GetTokenAccess extends AsyncTask<Verifier, Void, Token> {
        @Override
        protected Token doInBackground(Verifier... verifiers) {
            Token accessToken = mOAuthService.
                    getAccessToken(EMPTY_TOKEN, verifiers[0]);
            return accessToken;
        }

        @Override
        protected void onPostExecute(Token token) {
            if (token != null) {
                Intent intent = new Intent();
                intent.putExtra(ACCESS_TOKEN, token.getToken());
                setResult(RESULT_OK, intent);
            } else {
                setResult(RESULT_CANCELED);
            }
            finish();
        }
    }
}
```

对 Foursquare 的实际验证和授权都经过一个自定义的 WebViewClient。自定义的 WebViewClient 重写了 shouldOverrideUrlLoading() 方法，它会捕捉所有调用的 URL。本例监视所有匹配的回调 URL，该 URL 包含用于签名 API 请求的访问令牌。

由于不能直接在主线程发起网络请求，所以本例需要使用 AsyncTask。OAuthService.getAccessToken() 会请求用于用户签名的访问令牌。

下面的代码使用了前面的 Activity：

```
public class FoursquareActivity extends Activity {
    public static final String TAG = "FoursquareActivity";
    public static final int OAUTH_REQUEST_CODE = 1001;
    public static final String FRIENDS_URI =
                    "https://api.foursquare.com/v2/users/self/friends";
    private SharedPreferences mPreferences;

    @Override
    protected void onCreate(Bundle savedInstanceState) {
        super.onCreate(savedInstanceState);
        setContentView(R.layout.foursquare_main);
        mPreferences = PreferenceManager.
                getDefaultSharedPreferences(this);
    }

    @Override
    protected void onResume() {
        super.onResume();
        if (mPreferences.contains(OAuthActivity.ACCESS_TOKEN)) {
```

```java
            new GetFoursquareFriends().execute("55.59612590", "12.98140870");
        } else {
            startActivityForResult(new Intent(this, OAuthActivity.class),
                    OAUTH_REQUEST_CODE);
        }
    }

    @Override
    protected void onActivityResult(int requestCode,
                                    int resultCode,
                                    Intent data) {
        if (requestCode == OAUTH_REQUEST_CODE) {
            if (resultCode == RESULT_OK) {
                String accesToken = data.
                        getStringExtra(OAuthActivity.ACCESS_TOKEN);
                mPreferences.edit().
                        putString(OAuthActivity.ACCESS_TOKEN,
                                accesToken).apply();
            } else {
                mPreferences.edit().
                        remove(OAuthActivity.ACCESS_TOKEN).apply();
            }
        }
    }
}

class GetFoursquareFriends extends AsyncTask<String, Void, JSONObject> {

    @Override
    protected JSONObject doInBackground(String... lngLat) {
        OAuthService service = new ServiceBuilder()
                .provider(Foursquare2Api.class)
                .apiKey(OAuthActivity.CLIENT_ID)
                .apiSecret(OAuthActivity.CLIENT_SECRET)
                .callback("oauth://foursquare")
                .build();

        String accessToken = mPreferences.
                getString(OAuthActivity.ACCESS_TOKEN, null);
        OAuthRequest request = new OAuthRequest(Verb.GET,
                FRIENDS_URI);
        request.addQuerystringParameter("oauth_token",
                accessToken);

        Token token = new Token(accessToken,
                OAuthActivity.CLIENT_SECRET);
        service.signRequest(token, request);
        Response response = request.send();

        if (response.isSuccessful()) {
            try {
                return new JSONObject(response.getBody());
            } catch (JSONException e) {
                Log.e(TAG, "Error building JSONObjet!", e);
            }
```

```
        } else {
            Log.d(TAG, "Bad request: "
                    + response.getCode()
                    + " "
                    + response.getMessage());
        }
        return null;
    }

    @Override
    protected void onPostExecute(JSONObject response) {
        if (response != null) {
            try {
                JSONArray friends = response.
                        getJSONObject("response").
                        getJSONObject("friends").
                        getJSONArray("items");
                Log.d(TAG, "Friends: " + friends);
            } catch (JSONException e) {
                Log.e(TAG, "JSON Exception", e);
            }
        }
    }
}
```

首先检查是否存储了访问令牌，如果没有，使用`Activity.startActivityForResult()`打开OAuth2 Activity。OAuth2认证完成后，不管成功与否，都会回调`onActivityResult()`方法。

开发者可以使用前例所示的`AsyncTask`建立使用新访问令牌的`OAuthRequest`。本例检索了用户在Foursquare上所有的朋友。

> 上面的代码只是用来说明如何在应用中使用 Scribe 和 OAuth2。因为 OAuth2 需要和用户交互，这是很少的必须在 Activity 中执行网络操作的例子。

任何支持OAuth2授权的API都可以使用Scribe，检查官方支持的服务有哪些可查看Scribe文档。

17.2.3　在 Android 中使用 Facebook SDK

因为OAuth2是专门为网页设计的，所以它并不能完美匹配原生的Android应用。许多服务使用类似原生应用的方式解决了这个问题。例如，Facebook提供了强大的Web服务，允许开发者在应用中集成它的Graph API以及其他Facebook API。因为想要在应用中使用Facebook集成的用户很可能也安装了Facebook应用，所以可以通过使用`Activity`进行类似的授权过程。

Facebook Android SDK（3.0以后的版本）允许开发者使用库项目轻松集成授权和认证。然后可以使用该API简单地在应用中追踪用户，或者使用集成服务发送消息和照片。Facebook SDK的具体信息请参考https://developers.facebook.com/android/。

　　首先，需要在Facebook Developer网站（https://developers.facebook.com/apps）注册自己的应用。点击Create New App，然后输入应用的名称，其他的选项可以不填或者使用默认值。接下来，打开Native Android选项，并输入应用的详细信息，如图17-2所示。

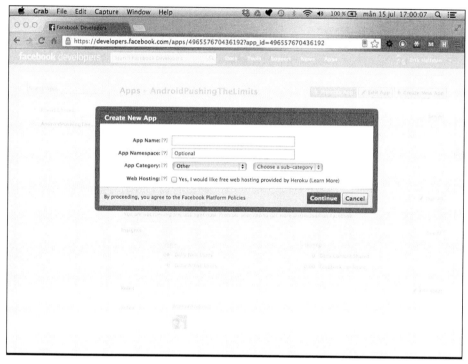

图17-2　使用Facebook Developer控制台创建新的支持Facebook认证的应用

通过在终端输入如下命令来为应用生成散列密钥：

```
$ keytool -exportcert -alias androiddebugkey ˜Ckeystore ~/.android/debug.keystore |
openssl sha1 -binary | openssl base64
```

完成了在线注册后，复制应用程序ID，并把它加到应用的String资源中。接下来在清单文件中添加指向该ID `metadata`元素以及Facebook的`LoginActivity`引用。

　　下面的AndroidManifest.xml代码片段展示了集成Facebook所需的组件和`metadata`（以粗体标记）：

```
<application
    android:allowBackup="true"
    android:icon="@drawable/ic_launcher"
    android:label="@string/app_name"
    android:theme="@style/AppTheme" >
```

```
<uses-permission android:name="android.permission.INTERNET" />

<activity
    android:name="com.apt1.myfacebookdemo.MainActivity"
    android:label="@string/app_name" >
    <intent-filter>
        <action android:name="android.intent.action.MAIN" />
        <category android:name="android.intent.category.LAUNCHER" />
    </intent-filter>
</activity>
<activity android:name="com.facebook.LoginActivity"/>
<meta-data android:name="com.facebook.sdk.ApplicationId"
            android:value="@string/facebook_app_id" />
```
</application>

接下来，需要在 MainActivity 中实现 Facebook 回调。另外，不要忘了添加 INTERNET 权限。

UiLifecycleHelper 类考虑了 Activity 的所有状态变化。开发者所要做的就是重写 onCreate()、onResume()、onActivityResult()、onPause() 以及 onDestroy() 方法，并相应地调用 UiLifecycleHelper 类的方法，如下所示：

```
public class MainActivity extends Activity
                          implements Session.StatusCallback {
    private UiLifecycleHelper mUiLifecycleHelper;

    @Override
    protected void onCreate(Bundle savedInstanceState) {
        super.onCreate(savedInstanceState);
        setContentView(R.layout.activity_main);
        LoginButton authButton =
                        (LoginButton) findViewById(R.id.authButton);
        authButton.setReadPermissions(Arrays.asList("user_birthday",
                                            "friends_birthday"));
        mUiLifecycleHelper = new UiLifecycleHelper(this, this);
        mUiLifecycleHelper.onCreate(savedInstanceState);
    }

    @Override
    protected void onResume() {
        super.onResume();
        mUiLifecycleHelper.onResume();
    }

    @Override
    protected void onPause() {
        super.onPause();
        mUiLifecycleHelper.onPause();
    }

    @Override
    protected void onDestroy() {
        super.onDestroy();
        mUiLifecycleHelper.onDestroy();
    }

    @Override
```

```
protected void onSaveInstanceState(Bundle outState) {
    super.onSaveInstanceState(outState);
    mUiLifecycleHelper.onSaveInstanceState(outState);
}

@Override
protected void onActivityResult(int requestCode, int resultCode,
                                Intent data) {
    super.onActivityResult(requestCode, resultCode, data);
    mUiLifecycleHelper.onActivityResult(requestCode, resultCode, data);
}

@Override
public void call(Session session, SessionState state,
                 Exception exception) {
    // 回调处理session状态变化
}
}
```

注意添加到Activity布局中的LoginButton。可以使用它提供一个默认的Facebook登录按钮。还可以传递额外的参数，比如必要的权限，这些都会传给身份验证过程。当用户点击登录按钮，会出现一个对话框，询问用户是否允许应用程序获取请求所需要的权限，如图17-3所示。

图17-3　对话框询问用户是否允许应用访问具体的Facebook数据

开发者可以像下面一样在XML布局中添加Facebook登录按钮。通过这种方式，可以控制按钮的显示位置，同时给用户提供一个熟悉的登录Facebook的入口。

```
<com.facebook.widget.LoginButton
        android:id="@+id/authButton"
        android:layout_width="wrap_content"
        android:layout_height="wrap_content"
        android:layout_gravity="center_horizontal"
        android:layout_marginTop="5dp" />
```

一旦完成有效的身份验证，开发者就可以使用SDK中Request类来执行请求了。该类有多个版本的方法，有些是异步的，在一个单独的后台线程中执行网络请求，有的则是同步的，开发者可以自己控制后台线程。下面的代码使用异步方法请求用户的好友。

```
public void doLoadFriendList(View view) {
    if(SessionState.OPENED_TOKEN_UPDATED.
            equals(mSessionState)
            || SessionState.OPENED.equals(mSessionState)) {
        Request.executeMyFriendsRequestAsync(mSession,
            new Request.GraphUserListCallback() {
            @Override
            public void onCompleted(List<GraphUser> friends,
                                    Response response) {
                Log.d(TAG, "Friends loaded: " + friends.size());
                mFriendListAdatper.clear();
                mFriendListAdatper.addAll(friends);
                mFriendListAdatper.notifyDataSetChanged();
            }
        });
    }
}
```

在应用中使用Facebook SDK比上一节所示的基于网页的OAuth2简单很多。Facebook SDK不光提供了安全的授权方法，还能保持UI的一致性。

17.2.4   寻找在线 Web 服务和 API

提供一个所有可用的在线Web服务的完整列表不太现实，主要是因为名单每天都在改变。然而，还是有很多有用的提供各种功能的在线资源。http://www.programmableweb.com/就是个不错的开始，它提供很多不同的Web服务以及API在线目录。另外两个不错的目录资源有：http://apis.io/ 和lhttps://www.mashape.com/。

如果开发者需要一个在线服务，放心，基本上都能找到一些现存的Web服务或者在线API。虽然这些服务大部分都有免费的版本，但有一些还是需要付费（通常基于使用量或月费），或者需要联系提供商来签订使用合同。通常，相比从头自己实现Web服务，使用现成的服务会更便宜，除非该服务是你的核心业务。

17.3   网络和功耗

当谈到功耗，电池消耗的第二大原因往往和网络流量有关（屏幕通常是最耗电的）。禁止移动数据能显著减少用电量，但用户同时也将失去在线连接的所有功能。为了增加电池的使用寿命，智能手机制造商、芯片厂商，以及谷歌都实施了一系列方法来减少网络流量和电池消耗。但是，除非应用程序开发人员遵循设计准则并能游刃有余地使用一些工具，否则这些改进都是徒劳的。

由于Android平台的开放性，单个应用可以在超出实际需要的情况下保持较高的移动功率，由此更快地消耗电量。在较新版本的Android中，用户可以跟踪每个应用的网络使用情况（见图17-4）。虽然对开发者来说，网络流量不会有任何花费；但对用户来说，过度使用会消耗电量，且产生流量收费，很可能导致差评。确保不使用更多的数据对开发者来说非常有益。

图17-4　电池消耗页，展示一定时期各应用的数据使用情况

智能手机的无线硬件（即Wi-Fi和蜂窝网络芯片）都有内置省电功能，它们能在网络流量不活跃时自动关闭连接（也就是没有传入或者传出的数据包），并能把功耗降到一个非常低的水平。当应用程序要发送数据或者等待接收输入数据和包时，网络硬件将禁用省电模式，以便能尽可能快速和有效地发送数据。

如果设备上只有一个应用程序正在发起网络调用，一般不会有电池消耗的问题。只有当许多应用都要随机地访问网络时才会出问题。

17.3.1　一般准则

在请求网络前，首先考虑用户目前是否确实需要这些数据。例如，如果应用程序获取的数据量相当小，可以在用户启动应用或者收到通知（通过谷歌云消息服务或者其他推送通知服务）时获取数据，而不是定期地不断去更新数据。获取数据时，开发者最常犯的错误是发起不必要的网络请求。在许多情况下，可以只在用户显示请求时才去更新数据（如应用程序启动时）。

其次，考虑需要检索多少数据。例如，对一个电子邮件应用来说，获取最新的十封邮件标题通常就足够了，这可能比较难以实现，特别是在服务器端，但是它能节省数据流量，并且还能减少网络传输的时间。使用不同类型的缓存（比如在Android 4.0中，为HttpUrlConnection引入的响应缓存）和较小的页面检索能大大降低应用程序的网络流量。

同时，由于HttpUrlConnection类现在支持透明压缩，所以如果可能的话，确保数据在服务器端进行了gzip压缩——大多数主要的Web服务默认都打开了压缩/解压缩功能。另一种优化数据量的方式是选择更好的数据格式，这通常涉及数据量的大小以及数据格式是否支持动态特性之间的权衡。如果可能的话，选择能拓展数据定义且能向后兼容的格式。多数情况下使用JSON就足够了，它还允许使用相同的后端网页客户端，但是如果考虑大小的话，Google Protocol Buffer可能是最好的选择。

最后，笔者的第三个建议和第一个有关。如果有新的消息要通知用户，或者需要用户注意一些其他在线信息，不要等到用户启动应用的时候才去发起网络请求。在这种情况下，开发者有两个选择：定时轮询服务或者让服务器把信息推送到客户端。

17.3.2　高效的网络轮询

网络轮询有几个缺点，但有时开发者只能使用它来检查在线服务是否有新的数据。幸好Android提供了AlarmManager API，能方便地进行轮询。

下面的例子会每隔15分钟进行一次轮询。注意闹钟（alarm）的类型为ELAPSED_REALTIME：

```
public void scheduleNetworkPolling() {
    AlarmManager alarmManager = (AlarmManager)
            getSystemService(ALARM_SERVICE);
    int alarmType = AlarmManager.ELAPSED_REALTIME;
    long interval = AlarmManager.INTERVAL_FIFTEEN_MINUTES;
    long start = System.currentTimeMillis() + interval;

    Intent pollIntent
            = new Intent(MyNetworkService.ACTION_PERFORM_POLL);
    PendingIntent pendingIntent
            = PendingIntent.getService(this, 0, pollIntent, 0);

    alarmManager.setInexactRepeating(alarmType,
            start, interval, pendingIntent);
}
```

如果要从挂起模式唤醒设备，需把ELAPSED_REALTIME值修改为ELAPSED_REALTIME_WAKEUP。然而这样做会消耗更多电量，因为每隔15分钟设备就会从挂起模式被唤醒。

setInexactRepeating()的工作方式是，所有使用相同时间间隔服务注册唤醒的应用会在同一时间被唤醒。无论应用程序何时注册了15分钟的唤醒间隔，它都会像其他注册的应用一样同时收到PendingIntent。

虽然这种方式并不能降低消耗的电量，但是如果所有需要周期性轮询的应用都使用它，就能减少设备整体的电量消耗。这能确保在15分钟的间隔内不会再有网络轮询发生。

17.3.3　服务器端推送

减少网络调用次数最好的解决办法是使用服务器端推送。这种技术可以让服务器主动通知客户端有新的数据需要检索。服务器端推送可以有多种形式，它可以不直接连接到互联网（比如短信），也可以是长期保持活跃的常规TCP套接字连接。

对于服务器端推送通知，最明显的选择是谷歌云消息服务，第19章会详细介绍它。然而，除此之外还有两个可用解决方案。

1. 短信推送通知

正如第15章介绍的，开发者可以注册`BroadcastReceiver`来接收传入的短信（SMS）。该解决方案可以唤醒设备，并通知应用需要获取新的数据。虽然这种方案有一定的成本开销，但它可以用于那些发生频率很低，或者开发者能够免费发送短信的通知（如开发者正在为电信运营商开发应用）。

下面的代码稍微修改了第15章的示例。取决于是否收到预期的短信，`processSms()`方法将返回`true`或者`false`。如果为`true`，则会启动网络服务，并调用`abortBroadcast()`和`setResultData(null)`方法，以确保其他接收器不会收到该短信。

```java
public class MySmsPushNotifier extends BroadcastReceiver {
    // 复制自Telephony.java文件
    public static final String SMS_RECEIVED_ACTION
            = "android.provider.Telephony.SMS_RECEIVED";
    public static final String MESSAGE_SERVICE_NUMBER = "+461234567890";
    private static final String MESSAGE_SERVICE_PREFIX = "MYSERVICE";

    public void onReceive(Context context, Intent intent) {
        String action = intent.getAction();
        if (SMS_RECEIVED_ACTION.equals(action)) {
            Object[] messages =
                    (Object[]) intent.getSerializableExtra("pdus");
            for (Object message : messages) {
                byte[] messageData = (byte[]) message;
                SmsMessage smsMessage =
                        SmsMessage.createFromPdu(messageData);
                if (processSms(smsMessage)) {
                    Intent networkIntent
                            = new Intent(MyNetworkService.
                            ACTION_PERFORM_NETWORK_CALL);
                    context.startService(networkIntent);
                    abortBroadcast();
                    setResultData(null);
                }
            }
        }
    }
```

17

```
private boolean processSms(SmsMessage smsMessage) {
    String from = smsMessage.getOriginatingAddress();
    if (MESSAGE_SERVICE_NUMBER.equals(from)) {
        String messageBody = smsMessage.getMessageBody();
        if (messageBody.startsWith(MESSAGE_SERVICE_PREFIX)) {
            return true;
        }
    }
    return false;
}
```

为了比默认的短信接收器优先处理短信，需要修改intent-filter的优先级，如下所示：

```
<receiver android:name=".MySmsPushNotifier">
    <intent-filter android:priority="9999">
        <action android:name="android.provider.Telephony.SMS_RECEIVED" />
    </intent-filter>
</receiver>
```

2. 用于服务器端推送的Web Socket

本章前面介绍了如何使用Web Socket。开发者可以使用Web Socket创建一个轻量级的服务器端推送通知服务。该方法并非万无一失，为了使其更有效，需要在服务器端和客户端调整套接字的超时时间。

下面的代码演示了推送通知的各种回调方法：

```
class PushNotificationSocket extends WebSocketClient {

    public PushNotificationSocket(URI serverURI) {
        super(serverURI);
    }

    @Override
    public void onOpen(ServerHandshake serverHandshake) {
        // Web Socket打开了，现在可以注册通知
    }

    @Override
    public void onMessage(String message) {
        try {
            JSONObject jsonObject = new JSONObject(message);
            parseNotification(jsonObject);
        } catch (JSONException e) {
            Log.e(TAG, "Error parsing notification message!", e);
        }
    }

    @Override
    public void onClose(int code, String reason, boolean remote) {
        // Socket关闭了，如果是由于网络超时或者其他类似原因无意关闭的，需要重新打开
    }

    @Override
    public void onError(Exception e) {
```

```
            // 出错了，可能是由于网络超时
            // 如果可能的话重新连接
        }
    }
```

上面的代码并不完整，但是描述了Web Socket是如何用于轻量级的服务器端推送通知的。开发者还需要一个能响应Web Socket请求的服务器。第18章会介绍一个类似的服务器，它同样使用了本章用到的Web Socket库。另外，开发者还可以在服务器端Java应用中使用这个库。

17.4 小结

本章介绍了使用多个不同的API和库进行HTTP通信的最佳方式。大多数情况下，标准的`HttpUrlConnection`就足够了，但是如果要进行很多网络调用，开发者应该考虑使用本章介绍的其他方法。

本章还介绍了如何集成三种不同类型的Web服务，从最简单的不需要任何身份验证的服务，到较复杂的需要OAuth2或者本地Android SDK验证的服务。大部分Web服务都属于这三类。

本章最后提供了关于电池消耗以及网络操作的一些指南。如果可能的话，尽量使用谷歌云消息服务，服务器会在有可用的数据时通知应用程序。然而，不能使用服务器端推送时，开发者应该使用`AlarmManager`定期执行网络请求，从而使设备处于挂起状态的时间更长。

网络是一个复杂的话题，篇幅所限，本章不可能介绍所有的方法。在请求网络前，确保网络是可用的，并按照第8章的讲述，使用`BroadcastReceiver`来监听连接的变化。如果应用程序发送大量的数据（如高分辨率照片），考虑在应用中增加一个选项，在手机使用移动网络时禁止网络通信，只允许通过Wi-Fi来传送数据。最好是通过设置界面来完成这些操作，如第9章所述。最后，所有的网络操作都可能失败或者响应异常，所以实现正确而全面的错误处理非常重要。强烈建议开发者编写自动化单元测试，以尽可能地验证应用代码，如第10章所述。

17.5 延伸阅读

1. 文档

❏ HTTP协议：http://www.w3.org/Protocols/

2. 网站

❏ SPDY规范和白皮书：http://dev.chromium.org/spdy/spdy-whitepaper

❏ 基于SPDY的最新HTTP/2.0草案：http://http2.github.io/http2-spec/

❏ OAuth圣经：https://github.com/Mashape/mashape-oauth/blob/master/FLOWS.md

❏ OAuth2工作原理：http://aaronparecki.com/articles/2012/07/29/1/oauth2-simplified

❏ 如何在不耗尽电池的情况下进行定期网络更新：http://developer.android.com/training/efficient-downloads/regular_updates.html

❏ 如何编写高效的网络应用程序：http://developer.sonymobile.com/knowledge-base/tutorials/android_tutorial/how-to-develop-energy-and-network-efficient-apps-tutorial/

第 18 章

与远程设备通信

Android应用中最常见的网络通信是调用在线Web服务，本书第17章已介绍过。然而，还有另一种形式的通信，就是和其他本地设备进行通信。其他设备可以是Android智能手机、活动追踪器、心跳监视器、无线气象站，或只是普通的笔记本电脑。Android支持多种用于这些设备间通信的技术。开发者可以使用USB电缆连接两个设备，使用蓝牙低功耗（Bluetooth Low Energy）进行短距离低功率的无线通信，或者使用Wi-Fi Direct进行高速的对等网络通信。

本章会介绍Android支持的几种不同的网络通信技术（USB、蓝牙低功耗以及Wi-Fi）。首先会介绍Wi-Fi Direct，它允许使用Wi-Fi在多个设备间进行高速对等连接。接下来会介绍如何使用API中内建的搜索服务查找Wi-Fi（或者Wi-Fi Direct）。最后，本章会展示如何在应用中实现自己的网络服务器，以及如何在它上面使用RESTful网络服务或者异步Web Socket服务器发布API。

18.1　Android 中的连接技术

大多数Android设备都支持多种连接技术。通常，它们是USB、蓝牙以及Wi-Fi。这些技术可以分为几类。例如，可以使用API通过USB进行原始串行通信，或者使用谷歌专门为访问Android设备硬件配件定义的Android开放配件协议（Android Open Accessory Protocol，AOAP）。AOAP是通过配件开发套件（Accessory Development Kit，ADK）支持的。

所有的Android设备都支持经典蓝牙配置文件（Classic Bluetooth profiles），它适合更耗电的操作，比如视频流。Android 4.3开始支持蓝牙低功耗以及蓝牙智能（Bluetooth Smart）技术，它能够和支持GATT配置的设备进行通信（如心脏检测器、计步器以及其他低功率配件）。

对于需要更多数据密集型通信的场景，可以使用Wi-Fi。Android支持三种Wi-Fi操作模式：infrastructure（连接到一个接入点的标准Wi-Fi）、网络共享（Android设备充当其他设备的Wi-Fi接入点），以及Wi-Fi Direct。当设备连到Wi-Fi并访问互联网时通常使用Infrastructure模式。就本章而言，只需知道所有的设备都连到同一个Wi-Fi网络（这通常意味着在家里、工作场所或者其他地方使用公共的Wi-Fi）会工作得很好。由于只能通过设置程序的网络菜单才能激活网络共享（除非能访问平台证书，详见第16章），这意味着开发者对它没有多大的兴趣。

Wi-Fi Direct是Android中最有趣的技术，因为在最新的设备上它可以与infrastructure模式并行工作（即在连到家用Wi-Fi时还可以并行使用Wi-Fi Direct）。Wi-Fi Direct允许应用程序建立对等的

Wi-Fi网络，而不需要专门的访问点。这使得在一个比较特别的情况下在设备间使用Wi-Fi Direct非常有吸引力。它还提供了高速的连接，这些通过互联网上的服务器路由是达不到的。例如，如果想创建一个不需要互联网连接的多人游戏或者需要和朋友更快更安全地共享数据（如照片），Wi-Fi Direct会非常合适。

18.2　Android USB

Android中USB相关的API位于android.hardware.usb包。此外在运行Android 2.3.4的设备上，还有支持USB配件的库。本章关注USB通信的主机模式。有关USB外设模式的信息可参见：http://developer.android.com/guide/topics/connectivity/usb/accessory.html。

在USB的设计中，会有一个设备充当**主机**。除了其他功能，主机还可以给所连接的设备供电，这就是不需要给USB鼠标添加额外的电池，以及可以使用笔记本电脑上的USB端口给智能手机充电的原因。

Android设备也可以作为USB主机为外部设备供电，这意味着可以把诸如读卡器、指纹扫描仪，以及其他USB外设连接到Android设备上。

要在应用中打开USB通信，首先要定义连接USB设备时需要启动的`Activity`。下面展示了相应的清单文件。注意`metadata`元素引用的XML文件，它可以用来选择应用程序要触发的USB设备。

```xml
<activity
    android:name=".MyUsbDemo"
    android:label="@string/app_name" >
    <intent-filter>
        <action
            android:name="android.hardware.usb.action.USB_DEVICE_ATTACHED" />
    </intent-filter>
    <meta-data
            android:name="android.hardware.usb.action.USB_DEVICE_ATTACHED"
            android:resource="@xml/device_filter" />
</activity>
```

device_filter.xml文件如下所示。本例会过滤Arduino Uno板，在智能手机上插入这样的USB设备会启动`Activity`。

```xml
<resources>
    <usb-device vendor-id="9025" product-id="67" />
</resources>
```

下面代码所示的`onResume()`方法演示了如何从启动`Activity`的`Intent`中获取`UsbDevice`实例。

```java
protected void onResume() {
    super.onResume();
    Intent intent = getIntent();
    UsbDevice device = (UsbDevice) intent.
            getParcelableExtra(UsbManager.EXTRA_DEVICE);
```

18

```
    Log.d(TAG, "Found USB Device: " + device.toString());
    new Thread(new UsbCommunciation(device)).start();
}
```

获取UsbDevice对象后，通过打开连接、声明接口、获取读写终端来与设备通信。下面的例子通过使用buildTransfer()方法不断地往设备中写入同样的消息和读取响应。

```java
private class UsbCommunciation implements Runnable {
    private final UsbDevice mDevice;

    UsbCommunciation(UsbDevice dev) {
        mDevice = dev;
    }

    @Override
    public void run() {
        UsbDeviceConnection usbConnection
                        = mUsbManager.openDevice(mDevice);
        if (!usbConnection.claimInterface(mDevice.getInterface(1),
                                    true)) {
            return;
        }
        // 设置Arduino USB串口转换器
        usbConnection.controlTransfer(0x21, 34, 0, 0, null, 0, 0);
        usbConnection.controlTransfer(0x21, 32, 0, 0,
                            new byte[]{(byte) 0x80, 0x25, 0x00,
                                    0x00, 0x00, 0x00, 0x08},
                            7, 0);

        UsbEndpoint output = null;
        UsbEndpoint input = null;

        UsbInterface usbInterface = mDevice.getInterface(1);
        for (int i = 0; i < usbInterface.getEndpointCount(); i++) {
            if (usbInterface.getEndpoint(i).getType() ==
                UsbConstants.USB_ENDPOINT_XFER_BULK) {
                if (usbInterface.getEndpoint(i).getDirection() ==
                    UsbConstants.USB_DIR_IN) {
                    input = usbInterface.getEndpoint(i);
                }
                if (usbInterface.getEndpoint(i).getDirection() ==
                    UsbConstants.USB_DIR_OUT) {
                    output = usbInterface.getEndpoint(i);
                }
            }
        }

        byte[] readBuffer = new byte[MAX_MESSAGE_SIZE];
        while (!mStop) {
            usbConnection.bulkTransfer(output, TEST_MESSAGE,
                                TEST_MESSAGE.length, 0);
            int read = usbConnection.bulkTransfer(input, readBuffer,
                                        0, readBuffer.length,
                                        0);
```

```
        handleResponse(readBuffer, read);
        SystemClock.sleep(1000);
    }

    usbConnection.close();
    usbConnection.releaseInterface(usbInterface);
  }
}
```

　　在无线接口不够用时，USB通信会很方便。如果开发者需要为一个新配件开始原型设计，而又没有可以工作的蓝牙或者Wi-Fi栈时，USB会是一个简单的解决方案。

18.3　蓝牙低功耗

　　谷歌在Android 4.3开始支持蓝牙智能，其中也包括对心率监视器和活动跟踪器等蓝牙低功耗（BLE）设备的支持。通过扩展应用支持各种设备，它为开发者构建令人激动的新特性开辟了可能性。

　　图18-1是蓝牙低功耗的结构。一个设备可以有多个服务，如电池、心率监视器和自行车骑行速度。每个服务都有一些特性，如心率监视器的身体位置，或者自行车的RPM数量。有些特性，比如当前时间，支持从客户端写操作（开发者的Android设备），而另一些只支持读取和/或通知。此外，每种特性可以有多个描述符。描述符用来描述特性的额外信息。

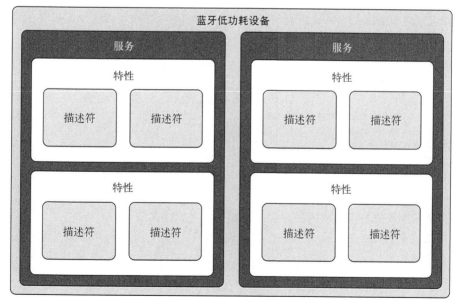

图18-1　蓝牙低功耗系统设计

　　为了支持蓝牙低功耗，首先需要在应用中添加BLUETOOTH和BLUETOOTH_ADMIN权限，如下所示。此外，还应该声明使用bluetooth_le特性，以便过滤那些不支持的设备。

```
<uses-permission android:name="android.permission.BLUETOOTH"/>
<uses-permission android:name="android.permission.BLUETOOTH_ADMIN"/>

<uses-feature android:name="android.hardware.bluetooth_le"
              android:required="true"/>
```

在进行蓝牙操作前（不管是蓝牙低功耗还是经典蓝牙），需要验证是否打开了蓝牙。下面的方法检查是否开启了蓝牙，如果没有打开，显示系统对话框要求用户开启蓝牙功能。

```
protected void onResume() {
    super.onResume();
    if(!mBluetoothAdapter.isEnabled()) {
        Intent enableIntent = new Intent(BluetoothAdapter.
                                            ACTION_REQUEST_ENABLE);
        startActivityForResult(enableIntent, ENABLE_REQUEST);
    }
}
```

接下来，可以开始扫描蓝牙低功耗设备了，如下所示：

```
public void doStartBtleScan() {
    mLeScanCallback = new MyLeScanCallback();
    BluetoothManager bluetoothManager =
            (BluetoothManager) getSystemService(Context.BLUETOOTH_SERVICE);
    mBluetoothAdapter = bluetoothManager.getAdapter();
    mBluetoothAdapter.startLeScan(mLeScanCallback);
}
```

找到蓝牙低功耗设备后，系统会调用回调函数，在回调函数中可以继续扫描其他设备并完成设备连接。下面的代码没有进一步扫描设备，而是初始化了一个连接。

```
private class MyLeScanCallback implements BluetoothAdapter.LeScanCallback {
    @Override
    public void onLeScan(BluetoothDevice bluetoothDevice,
                         int rssi, byte[] scanRecord) {
        // TODO: 确认找到了正确的设备
        mBluetoothAdapter.stopLeScan(this);
        mMyGattCallback = new MyGattCallback();
        mGatt = bluetoothDevice.connectGatt(BtleDemo.this,
                                            false, mMyGattCallback);
    }
}
```

如果应用程序要连特定类型的设备，可以在连接之前检查设备。

完成连接后会回调onConnectionStateChange()方法。此时可以发现远程设备上可用的服务，如下所示：

```
private class MyGattCallback extends BluetoothGattCallback {
    @Override
    public void onConnectionStateChange(BluetoothGatt gatt,
                                        int status, int newState) {
        super.onConnectionStateChange(gatt, status, newState);
        if(newState == BluetoothGatt.STATE_CONNECTED &&
            status == BluetoothGatt.GATT_SUCCESS) {
```

```
        Log.d(TAG, "Connected to " + gatt.getDevice().getName());
        gatt.discoverServices();
    }
}
```

当发现蓝牙低功耗设备服务后，可以像下面的代码所示遍历服务和它的特性。对每一个特性，检查是否支持读取和通知，如果支持的话调用相应的方法。

```
@Override
public void onServicesDiscovered(BluetoothGatt gatt, int status) {
    super.onServicesDiscovered(gatt, status);
    if(status == BluetoothGatt.GATT_SUCCESS) {
        List<BluetoothGattService> services = gatt.getServices();
        for (BluetoothGattService service : services) {
            Log.d(TAG, "Found service: " + service.getUuid());
            for (BluetoothGattCharacteristic characteristic :
                                    service.getCharacteristics()) {
                Log.d(TAG, "Found characteristic: " +
                        characteristic.getUuid());

                if(hasProperty(characteristic,
                        BluetoothGattCharacteristic.PROPERTY_READ)) {
                    Log.d(TAG, "Read characteristic: " +
                            characteristic.getUuid());
                    gatt.readCharacteristic(characteristic);
                }

                if(hasProperty(characteristic,
                        BluetoothGattCharacteristic.PROPERTY_NOTIFY)) {
                    Log.d(TAG, "Register notification for characteristic: "
                            + characteristic.getUuid());
                    gatt.setCharacteristicNotification(characteristic,
                                                    true);
                }
            }
        }
    }
}

public static boolean hasProperty(BluetoothGattCharacteristic
    characteristic, int property) {
    int prop = characteristic.getProperties() & property;
    return prop == property;
}
```

对服务特性的读取是异步的，所以需要在回调函数中读取数据。注册通知也使用相同接口的回调来通知更新。下面的代码展示了如何从特性中读取32位整型数值。

```
@Override
public void onCharacteristicRead(BluetoothGatt gatt,
    BluetoothGattCharacteristic characteristic, int status) {
    super.onCharacteristicRead(gatt, characteristic, status);
    if(status == BluetoothGatt.GATT_SUCCESS) {
        Integer value =
```

18

```
characteristic.getIntValue(BluetoothGattCharacteristic.FORMAT_SINT32,
                            0);
        // TODO：处理数据读取
    }
}

@Override
public void onCharacteristicChanged(BluetoothGatt gatt, BluetoothGattCharacteristic
characteristic) {
    super.onCharacteristicChanged(gatt, characteristic);
    Integer value = characteristic.
                        getIntValue(BluetoothGattCharacteristic.
                        FORMAT_SINT32, 0);
    // TODO：处理通知中的值
}
```

確保参考全面的蓝牙规范，具体可查看蓝牙工作组网站：https://developer.bluetooth.org/gatt/
Pages/default.aspx。

18.4   Android Wi-Fi

Wi-Fi是Wi-Fi联盟管理的各种技术标准的统称。Wi-Fi Direct是运行在802.11n标准之上的额外技术。使用该技术的设备不需要专门的连接点，这点和蓝牙非常类似，不过Wi-Fi Direct使用高速的Wi-Fi进行通信。

但是，即使设备都在同一个Wi-Fi上，为了建立连接仍然需要发现它们。发现意味着找到运行服务的设备的IP地址。Android已经内置了网络发现API，支持标准的Wi-Fi（infrastructure）和Wi-Fi Direct，可以让设备发现使用DNS-SD协议声明的服务。

18.4.1   服务发现

USB和蓝牙都能自动发现提供的服务，但是它们和在Wi-Fi网络上发布的Web服务并不一样。不过，Android提供了标准的发现机制，允许开发者宣布自己的服务以及发现本地网络上的服务。该实现包括两个标准：mDNS和DNS-SD。mDNS是一个多播协议，使用UDP组播协议宣布和发现主机。DNS-SD是一个服务发现协议，用于宣布和发现运行在远程主机（通常限于本地网络）的服务。可以通过android.net.nsd包以及NsdManager使用这些功能。

下面的代码用来声明设备中的服务：

```
private void announceService() {
    NsdManager nsdManager = (NsdManager) getSystemService(NSD_SERVICE);
    NsdServiceInfo nsdServiceInfo = new NsdServiceInfo();
    nsdServiceInfo.setPort(8081);
    nsdServiceInfo.setServiceName("MyService");
    nsdServiceInfo.setServiceType("_http._tcp.");
```

```
    mRegistrationListener = new MyRegistrationListener();
    nsdManager.registerService(nsdServiceInfo,
            NsdManager.PROTOCOL_DNS_SD,
            mRegistrationListener);
}
```

注意：如果跳过给`NsdServiceInfo`设置主机名，它会使用Wi-Fi网络中设备的IP地址。mDNS的服务类型必须是一个有效的类型。如果该服务是一个网络服务器（或者Web Socket），则可以使用前面例子中的类型。mDNS协议的详细描述以及如何构建一个有效的服务类型请见：http://files. dns-sd.org/draft-cheshire-dnsext-dns-sd.txt。在调用`NsdManager.registerService()`后，`NsdManager`开始宣布在本地Wi-Fi上的服务，当注册状态发生变化后会触发`mRegistrationListsner`中的回调。

如果要发现一个服务，可以使用相同的API，但是相应地要调用`NsdManager.discoverServices()`方法，如下所示：

```
private void discoverService() {
    mDiscoveryListener = new MyDiscoveryListener();
    NsdManager nsdManager = (NsdManager) getSystemService(NSD_SERVICE);
    nsdManager.discoverServices("_http._tcp.",
            NsdManager.PROTOCOL_DNS_SD,
            mDiscoveryListener);
}
```

注意，需要使用服务类型来搜索服务，一旦服务的状态发生变化（发现和丢失某些东西、启动和停止发现服务）都会收到回调。

找到服务后，需要解析它以获取更全面的信息，可以调用`NsdManager.resolveService()`方法来解析，如下面的代码所示。

```
@Override
public void onServiceFound(NsdServiceInfo serviceInfo) {
    NsdManager nsdManager = (NsdManager) getSystemService(NSD_SERVICE);
    nsdManager.resolveService(serviceInfo, mResolveListener);
}
```

当解析完成后，开发者会收到一个回调，如下面的代码所示，在回调中可以提取远程服务的主机名和端口。

```
@Override
public void onServiceResolved(NsdServiceInfo serviceInfo) {
    mRemoteHost = serviceInfo.getHost();
    mRemotePort = serviceInfo.getPort();
}
```

通过`NsdManager`使用网络发现服务可以在不强制用户手动输入IP地址的情况下和本地设备进行通信。当要创建共享数据（比如共享相册）的应用或者建立一个本地多人游戏时，这会非常有用。

稍后18.5节会展示如何实现在设备上运行Web服务。结合本节介绍的mDNS功能，开发者可以创建跨设备的功能强大的服务，而很少或者不需要用户交互。

18

18.4.2 Wi-Fi Direct

Wi-Fi Direct是Wi-Fi联盟 802.11标准的一部分，允许在设备间进行高速的Wi-Fi通信，而不需要专门的接入点。它基本上是一个采用Wi-Fi技术的对等协议。所有运行2.3（Gingerbread）及后续版本的设备都支持Wi-Fi Direct，但是直到Android 4.1以及网络服务发现API的引入，开发人员才真正对Wi-Fi Direct变得感兴趣。

在运行Android 4.0或更高版本的设备上，通常可以并行地运行Wi-Fi Direct，这意味着设备可以同时支持Wi-Fi Direct以及普通的Wi-Fi。

首先，需要在代码中注册BroadcastReceiver，它会在Wi-Fi Direct网络连接变化时收到通知，如下面的代码所示。

```
protected void onCreate(Bundle savedInstanceState) {
    super.onCreate(savedInstanceState);
    setContentView(R.layout.wifi_direct_services);
    IntentFilter intentFilter = new IntentFilter(WifiP2pManager.
                            WIFI_P2P_PEERS_CHANGED_ACTION);
    intentFilter.addAction(WifiP2pManager.
                            WIFI_P2P_CONNECTION_CHANGED_ACTION);
    mReceiver = new MyWifiDirectReceiver();
    registerReceiver(mReceiver, intentFilter);
}
```

接下来，在要发布服务的设备上初始化Wi-Fi Direct渠道，创建一个WifiP2pServiceInfo来标识服务，并将其添加为一个本地服务。这些就是服务器端所需要的设置。下面代码中的方法就是用来执行这些操作的。

```
private void announceWiFiDirectService() {
    Log.d(TAG, "Setup service announcement!");
    mWifiP2pManager = (WifiP2pManager) getSystemService(WIFI_P2P_SERVICE);
    HandlerThread handlerThread = new HandlerThread(TAG);
    handlerThread.start();
    mWFDLooper = handlerThread.getLooper();
    mChannel = mWifiP2pManager.initialize(this, mWFDLooper,
            new WifiP2pManager.ChannelListener() {
                @Override
                public void onChannelDisconnected() {
                    Log.d(TAG, "onChannelDisconnected!");
                    mWFDLooper.quit();
                }
            });
    Map<String, String> txtRecords = new HashMap<String, String>();
    mServiceInfo = WifiP2pDnsSdServiceInfo.newInstance(SERVICE_NAME,
            "_http._tcp",
            txtRecords);
    mWifiP2pManager.addLocalService(mChannel, mServiceInfo,
                                new WifiP2pManager.ActionListener() {
        @Override
        public void onSuccess() {
            Log.d(TAG, "Service announcing!");
        }
```

```
        @Override
        public void onFailure(int i) {
            Log.d(TAG, "Service announcement failed: " + i);
        }
    });
}
```

作为客户端的设备也要执行相似的设置，但不是发布一个服务，而是要告诉WifiP2pManager需要监听对等的设备，还要使用WifiP2pServiceRequest来搜索服务。下面的代码显示了这种方法。

```
private void discoverWiFiDirectServices() {
    mWifiP2pManager = (WifiP2pManager) getSystemService(WIFI_P2P_SERVICE);
    HandlerThread handlerThread = new HandlerThread(TAG);
    handlerThread.start();
    mWFDLooper = handlerThread.getLooper();
    mChannel = mWifiP2pManager.initialize(this, mWFDLooper,
            new WifiP2pManager.ChannelListener() {
                @Override
                public void onChannelDisconnected() {
                    Log.d(TAG, "onChannelDisconnected!");
                    mWFDLooper.quit();
                }
            });
    mServiceRequest = WifiP2pDnsSdServiceRequest.newInstance("_http._tcp");
    mWifiP2pManager.addServiceRequest(mChannel, mServiceRequest, null);
    mWifiP2pManager.setServiceResponseListener(mChannel, this);
    mWifiP2pManager.setDnsSdResponseListeners(mChannel, this, this);
    mWifiP2pManager.discoverPeers(mChannel,
                                new WifiP2pManager.ActionListener() {
        @Override
        public void onSuccess() {
            Log.d(TAG, "Peer discovery started!");
        }

        @Override
        public void onFailure(int i) {
            Log.d(TAG, "Peer discovery failed: " + i);
        }
    });
    mWifiP2pManager.discoverServices(mChannel,
                                new WifiP2pManager.ActionListener() {
        @Override
        public void onSuccess() {
            Log.d(TAG, "Service discovery started!");
        }

        @Override
        public void onFailure(int i) {
            Log.d(TAG, "Service discovery failed: " + i);
        }
    });
}
```

18

当找到符合WifiP2pServiceRequest的服务后，下面的回调函数会被调用：

```
@Override
public void onDnsSdServiceAvailable(String instanceName,
                                    String registrationType,
                                    WifiP2pDevice srcDevice) {
    Log.d(TAG, "DNS-SD Service available: " + srcDevice);
    mWifiP2pManager.clearServiceRequests(mChannel, null);
    WifiP2pConfig wifiP2pConfig = new WifiP2pConfig();
    wifiP2pConfig.deviceAddress = srcDevice.deviceAddress;
    wifiP2pConfig.groupOwnerIntent = 0;
    mWifiP2pManager.connect(mChannel, wifiP2pConfig, null);
}
```

前面的例子通过调用mWifiP2pManager.clearServiceRequests方法来取消任何进一步的Wi-Fi Direct发现服务，然后开始连接设备。本例的配置告诉连接的设备它不想成为该组的所有者。该配置还包含远程设备的网络地址（即MAC地址，而不是IP地址）。调用connect()方法后，另一端的设备（即服务器设备）会展示一个对话框，要求用户确认连接（见图18-2）。

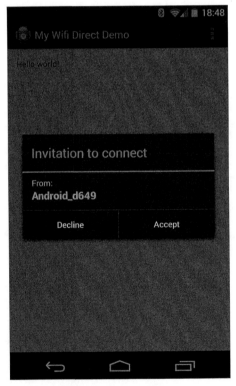

图18-2　当客户端请求连接时，被连接的设备会弹出一个确认对话框

一旦在两个设备上建立连接，之前注册的BroadcastReceiver便会收到通知。下面的代码会检查设备是否是组的拥有者，如果不是的话，获取InetAddress以便可以和远程的设备建立

一个TCP连接：

```
public class MyWifiDirectReceiver extends BroadcastReceiver {
    @Override
    public void onReceive(Context context, Intent intent) {
        String action = intent.getAction();
        if(WifiP2pManager.WIFI_P2P_CONNECTION_CHANGED_ACTION.equals(action)
            && mWifiP2pManager != null) {
            mWifiP2pManager.requestConnectionInfo(mChannel, this);
        }
    }

    @Override
    public void onConnectionInfoAvailable(WifiP2pInfo wifiP2pInfo) {
        Log.d(TAG, "Group owner address: " + wifiP2pInfo.groupOwnerAddress);
        Log.d(TAG, "Am I group owner: " + wifiP2pInfo.isGroupOwner);
        if(!wifiP2pInfo.isGroupOwner) {
            connectToServer(wifiP2pInfo.groupOwnerAddress);
        }
    }
}
```

在此过程中，需要注意的是只能得到组所有者的IP地址。一旦建立了连接，需要确认哪台设备是新的P2P组的所有者，并和这台设备建立通信。基本上提供服务（HTTP服务器或者类似的）的设备会是组的所有者，如果不是的话，开发者还需要通过其他方式给客户端提供服务主机的IP地址。

当然，使用Wi-Fi Direct最主要的原因是不需要现有的Wi-Fi基础设施。同时，由于建立过程不需要额外的PIN码或者密码，使用这种方式连接设备会非常容易。

18.5　设备上的 Web 服务

如果两个远程设备需要进行通信，其中一个通常需要扮演服务器的角色。（唯一的例外是采用UPD多播或类似的技术，不过，由于笔者平时建议使用现有的大家熟知的标准（比如HTTP）来建立设备到设备的通信，所以本章并不会进行更广泛的讨论。）

通信既可以是同步的（比如标准的HTTP请求和响应），也可以是异步的（比如Web Socket）。

实际的设备间Web服务可以是任何可以想象的形式。比如，一个有Wi-Fi功能的照相机可以通过简单的RESTful Web服务把照片存储到手机的相册中；笔记本电脑上的浏览器可以连接到手机，并接收来电或者短信提醒；或者可以和其他Android设备建立简单的聊天对话。不管提供什么样的服务，大多数都可以使用HTTP协议实现。

18.5.1　使用 Restlet 创建 RESTful API

在Android应用中实现Web服务器的方法有多种。因为实现Web服务器最常见的用途是提供一个基于REST的Web服务，建议使用软件组件来简化这类操作。本书选择Restlet，它是基于Java的轻量的Web服务器，能很好地支持RESTful Web服务。更多Restlet的信息可参考：http://restlet.org/。

下面的例子使用Restlet引擎实现了一个简单的Web服务，会给出当前设备的位置。

```java
public class RestletService extends Service
        implements LocationListener {
    public static final String ACTION_START_SERVER
            = "com.apt1.myrestletdemo.START_SERVER";
    public static final String ACTION_STOP_SERVER
            = "com.apt1.myrestletdemo.STOP_SERVER";
    private static final int SERVER_PORT = 8081;
    public static final long ONE_MINUTE = 1000 * 60;
    public static final float MIN_DISTANCE = 50;
    private static final String TAG = "RestletService";
    private HandlerThread mLocationThread;
    private Location mLocation;
    private Component mServer;

    public IBinder onBind(Intent intent) {
        return null;
    }

    @Override
    public int onStartCommand(Intent intent, int flags, int startId) {
        String action = intent.getAction();

        if(ACTION_START_SERVER.equals(action)) {
            new Thread(new Runnable() {
                @Override
                public void run() {
                    initRestlet();
                }
            }).start();
        } else if(ACTION_STOP_SERVER.equals(action)) {
            if (mServer != null) {
                shutdownRestlet();
            }
        }

        return START_REDELIVER_INTENT;
    }

    private void initRestlet() {
        try {
            mLocationThread = new HandlerThread("LocationUpdates");
            mLocationThread.start();
            LocationManager locationManager =
                    (LocationManager) getSystemService(LOCATION_SERVICE);
            mLocation = locationManager.
                    getLastKnownLocation(LocationManager.GPS_PROVIDER);
            Criteria criteria = new Criteria();
            criteria.setAccuracy(Criteria.ACCURACY_FINE);
            criteria.setCostAllowed(true);
            criteria.setSpeedRequired(true);
            criteria.setAltitudeRequired(true);
            locationManager.requestLocationUpdates(ONE_MINUTE,
```

```
                MIN_DISTANCE,
                criteria,
                this,
                mLocationThread.getLooper());

        mServer =  new Component();
        mServer.getServers().add(Protocol.HTTP, SERVER_PORT);
        Router router = new Router(mServer.getContext()
                .createChildContext());
        router.attachDefault(new Restlet() {
            @Override
            public void handle(Request request,
                                Response response) {
                response.setStatus(Status.CLIENT_ERROR_FORBIDDEN);
            }
        });
        router.attach("/location", new LocationRestlet());
        mServer.getDefaultHost().attach(router);
        mServer.start();
    } catch (Exception e) {
        Log.e(TAG, "Error starting server.", e);
    }
}

private void shutdownRestlet() {
    if (mServer != null) {
        try {
            mServer.stop();
        } catch (Exception e) {
            Log.e(TAG, "Error stopping server.", e);
        }
    }

    LocationManager locationManager =
            (LocationManager) getSystemService(LOCATION_SERVICE);
    locationManager.removeUpdates(this);
    if (mLocationThread != null) {
        mLocationThread.getLooper().quit();
        mLocationThread = null;
    }
}

@Override
public void onLocationChanged(Location location) {
    mLocation = location;
}

@Override
public void onStatusChanged(String s, int i, Bundle bundle) {

}

@Override
public void onProviderEnabled(String s) {
```

```
    }

    @Override
    public void onProviderDisabled(String s) {

    }

    public class LocationRestlet extends Restlet {
        @Override
        public void handle(Request request, Response response) {
            if(Method.GET.equals(request.getMethod())) {
                try {
                    JSONObject jsonObject = new JSONObject();
                    jsonObject.put("latitude", mLocation.getLatitude());
                    jsonObject.put("longitude", mLocation.getLongitude());
                    jsonObject.put("time", mLocation.getTime());
                    jsonObject.put("altitude", mLocation.getAltitude());
                    jsonObject.put("speed", mLocation.getSpeed());
                    response.setStatus(Status.SUCCESS_OK);
                    response.setEntity(jsonObject.toString(),
                        MediaType.APPLICATION_JSON);
                } catch (JSONException e) {
                    response.setStatus(Status.SERVER_ERROR_INTERNAL);
                }
            } else {
                response.setStatus(Status.CLIENT_ERROR_BAD_REQUEST);
            }
        }
    }
}
```

> 　　在前面的代码示例中，服务器的端口是硬编码的。虽然这在技术上是可行的，但运行在这个设备上的其他应用可能也使用了相同的端口。因此，应用应该有适当的错误处理，以应对端口被占用的情况。可以使用 18.4.1 节介绍的发现服务来宣布 Web 服务器的端口。

　　设置好服务器后，只需提供自定义的Restlet对象来响应使用Router对象注册的不同路径。Restlet API让实现这类RESTful Web服务非常容易。可以在注册到Restlet实例的路径中添加变量，并在handle()方法中获取这些变量，如下所示（注意变量已被标粗）：

```
router.attach("/contact/{contactId}", new ContactsRestlet());

...

public class ContactsRestlet extends Restlet {
    @Override
    public void handle(Request request, Response response) {
        String contactId = String.valueOf(request.
                getAttributes().get("contactId"));

        JSONObject contact = new JSONObject();
```

```
    // TODO：使用contactId读取联系人

    response.setEntity(contact.toString(), MediaType.APPLICATION_JSON);
    }
}
```

当需要给运行在设备上的应用程序提供一个简单的基于HTTP的接口时，Restlet会是一个非常优秀的软件库。结合前面章节介绍的网络发现服务，开发者现在可以很方便地在本地Wi-Fi上发布服务了。

18.5.2　Web Socket 服务器

虽然可以使用Restlet实现同步的RESTful服务，但开发者有时候需要支持异步的通信。如第17章显示的，Web Socket在HTTP之上提供了简单的异步通信方法。此外，由于是一个Web标准，它也允许浏览器和服务进行交互。本节将展示第17章用到的Web Socket库服务器端的部分为应用构建一个异步的Web服务。

下面的代码简单地实现了Service来处理Web Socket服务器。MyWebSocketServer中的回调可以用来注册新的客户端连接（并移除那些断开的连接）。

```java
public class WebSocketService extends Service {
    private static final String TAG = "WebSocketService";
    private Set<WebSocket> mClients;
    private MessageListener mMessageListener;
    private MyWebSocketServer mServer;
    private LocalBinder mLocalBinder = new LocalBinder();

    public IBinder onBind(Intent intent) {
        return mLocalBinder;
    }

    @Override
    public void onCreate() {
        super.onCreate();
        mClients = Collections.synchronizedSet(new HashSet<WebSocket>());
    }

    @Override
    public void onDestroy() {
        super.onDestroy();
        stopWebSocketServer();
    }

    public void startWebSocketServer() {
        if (mServer == null) {
            InetSocketAddress serverAddress = new InetSocketAddress(8081);
            mServer = new MyWebSocketServer(serverAddress);
            mServer.start();
        }
    }
```

```java
public void stopWebSocketServer() {
    if (mServer != null) {
        try {
            mServer.stop();
        } catch (IOException e) {
            Log.e(TAG, "Error stopping server.", e);
        } catch (InterruptedException e) {
            Log.e(TAG, "Error stopping server.", e);
        }
    }
}

public void sendBroadcast(String message) {
    for (WebSocket client : mClients) {
        client.send(message);
    }
}

public void setMessageListener(MessageListener messageListener) {
    mMessageListener = messageListener;
}

public interface MessageListener {
    void onMessage(WebSocket client, String message);
}

class MyWebSocketServer extends WebSocketServer {

    public MyWebSocketServer(InetSocketAddress address) {
        super(address);
    }

    @Override
    public void onOpen(WebSocket webSocket,
                       ClientHandshake clientHandshake) {
        mClients.add(webSocket);
    }

    @Override
    public void onClose(WebSocket webSocket,
                        int code,
                        String reason,
                        boolean remote) {
        mClients.remove(webSocket);
    }

    @Override
    public void onMessage(WebSocket webSocket,
                          String message) {
        if(mMessageListener != null) {
            mMessageListener.onMessage(webSocket, message);
        }
    }
```

```
        @Override
        public void onError(WebSocket webSocket,
                            Exception e) {
            webSocket.close();
            mClients.remove(webSocket);
        }
    }

    public class LocalBinder extends Binder {
        public WebSocketService getService() {
            return WebSocketService.this;
        }
    }
}
```

通过提供一个简单的回调接口，可以在Activity中注册新收到的消息。通过这种方式可以构建一个运行在本地Wi-Fi（或者Wi-Fi Direct）上的简单聊天服务器。

18.6　小结

本章介绍了Android支持的三种设备间通信方法：USB、蓝牙和Wi-Fi。虽然蓝牙和Wi-Fi是无线的，但是USB还是有一定的优势，因为USB通信更安全可靠。蓝牙，特别是蓝牙低功耗，在设备间交换数据时非常节能。Android也是最近才支持蓝牙低功耗的，但笔者相信在不久的将来它会非常普遍。

最后，Wi-Fi使用标准的TCP和UDP协议提供了高速的通信。Android也为标准的Wi-Fi以及Wi-Fi Direct提供了方便的服务发现API。

连接同一个Wi-Fi或者同一组Wi-Fi Direct后，可以建立一个Web服务或者异步的Web Socket服务器以便在设备间进行数据交换，其中一个设备扮演服务器的角色，另一个设备扮演客户端的角色。

18.7　延伸阅读

网站

❑ USB通信指南：http://developer.android.com/guide/topics/connectivity/usb/index.html

❑ 蓝牙低功耗指南：http://developer.android.com/guide/topics/connectivity/bluetooth-le.html

❑ 蓝牙低功耗服务的GATT规格：http://developer.android.com/guide/topics/connectivity/wifip2p.html

❑ Wi-Fi Direct指南：http://developer.android.com/guide/topics/connectivity/wifip2p.html

❑ DNS组播：http://www.multicastdns.org/

❑ DNS-SD服务类型列表：http://www.dns-sd.org/ServiceTypes.html

❑ Restlet Java框架网站：http://restlet.org/

❑ 本章使用的基于Java的Web Socket库：https://github.com/TooTallNate/Java-WebSocket

18

第 19 章

Google Play Service

19

谷歌为网站、桌面应用程序、移动应用程序（比如Android）提供了广泛的在线服务。第17章讨论了如何在应用中集成在线的Web服务，但是这些例子使用的都是谷歌生态系统之外的第三方服务。本章会关注谷歌提供的一些在线服务。

Google Play Service是一系列API的集合，允许开发者轻松集成谷歌API，本章会讨论其中部分服务。

> 第13章介绍的新的位置API也是Google Play Service的一部分。然而，由于位置API和本章要介绍的其他服务有点儿不同，所以单列了一章。

本章会介绍如何获得在线服务的授权，比如Google Drive（运行在Google Cloud Platform上的服务），以及新的Google Play Game API。本章还会介绍如何使用Google Cloud Message服务为应用设置推送通知。

要在项目中引入Google Play Service API，可以把下面的依赖添加到build.gradle配置文件中：

```
compile 'com.google.android.gms:play-services:3.1.36'
```

19.1　授权

在使用任何Google Play Service，或者任何其他谷歌服务之前，开发者需要检索用户谷歌账户的授权令牌。要做到这一点，首先需要获取用户的账户名。

使用下面的代码可以很容易地获取用户的账户名：

```
public void doConnectAccounts(MenuItem menuItem) {
    Intent intent = AccountPicker.newChooseAccountIntent(null, null,
            new String[] {"com.google"}, false,
            "Pick one of your Google accounts to connect.",
            null, null, null);
    startActivityForResult(intent, ACCOUNT_REQUEST);
}
```

通过调用`AccountPicker.newChooseAccountIntent()`启动Activity来获取用户选择的账户。通过传递`"com.google"`账户类型，选择器会过滤掉所有其他账户类型。如果有多个账户，会弹出一个对话框让用户选择想要使用的账户（见图19-1）。

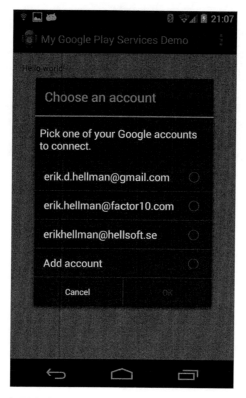

图19-1 如果有多个可用的谷歌账户，会弹出一个选择对话框

当Activity返回结果后，需要在onActivityResult()回调中检查调用是否成功，并检索用户选择的账户名，如下面的代码所示：

```
protected void onActivityResult(int requestCode, int resultCode,
                                Intent data) {
    super.onActivityResult(requestCode, resultCode, data);
    if(requestCode == ACCOUNT_REQUEST) {
        if(resultCode == RESULT_OK) {
            String accountName
                    = data.getStringExtra(AccountManager.KEY_ACCOUNT_NAME);
            mPrefs.edit().putBoolean(PREFS_IS_AUTHORIZED, true)
                    .putString(PREFS_SELECTED_ACCOUNT, accountName).apply();
            Log.d(TAG, "Picked account: " + accountName);
            invalidateOptionsMenu();
            authorizeAccount(accountName);
        } else {
            Log.e(TAG, "No account picked...");
        }
    }
}
```

19

本例还把账户名保存在了SharedPreferences文件中，另外还保存了一个标志位指示用户是否成功地选择了一个账户。

在请求授权令牌前，开发者还要决定服务的权限范围。这些范围是标准的OAuth2范围，每个谷歌API在线文档都有相应的介绍。本例要访问用户在Google Drive（见19.2节）上的App Data、用户信息（如姓名），以及用户的Google+信息。下面的代码展示了这样的字符串。

```
public static final String AUTH_SCOPE =
        "oauth2:https://www.googleapis.com/auth/drive.appdata " +
                "https://www.googleapis.com/auth/userinfo.profile " +
                "https://www.googleapis.com/auth/plus.me";
```

得到账户名后，可以使用GoogleAuthUtil类获取授权令牌。该操作必须运行在主线程之外，因为它要访问网络，所以本例使用AsyncTask封装了具体的操作：

```
class MyAuthTokenTask extends AsyncTask<String,Void,String> {

    @Override
    protected String doInBackground(String... accountName) {
        String authToken = null;
        try {
            authToken = GoogleAuthUtil.getToken(ServicesDemo.this,
                    accountName[0], AUTH_SCOPE);
        } catch (IOException e) {
            Log.e(TAG, "Error getting auth token.", e);
        } catch (UserRecoverableAuthException e) {
            Log.d(TAG, "User recoverable error.");
            cancel(true);
            startActivityForResult(e.getIntent(), TOKEN_REQUEST);
        } catch (GoogleAuthException e) {
            Log.e(TAG, "Error getting auth token.", e);
        }
        return authToken;
    }


    @Override
    protected void onPostExecute(String result) {
        // 获取了授权令牌，开始请求API
        if (result != null) {
            mPrefs.edit().putString(PREFS_AUTH_TOKEN, result).apply();
        }
    }
}
```

用户第一次尝试该操作会一直失败（除非用户之前在其他设备上授权过该应用），所以需要在代码中捕获UserRecoverableAuthException，并使用包含异常信息的Intent调用startActivityForResult()。这会弹出另一个对话框告诉用户应用要请求的API权限（不要把它和标准的Android权限弄混）。下面是具体的onActivityResult()回调代码：

```
protected void onActivityResult(int requestCode, int resultCode, Intent data) {
    super.onActivityResult(requestCode, resultCode, data);
    if(requestCode == ACCOUNT_REQUEST) { // 选择了账户
```

```
        if(resultCode == RESULT_OK) {
            String accountName
                    = data.getStringExtra(AccountManager.KEY_ACCOUNT_NAME);
            mPrefs.edit().putBoolean(PREFS_IS_AUTHORIZED, true)
                    .putString(PREFS_SELECTED_ACCOUNT, accountName).
                    apply();
            invalidateOptionsMenu();
            new MyAuthTokenTask().execute(accountName);
        } else {
            Log.e(TAG, "No account picked...");
        }
    } else if(requestCode == TOKEN_REQUEST) { // 获取了令牌
        if(resultCode == RESULT_OK) {
            // 再试一次
            new MyAuthTokenTask().
                    execute(mPrefs.getString(PREFS_SELECTED_ACCOUNT, null));
        }
    }
}
```

注意，上面的代码修改了前面的onActivityResult()方法，来处理在第一次调用GoogleAuthUtil.getToken()时可能发生的错误。接下来要做的就是再重新执行MyAuthTokenTask，因为这时应用程序应该有正确的权限了。

19.2　Google Drive 应用程序数据

拥有谷歌账户的用户同时也能访问Google Drive云存储服务。该服务提供了很多方便的API用来向Google Drive存储读写文件和数据。有了这些API，开发者可以在Google Drive存储只能被应用程序访问的数据。如果希望应用程序提供在线同步工作数据的功能，这些API会非常方便。

不要把应用程序数据功能和Android内置的备份功能混淆了，对于后者，开发者不能控制文件备份的时机。它也不同于Game Cloud Save API，后者关注在各种设备间保存游戏的状态。Google Drive和应用程序数据功能比较适合数据量相对大且只适用于自己应用的情况，如把文件保存为专有格式的素描应用。

和第13章描述的位置API一样，开发者需要在Google API Console中添加应用程序的包名以及SHA1密钥字符串，如图19-2所示。创建一个新的Client ID并添加所需的信息。填完这些信息后，应用程序（指定了包名）将被授权访问Google Drive。

在编写Android代码前，需要在build.gradle文件中添加必要的依赖。

```
compile 'com.google.api-client:google-api-client-android:1.16.0-rc'
compile 'com.google.apis:google-api-services-drive:v2-rev89-1.15.0-rc'
```

第一行添加了通用的Google Client库。第二行添加了Google Drive相关的库。

19

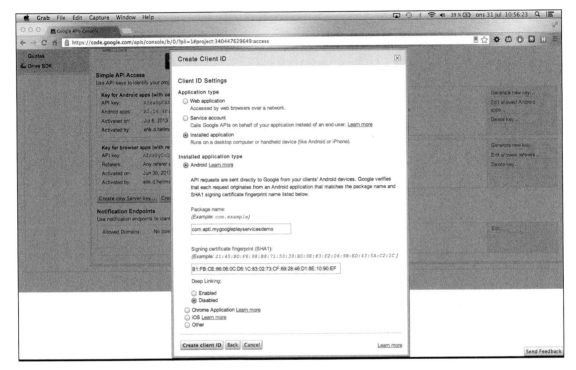

图19-2   添加新的Client ID以访问Google Drive API

由于应用程序已经从授权步骤获取了授权令牌（见前一节），现在就可以创建
GoogleAccountCredentials对象了，以便Drive API接下来使用。返回的Drive实例会被授权
访问用户私有的App Data。具体见下例的createDriveService()方法：

```
public Drive createDriveService(accountName) {
    try {
        GoogleAccountCredential googleAccountCredential =
                GoogleAccountCredential.usingOAuth2(this,
                    Arrays.asList(DriveScopes.DRIVE_APPDATA));
        googleAccountCredential.setSelectedAccountName(accountNAme);
        Drive.Builder builder =
                new Drive.Builder(AndroidHttp.newCompatibleTransport(),
                        new AndroidJsonFactory(),
                        googleAccountCredential);
        return builder.build();
    } catch (IOException e) {
        Log.e(TAG, "Error", e);
    } catch (GoogleAuthException e) {
        Log.e(TAG, "Error", e);
    }
    return null;
}
```

要在Google Drive的App Data文件夹存储应用程序的私有数据，只需创建一个File对象（注意不是java.io.File类，而是Google Drive API中的类），并填充相关的元数据（metadata）即可。给该文件提供数据（本例使用ByteArrayContent）并把它插入Google Drive中，这会在Google Drive中创建一个不在用户界面显示的文件。下面的代码显示了具体的操作：

```java
class MyGoogleDriveAppDataTask extends AsyncTask<JSONObject, Void, Integer> {

    @Override
    protected Integer doInBackground(JSONObject... jsonObjects) {
        String accountName = mPrefs.getString(PREFS_SELECTED_ACCOUNT,
                                               null);
        Drive drive = createDriveService(accountName);
        int insertedFiles = 0;
        for (JSONObject jsonObject : jsonObjects) {
            String dataString = jsonObject.toString();
            String md5 = getMD5String(dataString.getBytes());
            File file = new File();
            file.setTitle(md5);
            String mimeType = "application/json";
            file.setMimeType(mimeType);
            file.setParents(Arrays.
                    asList(new ParentReference().setId("appdata")));

            ByteArrayContent content
                    = new ByteArrayContent(mimeType,
                                           dataString.getBytes());

            try {
                drive.files().insert(file,content).execute();
                insertedFiles++;
            } catch (IOException e) {
                Log.e(TAG, "Failed to insert file with content "
                        + dataString, e);
            }
        }
        return insertedFiles;
    }

    private String getMD5String(byte[] data) {
        MessageDigest mdEnc = null;
        try {
            mdEnc = MessageDigest.getInstance("MD5");
        } catch (NoSuchAlgorithmException e) {
            Log.e(TAG, "Error retrieving MD5 function!", e);
            return null;
        }
        mdEnc.update(data, 0, data.length);
        return new BigInteger(1, mdEnc.digest()).toString(16);
    }

}
```

在Google Drive设置页，通过Manage Apps菜单，用户可以看到应用程序使用的空间，还能删除存储的内容，断开和应用的连接。

19

图19-3　应用连到了用户的Google Drive账户

　　读取和更新文件也使用同样的API。注意所有这些操作都要访问网络，所以不要在主线程执行这些操作。

19.3　Google Cloud Endpoint

　　谷歌已经收集了所有基于云计算的开发者资源，并把它称为Google Cloud Platform（谷歌云平台）。它基本上是App Engine、Compute Engine、Cloud Datastore，以及谷歌提供的所有其他在线服务的一个改进的界面。大多数服务都有免费的版本，所以为移动应用创建一个云后台非常容易。开始前请访问https://console.developers.google.com/project，并创建一个新项目。

　　创建云平台后台最简单的方法是从Android Studio中生成一个基本的App Engine后台（见图19-4）。

　　代码生成后，会创建两个以endpoint和AppEngine结尾命名的模块。现在可以添加POJO（简单Java对象）了，它有getter和setter方法，可以很方便地从Android应用中查询、插入、更新以及删除这些对象。

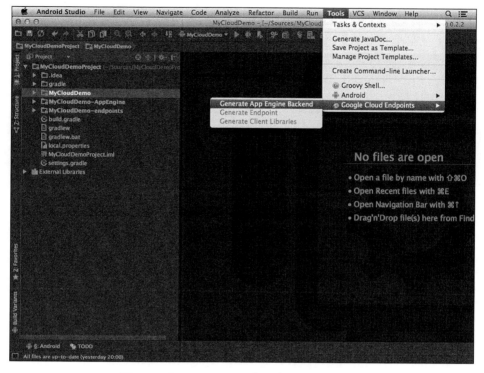

图19-4 在Android Studio中生成App Engine后台

下面的代码是一个简单的POJO示例，它用来存储任务：

```
@Entity
public class TaskInfo {
    @Id
    private String id;
    private String title;
    private String content;


    public TaskInfo() {
    }

    public TaskInfo(String id, String title, String content) {
        this.id = id;
        this.title = title;
        this.content = content;
    }

    public String getId() {
        return id;
    }

    public void setId(String id) {
```

19

```
        this.id = id;
    }

    public String getTitle() {
        return title;
    }

    public void setTitle(String title) {
        this.title = title;
    }

    public String getContent() {
        return content;
    }

    public void setContent(String content) {
        this.content = content;
    }
}
```

下面这个例子中，开发者可以在项目的AppEngine模块中添加TaskInfo类，然后运行Generate endpoint，接着再从Tools菜单运行Generate Client Libraries，这会创建供应用程序使用的客户端库。

下面的AsyncTask演示了如何添加新的TaskInfo：

```
class AddTaskInfo extends AsyncTask<TaskInfo, Void, Void> {
    @Override
    protected Void doInBackground(TaskInfo... taskInfos) {
        mTaskInfoEndpoint = CloudEndpointUtils.
                updateBuilder(new Taskinfoendpoint.Builder(
                        AndroidHttp.newCompatibleTransport(),
                        new JacksonFactory(),
                        new HttpRequestInitializer() {
                            public void initialize(HttpRequest
                                                   httpRequest) {
                            }
                        })
                ).build();
        for (TaskInfo taskInfo : taskInfos) {
            try {
                mTaskInfoEndpoint.insertTaskInfo(taskInfo).execute();;
            } catch (IOException e) {
                Log.e(TAG, "Error inserting task.", e);
            }
        }
        return null;
    }
}
```

注意：由于这些网络请求会阻塞主线程，所以需要把所有的调用放到一个专门的线程中。

下面的代码显示了如何使用相同的endpoint来查询存储在App Engine实例的所有TaskInfo对象：

```
class GetAllTaskInfo extends AsyncTask<Void, Void, List<TaskInfo>> {

    @Override
    protected List<TaskInfo> doInBackground(Void... voids) {
        try {
            mTaskInfoEndpoint = CloudEndpointUtils.
                    updateBuilder(new Taskinfoendpoint.Builder(
                            AndroidHttp.newCompatibleTransport(),
                            new JacksonFactory(),
                            new HttpRequestInitializer() {
                                public void initialize(HttpRequest
                                                         httpRequest) {
                                }
                            })).build();
            return mTaskInfoEndpoint.listTaskInfo().execute().getItems();
        } catch (IOException e) {
            Log.e(TAG, "Error performing query.", e);
            cancel(true);
        }
        return null;
    }

    @Override
    protected void onPostExecute(List<TaskInfo> taskInfos) {
        super.onPostExecute(taskInfos);
        mTaskInfoArrayAdapter.clear();
        mTaskInfoArrayAdapter.addAll(taskInfos);
        mTaskInfoArrayAdapter.notifyDataSetChanged();
    }
}
```

同样的方法可用于更新和删除现有的TaskInfo对象。

集成简单的云后台可以在应用中引入一些很好的功能。如果可以在用户所有的设备间共享数据（包括网页浏览器），开发者就可以创建非常流畅的用户体验。

19.4 谷歌云消息

如果应用程序需要和后台通信，比如Google Cloud Endpoint服务，可以考虑使用服务器端推送通知，当有可用的新数据时通知客户端。这样可以减少不必要的轮询请求，从而避免过快的电量消耗，还能减少服务器的负载。

谷歌云消息（Google Cloud Message，GCM）服务是Google Play Service的一部分，支持推送通知。在应用中实现GCM允许服务器给运行应用的设备发送消息。最常见的用途是告诉客户端服务器有新的数据，这就是所谓的"tickle"，而且应用程序不再需要定期发送轮询。使用GCM最多可以发送4 K的数据量。

要在应用中集成GCM，开发者需要在Google API Console中启用它，并在API Access选项中为应用程序创建一个服务器密钥。另外，还要确保在项目中启用了谷歌云消息功能。

19

GCM 客户端

Android应用位于GCM客户端，我们需要在清单文件中添加一些元素。

下例展示了包名为gom.aptl.myclouddemo的应用的清单文件的内容：

```xml
<?xml version="1.0" encoding="utf-8"?>
<manifest xmlns:android="http://schemas.android.com/apk/res/android"
        package="com.aptl.myclouddemo"
        android:versionCode="1"
        android:versionName="1.0">

    <uses-sdk
            android:minSdkVersion="18"
            android:targetSdkVersion="18"/>

    <uses-permission
            android:name="com.google.android.c2dm.permission.RECEIVE"/>
    <uses-permission android:name="android.permission.INTERNET"/>
    <uses-permission android:name="android.permission.GET_ACCOUNTS"/>
    <uses-permission android:name="android.permission.WAKE_LOCK"/>

    <permission
            android:name="com.aptl.myclouddemo.permission.C2D_MESSAGE"
            android:protectionLevel="signature"/>
    <uses-permission
            android:name="com.aptl.myclouddemo.permission.C2D_MESSAGE"/>

    <application
            android:allowBackup="true"
            android:icon="@drawable/ic_launcher"
            android:label="@string/app_name"
            android:theme="@style/AppTheme">
        <activity
                android:name=".CloudPlatformDemo"
                android:label="@string/app_name">
            <intent-filter>
                <action android:name="android.intent.action.MAIN"/>
                <category android:name="android.intent.category.LAUNCHER"/>
            </intent-filter>
        </activity>
        <receiver
                android:name=".MyGcmReceiver"
                android:permission="com.google.android.c2dm.SEND">
            <intent-filter>
                <action
                    android:name="com.google.android.c2dm.intent.RECEIVE"/>
                <category android:name="com.aptl.myclouddemo"/>
            </intent-filter>
        </receiver>
        <service android:name=".MyGcmService"/>
    </application>

</manifest>
```

注意本例声明了新的权限，以防止其他应用程序收到相同的消息。此外，receiver的权限属性能确保其他应用不会发送假消息。

第一次启动应用程序时要使用发送者ID调用`GoogleCloudMessaging.register()`方法，如下例所示：

```
class RegisterGcm extends AsyncTask<Void, Void, Void> {
    @Override
    protected Void doInBackground(Void... voids) {
        try {
            GoogleCloudMessaging cloudMessaging =
                    GoogleCloudMessaging.getInstance(CloudPlatformDemo.this);
            String registrationID = cloudMessaging.register(SENDER_ID);
            SharedPreferences preferences
                    = PreferenceManager
                    .getDefaultSharedPreferences(CloudPlatformDemo.this);
            preferences.edit().
                    putString(PREFS_GCM_REG_ID, registrationID).
                    apply();
            cloudMessaging.close();
        } catch (IOException e) {
            Log.e(TAG, "GCM Error.", e);
        }
        return null;
    }
}
```

发送者ID和Google Cloud Console中的项目号（project number）是一样的。另外还需要刷新注册，因为它最终会超时。GCM注册默认的超时时间为7天。

每当服务器给客户端发送GCM消息时，它都会调用注册GCM消息的接收器。下面是一个简单的示例，消息被存储在`Bundle`中，并通过`Intent`传给`IntentService`以供进一步处理：

```
public class MyGcmReceiver extends BroadcastReceiver {
    public void onReceive(Context context, Intent intent) {
        GoogleCloudMessaging cloudMessaging =
                GoogleCloudMessaging.getInstance(context);
        String messageType = cloudMessaging.getMessageType(intent);

        if(GoogleCloudMessaging.MESSAGE_TYPE_MESSAGE.equals(messageType)) {
            // 把消息传给IntentService
            Intent serviceIntent = new Intent(context,
                                              MyGcmService.class);
            serviceIntent.putExtras(intent.getExtras());
            context.startService(serviceIntent);
        }

        setResultCode(Activity.RESULT_OK);
    }
}
```

19

在服务器可以给用户的设备发送GCM消息前，应用程序必须给服务器提供其注册ID。最简单的方式是使用`DeviceInfoEndpoint`，它是由Android Studio中的Google Cloud Endpoint生成的。

下面的`AsyncTask`展示了如何使用生成的endpoint来分发注册ID：

```
class SendRegistrationId extends AsyncTask<Void, Void, Void> {
    @Override
    protected Void doInBackground(Void... voids) {
        try {
            SharedPreferences preferences
                    = PreferenceManager
                    .getDefaultSharedPreferences(CloudPlatformDemo.this);
            String registrationId = preferences.
                                        getString(PREFS_GCM_REG_ID,
                                            null);
            DeviceInfo deviceInfo = new DeviceInfo();
            deviceInfo.setDeviceRegistrationID(registrationId);
            deviceInfo.setTimestamp(System.currentTimeMillis());
            deviceInfo.setDeviceInformation("Device Info...");
            Deviceinfoendpoint deviceinfoendpoint =
                    CloudEndpointUtils.updateBuilder(
                            new Deviceinfoendpoint.Builder(
                                    AndroidHttp.newCompatibleTransport(),
                                    new JacksonFactory(),
                                    new HttpRequestInitializer() {
                                       public void initialize(HttpRequest
                                                            httpRequest) {

                                       }
                                    })
                    ).build();
            deviceinfoendpoint.insertDeviceInfo(deviceInfo).execute();
        } catch (IOException e) {
            Log.e(TAG, "Error inserting device info.", e);
        }
        return null;
    }
}
```

最后的部分是从服务器发送GCM消息，一旦插入新的TaskInfo对象（见前一节），服务器就会给客户端发送消息。最简单的方法是修改App Engine模块的TaskInfoEndpoint.insertTaskInfo()方法，如下面的代码所示。新加的代码已用粗体显示。本例发送了一个简单的tickle消息，告诉客户端有可用的新数据。

```
@ApiMethod(name = "insertTaskInfo")
public TaskInfo insertTaskInfo(TaskInfo taskInfo) throws IOException {
    EntityManager mgr = getEntityManager();
    try {
        if (containsTaskInfo(taskInfo)) {
            throw new EntityExistsException("Object already exists");
        }
        mgr.persist(taskInfo);

        Sender sender = new Sender(API_KEY);
        CollectionResponse<DeviceInfo> deviceInfos
                = endpoint.listDeviceInfo(null, 10);
        Message message = new Message.Builder().
                addData("message", "Task Inserted").build();
        for (DeviceInfo deviceInfo : deviceInfos.getItems()) {
```

```
            sender.send(message, deviceInfo.getDeviceRegistrationID(), 5);
        }
    } finally {
        mgr.close();
    }
    return taskInfo;
}
```

19.5 Google Play Game Service

在2013年的Google IO大会上，谷歌介绍了新的在线游戏服务——Google Play Game Service。它允许开发者在游戏中添加诸如成就和排行榜之类的社交元素，而且还支持实时多人游戏。

本节会介绍在游戏中使用实时多人支持。这是该服务中技术最先进的功能，如果开发者掌握了它，在集成其他功能时也应该没有问题。

实时多人游戏的核心包括两个基本概念：一个虚拟的房间和一些参与者。玩家可以被邀请到某个房间或者自动匹配到某个房间（玩家被随机分配）。当第一个玩家想要开始一个多人会话时系统会创建一个房间。在多人游戏中，所有的玩家都是同一个房间的参与者。一个玩家可以通过Google+圈子给其他玩家发送邀请。

在游戏中实现实时多人服务最简单的方法是在应用中添加BaseGameUtils库项目，库项目的地址见：https://github.com/playgameservices/android-samples。该库提供了BaseGameActivity基类，开发者应该继承它，而不要继承标准的Activity。另外，该库还包含GameHelper类，它提供了一些有用的辅助方法。

接下来，需要在游戏中启用Google Play Game Service。可以参考https://developers.google.com/games/services/console/enabling中的指南，或者可以登录Google API Console，在项目中启用必要的服务（Google+ API、Google Play Game Service、Google Play Game Management以及Google Play App State），并为安装的应用创建新的Client ID，如图19-2所示。然后，获取Client ID的第一部分（位于.apps.googleusercontent.com后面的数字），并把它添加到应用程序的字符串资源中。

现在可以在清单文件中添加metadata标签了，如下所示。这会在应用中连接Google Play Game Service。

```
<meta-data android:name="com.google.android.gms.games.APP_ID"
           android:value="@string/app_id" />
```

在启动页面的UI中要添加一个供用户通过游戏登录到Google+的按钮。如果可能的话，在XML布局文件中使用现成的SignInButton控件，如下所示：

```
<com.google.android.gms.common.SignInButton
        android:id="@+id/sign_in_button"
        android:layout_centerHorizontal="true"
        android:layout_width="wrap_content"
        android:layout_height="wrap_content"
        android:onClick="doSignIn"/>
```

在接下来显示的点击回调中，开发者只需调用BaseGameActivity基类的beginUser-

19

InitiatedSignIn()方法即可，这样用户就可以登录了：

```
public void doSignIn(View view) {
    beginUserInitiatedSignIn();
}
```

　　在登录过程会有两个回调方法用来处理返回的结果，它们是onSignInFailed()和onSignInSucceeded()。登录成功后，开发者可以显示邀请玩家的用户界面或者显示查看现有邀请的用户界面。

　　在下面两个点击回调方法中，可以通过启动Activity来邀请新的玩家或者展示现有的邀请：

```
public void doInvitePlayers(View view) {
    Intent intent = getGamesClient().getSelectPlayersIntent(1, 3);
    startActivityForResult(intent, INVITE_PLAYERS_RC, null);
}

public void doSeeInvitations(View view) {
    Intent intent = getGamesClient().getInvitationInboxIntent();
    startActivityForResult(intent, SEE_INVITATIONS_RC, null);
}
```

　　如果要邀请玩家，必须指定游戏的最大玩家数和最小玩家数。这些回调会从Google Play Game Service框架打开一个新的Activity，以便用户可以选择对手或者邀请额外的玩家。

　　因为这是启动多人游戏的两个方法：被邀请或者邀请其他玩家，所以需要两个不同的方法来创建游戏房间。下面的代码展示了如何处理这两种情况：

```
private void handlePlayersInvited(Intent intent) {
    ArrayList<String> players = intent.
            getStringArrayListExtra(GamesClient.EXTRA_PLAYERS);

    int minAutoMatchPlayers = intent.
            getIntExtra(GamesClient.EXTRA_MIN_AUTOMATCH_PLAYERS, 0);
    int maxAutoMatchPlayers = intent.
            getIntExtra(GamesClient.EXTRA_MAX_AUTOMATCH_PLAYERS, 0);
    Bundle autoMatchCriteria = null;
    if (minAutoMatchPlayers > 0 || maxAutoMatchPlayers > 0) {
        autoMatchCriteria =
                RoomConfig.createAutoMatchCriteria(minAutoMatchPlayers,
                    maxAutoMatchPlayers, 0);
    }

    RoomConfig.Builder roomConfigBuilder
            = RoomConfig.builder(this);
    roomConfigBuilder.addPlayersToInvite(players);
    roomConfigBuilder.setMessageReceivedListener(this);
    roomConfigBuilder.setRoomStatusUpdateListener(this);
    if (autoMatchCriteria != null) {
        roomConfigBuilder.setAutoMatchCriteria(autoMatchCriteria);
    }

    getGamesClient().createRoom(roomConfigBuilder.build());
}
```

```
private void handleInvitationResult(Intent intent) {
    Bundle bundle = intent.getExtras();
    if (bundle != null) {
        Invitation invitation =
            bundle.getParcelable(GamesClient.EXTRA_INVITATION);
        if(invitation != null) {
            RoomConfig.Builder roomConfigBuilder
            = RoomConfig.builder(this);
            roomConfigBuilder
                    .setInvitationIdToAccept(invitation.getInvitationId())
                    .setMessageReceivedListener(this)
                    .setRoomStatusUpdateListener(this);
            getGamesClient().joinRoom(roomConfigBuilder.build());
        }
    }
}
```

RoomStatusUpdateListener和RoomUpdateListener两个接口提供了一系列回调方法来处理多人游戏不同状态的变化。如何使用这些回调完全取决于游戏的逻辑。最简单的方法是把所有的回调都放到同一个处理程序，并在其中处理游戏的状态，如下面的代码所示：

```
@Override
public void onPeerJoined(Room room, List<String> arg1) {
    updateRoom(room);
}

public void updateGameState(Room room) {
    mParticipants = room.getParticipants();

    // TODO：处理游戏的状态变化
}
```

上面第一个方法是RoomStatusUpdateListener接口的回调函数。本例使用Room参数调用updateGameState()方法。在这个方法中获取当前参与者的列表，然后相应地更新游戏的状态。记住玩家可能在任何时候断开正在进行的游戏，所以代码要处理这种情况。

在游戏其间，每个玩家的更新都会发送给其他玩家，下面的代码显示了如何给同一房间的其他玩家发送实时消息。

```
public void sendGameUpdate(byte[] data, Room room) {
    getGamesClient().sendUnreliableRealTimeMessageToAll(data,
                                            room.getRoomId());
}
```

19.5.1 数据消息

实时多人游戏API的消息部分很有趣。它允许给同一房间的其他玩家发送数据，而不需要额外的服务器或者其他基础设施。该API支持三种通信类型。

❏ **可靠消息** 最多允许发送1400字节的消息，有可靠的数据传输、完整性校验和排序功能。

这意味着所有的消息都会按顺序到达。然而，由于网络延迟，两个消息之间可能有显著的延迟。该类型的消息通常用于对延迟要求不太高的场景。

❑ **不可靠消息**　最多允许发送1168字节的消息。它无法保证传递消息，也不能保证消息按顺序到达。它会对单个消息进行完整性校验，但开发者还需实现自己的游戏逻辑，这样就可以不依赖每一个被传递的消息或者它们的接收顺序。这些消息通常都有较低的网络延迟，因此可用于实时场景。

❑ **基于套接字的消息**　会打开玩家之间的数据流，而不是传递不同的消息。基于套接字的消息和不可靠消息有着相同的限制，但相比可靠消息，延迟更低。然而，这种通信方式比较复杂，开发者应尽可能使用不可靠消息或者可靠消息。

这三种类型的消息都是通过GameClient类来完成的。要处理收到的消息，需要在开始游戏会话前给Room添加RealTimeMessageReceivedListener。

19.5.2　消息策略

当使用实时多人API时，玩家可以通过网络连接。服务允许玩家使用完全不同的网络，并且仍能以相对低的延迟发送消息。

然而，开发者仍需要一个智能的策略来在玩家之间发送消息。尽管服务的名字暗示了游戏的实时方面的特性，但这并不全面。取决于玩家的网络配置，两个玩家之间可能有几百毫秒甚至几秒钟的延迟。

目标应该是尽量少发送消息，并且只发送那些绝对必要的数据。例如，在一个多人赛车游戏中，需要更新玩家的两个参数：当前速率（速度和方向）和当前位置。每个游戏实例接下来计算本地玩家赛车的位置，并相应地更新视图。不同玩家的位置并不会完全匹配，但为了体验一致应足够接近。

当玩家改变赛车的速度或者方向，游戏会给其他玩家发送更新。由于速度和方向会频繁地变化，应该使用**不可靠消息**发送这些消息以降低延迟。收到一个消息时，游戏会相应地更新玩家的速度和方向。因为无法保证这些消息按顺序到达，所以它们应该包含一个序列号，以便游戏可以丢弃那些迟到的消息。

因为不可靠消息可能丢失，开发者还应该发送**可靠消息**作为更可靠的检查项。这样一来，即使一个玩家丢掉了一些速度和方向更新消息，其他玩家最终也能收到该玩家的正确位置。

下面的代码使用Car类来代表赛车游戏中的每个玩家：

```
class Car {
    String participantId;
    Point position;
    Point velocity;
}

public static final byte POSITION_DATA = 1;
public static final byte VELOCITY_DATA = 2;
private HashMap<String, Car> mCars = new HashMap<String, Car>();
```

```
@Override
public void onRealTimeMessageReceived(RealTimeMessage realTimeMessage) {
    String participantId = realTimeMessage.getSenderParticipantId();
    Car car = mCars.get(participantId);
    byte[] messageData = realTimeMessage.getMessageData();
    switch (messageData[0]) {
        case POSITION_DATA:
            car.position.set(messageData[1], messageData[2]);
            break;
        case VELOCITY_DATA:
            car.velocity.set(messageData[1], messageData[2]);
            break;
    }
}


public void simpleRaceGameLoop() {
    for (Car car : mCars.values()) {
        car.position.offset(car.velocity.x, car.velocity.y);
    }
    SystemClock.sleep(100);
}
```

每当收到消息，检查第一个字节，看它是否更新了赛车的位置和速度。本例会更新变量的状态。

同时，`simpleRaceGameLoop()`在游戏期间会一直循环，并用最后一个已知的速度来更新每个赛车的位置。该方法被称为**航位推测**，被用在许多类型的多人游戏中。

对于一个真正的游戏，开发者需要给这些消息添加额外的信息，并实现一些逻辑来处理诸如赛车被撞坏等情况。另外，还需要一个单独的消息以确定谁是冠军。在这种情况下，最简单的方法是让每个参与者计算自己的完成时间，并发送通知广播。通过这种方式，每个玩家使用其他玩家的输入来构建最终的结果。

前面的例子使用了原始字节数组，如果消息很少变化且不需要发送复杂的数据结构，这种方法可以正常工作。但是，只要消息变得复杂，强烈建议使用Google Protocol Buffer。第9章详细介绍了如何在应用中集成Protocol Buffer。

实现实时多人游戏通常会很复杂。但是自从有了Google Play Game Service API，实现就变得容易多了。开发者不再需要处理网络中各种疑难问题，可以只专注于实际的游戏内容，从而写出创新性更强的多人游戏。

19.6 小结

通过给应用程序添加一个云后台，可以大大提升用户体验。很多用户都有不止一台设备，通过利用可用的在线服务同步数据或者与现有的谷歌服务交互，大家的应用程序可以更加无缝地融入整个生态系统。

Google Play Service API提供了一套非常强大的API，可用于认证、实时多人集成、使用GCM推送通知，不一而足。开发者可以选择适合自己应用程序的服务和API。

因为大部分服务在Google Cloud Platform都有免费的版本，开发者可以开始实验这些功能，以更好地理解它们的工作原理和提供的内容。

19.7 延伸阅读

网站

❑ Google Play Service：http://developer.android.com/google/index.html

❑ Google Cloud Platform：https://cloud.google.com/

❑ Google Play Game Service示例和辅助库：https://github.com/playgameservices/android-samples

❑ Google Play Game Service多玩家API：
https://developers.google.com/games/services/common/concepts/realtimeMultiplayer

❑ 使用Google Cloud Endpoint和Cloud Messaging的同步秒表演示： http://bradabrams.com/
2013/06/google-io-2013-demo-android-studio-cloud-endpoints-synchronized-stopwatch-demo/

第 20 章

在Google Play Store 发布应用

多亏Google Play Store所做的改进，发布Android应用现在变得非常容易了。谷歌提供了很多有用的工具、指南和检查清单来帮助开发者发布应用。为了访问Google Play Console，开发者首先要注册一个发布账号，如果要出售应用或者支持应用内购买，还要设置Google Wallet Merchant Account。可以通过Google Play Developer Console来完成这些操作，具体网址为：https://play.google.com/apps/publish（见图20-1）。

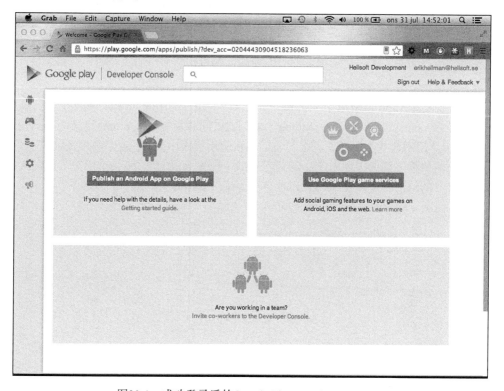

图20-1 成功登录后的Google Play Developer Console

Google Play还支持其他功能，如高级应用内付费服务，允许开发者在应用内销售数字内容，并提供应用内注册订阅服务。这两项功能都是由应用内付费API提供的，本章会介绍它。

如果开发者想提供免费版本的应用，或者免费的电子内容，但是仍然希望从应用中获取一些收入，这时可以在应用中集成广告。Google AdMob Ads SDK提供了这样的功能，它允许开发者在应用中放置广告位。

在某些情况下，开发者可能希望验证付费应用是否获得了在最新设备上运行的许可。为了支持这一点，谷歌提供了Google Play Licensing Service，它可以在应用的购买状态进行自动验证。本章会介绍如何在应用中集成该服务。

Google Play限制APK文件最大为50 MB。有些游戏和应用的资源超过了这个限制，这就是Google Play支持使用APK扩展文件的原因。20.4节会介绍如何使用这项服务。

20.1 应用内付费

虽然销售应用程序是货币化应用最明显的方式，但有时候提供免费版的应用，并靠用户购买额外的内容会更有效。这是通过应用内付费（In-app Billing）服务处理的，它允许用户购买数字内容或订阅特定的应用程序。

开始应用内购买前，开发者需要一个有效的Google Wallet Merchant Account，可在Google Play Developer Console中完成设置。设置完后，需要为应用启用计费功能，并把应用上传到Google Play Store。（注意不需要发布应用来打开应用内付费功能。）

要支持应用内购买，需要在清单文件中添加如下的权限：

```
<uses-permission android:name="com.android.vending.BILLING" />
```

接下来，要复制Android SDK中play_billing目录内的IInAppBillingService.aidl文件，并把它粘贴到aidl目录内的com.android.vending.billing包中。建议同时复制play_billing目录中TrivialDrive示例程序的util包。使用这些类，开发者很容易就能在应用程序中实现应用内付费API。

开发者还需要为不同的应用内产品定义产品ID（也称为SKU）。每一个用户可以购买的产品都要有一个唯一的SKU，可以在Google Play Developer Console中定义它们，如下所示：

```
public static final String APPLE_SKU = "apple";
public static final String BANANA_SKU = "banana";
public static final String ORANGE_SKU = "orange";
public static final String AVOCADO_SKU = "avocado";
public static final String LIME_SKU = "lime";
public static final String[] FRUIT_SKUS = new String[] {APPLE_SKU,
                                                         BANANA_SKU,
                                                         ORANGE_SKU,
                                                         AVOCADO_SKU,
                                                         LIME_SKU};

private Inventory mInventory;
private Set<String> mOwnedFruits = new HashSet<String>();
```

应用程序启动时要创建IabHelper实例（从TrivialDrive示例中复制过来的），如下面的代码所示：

```
@Override
protected void onCreate(Bundle savedInstanceState) {
    super.onCreate(savedInstanceState);
    setContentView(R.layout.activity_main);
    mHelper = new IabHelper(this, BASE_64_PUBLIC_KEY);
    mHelper.startSetup(new IabHelper.OnIabSetupFinishedListener() {
        @Override
        public void onIabSetupFinished(IabResult result) {
            if(!result.isSuccess()) {
                // TODO：处理应用内付费集成出错的情况
            }
        }
    });
}
```

为所有的产品加载Inventory，如下所示。它也是示例utility包中的类。此查询还允许开发者检查当前用户是否购买过某个特定的SKU。

```
private void loadFruitInventory() {
    mHelper.queryInventoryAsync(true,
            new IabHelper.QueryInventoryFinishedListener() {
        @Override
        public void onQueryInventoryFinished(IabResult result,
                                             Inventory inventory) {
            if(result.isSuccess()) {
                mInventory = inventory;
                mOwnedFruits.clear();
                for (String fruitSku : FRUIT_SKUS) {
                    if(inventory.hasPurchase(fruitSku)) {
                        mOwnedFruits.add(fruitSku);
                    }
                }
            }
        }
    });
}
```

应用内购买是异步的，因为它们会启动Google Play Store应用程序中的Activity。以下是用于启动购买水果流程的代码。注意开发者还要实现onActivityResult()方法，并调用mHelper.handleActivityResult()。

```
@Override
protected void onActivityResult(int requestCode, int resultCode, Intent data) {
    if(!mHelper.handleActivityResult(PURCHASE_FRUIT, resultCode, data)) {
        super.onActivityResult(requestCode, resultCode, data);
    }
}

private void purchaseFruit(String sku) {
    // 用户还没有购买过该水果
    if (!mOwnedFruits.contains(sku)) {
        mHelper.launchPurchaseFlow(this, sku, PURCHASE_FRUIT,
                new IabHelper.OnIabPurchaseFinishedListener() {
```

20

```
            @Override
            public void onIabPurchaseFinished(IabResult result,
                                                       Purchase info) {
                if (result.isSuccess()) {
                    mOwnedFruits.add(info.getSku());
                } else {
                    // TODO：错误处理
                }
            }
        }, mBase64UserId);
    }
}
```

20.1.1　消费产品

　　某个产品一旦被购买，可以说它被"消费"了。在游戏中使用可消费的对象非常有用，如虚拟货币，或者本例的虚拟水果。下面的示例展示了如何"消费"用户已经购买过的虚拟水果。

```
private void consumeFruit(String sku) {
    mHelper.consumeAsync(mInventory.getPurchase(sku),
                    new IabHelper.OnConsumeFinishedListener() {
        @Override
        public void onConsumeFinished(Purchase purchase, IabResult result) {
            if(result.isSuccess()) {
                Log.d(TAG, "Purchase successful!");
                mOwnedFruits.remove(purchase.getSku());
            }
        }
    });
}
```

20.1.2　应用内订阅

　　应用内付费API也支持订阅功能。使用应用内订阅，用户要定期往Google Play账户充值。订阅可以是月付也可以是年付（将来可能变化），另外，该API还支持首次免费试用订阅。

　　订阅的购买流程和正常的应用内购买是一样的，如下例所示：

```
private void subcribeToUnlimitedFruit() {
    if (mHelper.subscriptionsSupported()) {
        mHelper.launchSubscriptionPurchaseFlow(this,
                UNLIMITED_FRUIT_SUBSCRIPTION,
                SUBSCRIBE_UNLIMITED_FRUIT,
                new IabHelper.OnIabPurchaseFinishedListener() {
                @Override
                public void onIabPurchaseFinished(IabResult result,
                                                         Purchase info) {
                    if (result.isSuccess() &&
                            UNLIMITED_FRUIT_SUBSCRIPTION.
                                    equals(info.getSku())) {
                        mUnlimitedFruits = true;
```

```
            } else {
                // TODO：错误处理
            }
        }
    });
    }
}
```

如何使用应用内付费API依赖于具体的应用程序或者游戏。前面的例子使用了水果，并把水果当做可消费的物品，一旦用户购买就会把它从购买的物品中移除。如果应用内付费提供去除广告或者升级到专业版的功能，这时就不应该认为购买是可消费的。

并不是所有的国家都支持应用内订阅，所以在发布前要检查它是否可用。另外，开发者应该承诺给注册的用户继续提供内容或服务。

20.2　在应用内添加广告

虽然销售应用或者集成应用内购买是获取收益的方法，但是这样做不一定可行。例如，如果开发者希望提供免费的版本来增加用户数，这时就可以在应用中集成广告，既能获取收益还能给用户提供免费的版本。谷歌的AdMob服务支持在应用中添加广告。使用该服务前，开发者要在http://www.google.com/ads/admob/注册。

讽刺的是，在提供广告的同时，开发者还可以为用户提供去除广告选项的应用内购买，同时还可以创建从应用获益的其他方法。本节将展示如何在应用中集成谷歌的AdMob服务，以及如何提供通过应用内购买来去除广告的选项。

首先，需要从https://developers.google.com/mobile-ads-sdk/下载AdMob SDK。解压缩归档文件，并把GoogleAdMobAdsSdk-6.4.1.jar文件复制到项目的libs目录中。接下来，在Gradle构建脚本中加入如下依赖：

```
compile files('libs/GoogleAdMobAdsSdk-6.4.1.jar')
```

这样就在项目中集成了AdMob SDK。

接下来要在清单文件中添加AdActivity以及如下的权限：

```
<uses-permission android:name="android.permission.INTERNET" />
<uses-permission android:name="android.permission.ACCESS_NETWORK_STATE" />

<application
        android:allowBackup="true"
        android:icon="@drawable/ic_launcher"
        android:label="@string/app_name"
        android:theme="@style/AppTheme">
    <activity android:name="com.google.ads.AdActivity"
            android:configChanges="keyboard|keyboardHidden|
                                    orientation|screenLayout|
                                    uiMode|screenSize|
                                    smallestScreenSize"/>
```

在应用中集成AdMob最简单的方法是使用com.google.ads.AdView类。可以在XML布局

20

中使用该类，也可以在Java代码中使用它。

下面是在XML布局中使用AdView的简单示例：

```
<LinearLayout xmlns:android="http://schemas.android.com/apk/res/android"
              xmlns:ads="http://schemas.android.com/apk/lib/com.google.ads"
              xmlns:tools="http://schemas.android.com/tools"
              android:layout_width="match_parent"
              android:layout_height="match_parent"
              tools:context=".AdDemo">
    <com.google.ads.AdView
            android:id="@+id/adView"
            android:layout_width="wrap_content"
            android:layout_height="wrap_content"
            ads:adUnitId="AD_UNIT_ID"
            ads:adSize="SMART_BANNER"
            ads:testDevices="DEVICE_ID_FOR_TESTING"
            ads:loadAdOnCreate="true"/>
</LinearLayout>
```

ads:adUnitId属性是AdMob的发布者（publisher）ID。ads:adSize属性决定广告的大小。SMART_BANNER值表示横幅广告会自适应屏幕大小。https://developers.google.com/mobile-ads-sdk/docs/admob/intermediate#android-sizes上有AdMob SDK支持的横幅广告尺寸列表。在开发阶段需要把ads:testDevices属性的值设置为设备的ID（如何获取设备ID详见20.3节），这样做可以打开AdMob集成的调试和测试功能。

在前面的XML布局例子中，广告会在View被加载后自动加载。这可能不总是开发者想要的，所以有时候需要对广告的加载时机有更精确的控制，这种情况下可以使用下面的方法。该方法还可以用来手动刷新加载新的横幅广告。

```
private void loadAds() {
    AdView adView = (AdView) findViewById(R.id.adView);
    adView.loadAd(new AdRequest());
}
```

20.2.1 定位广告

通过给AdRequest传递一些参数，开发者可以定制广告的内容，尤其是开发者能定义上下文和用户偏好时。下面的代码展示了如何给AdRequest定义性别、位置、生日和一系列关键字参数：

```
private void targetAdd(boolean isMale,
                       Location location,
                       Date birthday,
                       Set<String> keywords) {
    AdRequest adRequest = new AdRequest();
    adRequest.setGender(isMale ?
            AdRequest.Gender.MALE : AdRequest.Gender.FEMALE);
    adRequest.setLocation(location);
    adRequest.setBirthday(birthday);
    adRequest.setKeywords(keywords);
    AdView adView = (AdView) findViewById(R.id.adView);
```

```
    adView.loadAd(adRequest);
}
```

定位广告另一个重要的方面是确定是否需要遵守儿童在线隐私保护法案（Children's Online Privacy Protection Act，COPPA）。在应用中使用该选项可以确保所展示的广告对孩子是安全的。

可以添加以下代码来表明广告应该根据COPPA显示。如果不想遵守COPPA，可以把1修改为0。

```
AdMobAdapterExtras adMobAdapterExtras = new AdMobAdapterExtras();
adMobAdapterExtras.addExtra("tag_for_child_directed_treatment", 1);
adRequest.setNetworkExtras(adMobAdapterExtras);
```

20.2.2　广告颜色

开发者还可以更改广告的整体配色方案，如果想根据应用程序的配色方案来调整广告的外观，这样做会非常有用。

下面的代码显示了如何设置广告的配色方案：

```
AdMobAdapterExtras adColor = new AdMobAdapterExtras();
adColor.addExtra("color_bg", "AAAAFF");
adColor.addExtra("color_bg_top", "FFFFFF");
adColor.addExtra("color_border", "FFFFFF");
adColor.addExtra("color_link", "000080");
adColor.addExtra("color_text", "808080");
adColor.addExtra("color_url", "008000");
adRequest.setNetworkExtras(adColor);
```

要谨慎使用广告配色功能，因为一个不好的颜色组合可能会让用户不爽，导致他们不再使用你的应用。

20.2.3　插播式广告

如果横幅广告不适合应用，开发者可以改用插播式广告。这些广告会以全屏展示，用户可以和它交互，或者播放完毕后它会自动关闭。虽然比横幅广告更加侵扰，但它不会像横幅广告那样影响开发者自己的View。

下面的代码展示了如何加载和显示插播式广告。开发者所要做的就是在onDismissScreen()回调中实现自己的逻辑，比如跳到应用或游戏的下一个页面。

```
private void loadInterstitialAd() {
    mInterstitialAd = new InterstitialAd(this,
                                MY_INTERSTITIAL_AD_UNIT_ID);
    mInterstitialAd.setAdListener(new AdListener() {
        @Override
        public void onReceiveAd(Ad ad) {
            mInterstitialAd.show();
        }

        @Override
```

```
    public void onFailedToReceiveAd(Ad ad,
                                    AdRequest.ErrorCode errorCode) {
    }

    @Override
    public void onPresentScreen(Ad ad) { }

    @Override
    public void onDismissScreen(Ad ad) {
        // TODO: 用户关闭了广告，显示下一个页面
    }

    @Override
    public void onLeaveApplication(Ad ad) { }
});
mInterstitialAd.loadAd(new AdRequest());
}
```

20.3 应用程序许可

开发者在Google Play Store出售应用程序，是想从中获益。然而，由于可以从设备中把APK文件提取出来，应用程序就可能被分发到不被支持的渠道上。而Android应用商店众多，几乎不可能一一检查。

正确设置好项目和依赖库后，还需要在清单文件中添加正确的权限，如下所示。这使得应用程序可以执行许可检查。

```
<uses-permission android:name="com.android.vending.CHECK_LICENSE" />
```

许可检查很容易：

```
private void checkLicense() {
    String deviceId = Settings.Secure.
            getString(getContentResolver(),
                    Settings.Secure.ANDROID_ID);

    LicenseChecker licenseChecker =
            new LicenseChecker(this,
                    new ServerManagedPolicy(this,
                            new AESObfuscator(SALT,
                                    getPackageName(),
                                    deviceId)),
                    BASE_64_PUBLIC_KEY);
    licenseChecker.checkAccess(mLicenseCheckerCallback);
}
```

SALT参数必须是20个随机字节的字节数组。BASE_64_PUBLIC_KEY必须是Google Play Developer Console中完整的授权密钥，如图20-2所示。

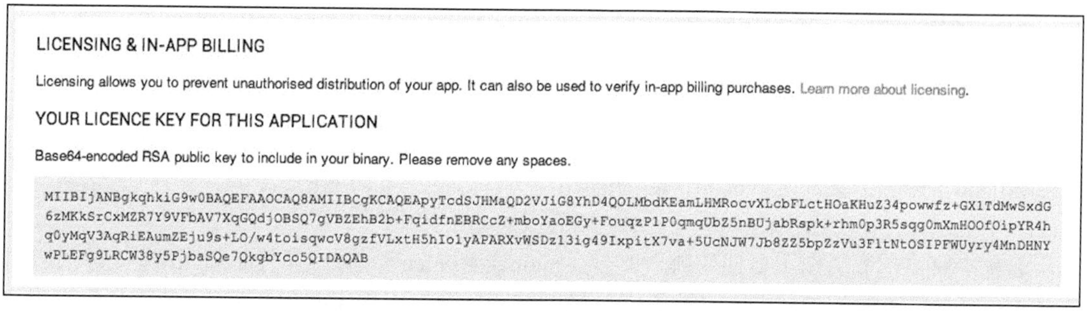

LICENSING & IN-APP BILLING

Licensing allows you to prevent unauthorised distribution of your app. It can also be used to verify in-app billing purchases. *Learn more about licensing.*

YOUR LICENCE KEY FOR THIS APPLICATION

Base64-encoded RSA public key to include in your binary. Please remove any spaces.

MIIBIjANBgkqhkiG9w0BAQEFAAOCAQ8AMIIBCgKCAQEApyTcdSJHMaQD2VJiG8YhD4QOLMbdKEamLHMRocvXLcbFLctHOaKHuZ34powwfz+GX1TdMwSxdG
6zMKkSrCxMZR7Y9VFbAV7XqGQdjOBSQ7gVBZEhB2b+FqidfnEBRCcZ+mboYaoEGy+FouqzP1P0qmqUbZ5nBUjabRspk+rhm0p3R5sqg0mXmHOOfOipYR4h
q0yMqV3AqRiEAumZEju9s+LO/w4toisqwcV8gzfVLxtH5hIo1yAPARXvWSDz13ig49IxpitX7va+5UcNJW7Jb8ZZ5bpZzVu3F1tNtOSIPFWUyry4MnDHNY
wPLEFg9LRCW38y5PjbaSQe7QkgbYco5QIDAQAB

图20-2　Google Play Developer Console中对许可服务进行Base64编码的RSA密钥

在下面的许可检查回调中，如果用户没有被许可使用应用程序，那么只是简单地展示一个 Toast：

```
class MyLicenseCheckerCallback implements LicenseCheckerCallback {

    @Override
    public void allow(int reason) {
        Log.d(TAG, "License check passed!");
    }

    @Override
    public void dontAllow(int reason) {
        Log.e(TAG, "License check failed - notify user!");
        Toast.makeText(MainActivity.this,
                R.string.licensing_failed_message,
                Toast.LENGTH_LONG).show();

        // TODO：在Google Play Store上打开应用，并退出
    }

    @Override
    public void applicationError(int errorCode) {
        Log.e(TAG, "Application error: " + errorCode);
        finish();
    }
}
```

对于使用授权服务的每个应用程序，开发者都有多个不同的选择。例如，可以通知用户丢失了许可证，然后在Google Play Store上打开该应用的页面，最后结束Activity。或者对现有的一些功能进行降级。

20.4　APK 扩展文件

APK文件最大为50 M，所以如果游戏（或应用程序）的内容比较多，这个大小是不够的。这时开发者可以使用APK扩展文件（APK Expansion File）功能来上传最大为4 GB的额外数据。数据会存储在共享存储中，所有的应用程序都可以访问它，因此，如果数据比较敏感，开发者还需

20

自己对它加密（更多这方面的话题参见第12章）。扩展文件存储在<shared-storage>/Android/
obb/<package-name>，其中<shared-storage>可以通过`Environment.getExternalStorageDirectory()`
返回。

可以有两个扩展文件，每个最大支持2 GB的大小，它们可以包含任何类型的数据。第一个文
件名为main，第二个文件是可选的，名为patch。文件名使用下面的格式：

`[main|patch].<expansion-version>.<package-name>.obb`

名称中第一部分决定了要使用哪个文件（main或者patch）。第二部分必须匹配应用程序清单
文件中`android:VersionCode`属性的值。最后一部分是应用程序的包名。

20.4.1　创建扩展文件

扩展文件可以是任意格式，但笔者建议使用ZIP格式，因为扩展库（Expansion Library）提供
了一些读取归档文件的辅助类。如果扩展文件包含可以用MediaPlayer或者SoundPool播放的多媒
体文件，打包的时候不要压缩，这样开发者就可以根据它们在ZIP文件中的偏移量使用标准的API
来加载。

下面的命令显示了如何创建包含附加内容的ZIP文件：

`$ zip -n .mp4;.ogg <expansion-file> <media files>`

其中，`-n`参数告诉zip命令不要压缩文件。`<expansion-file>`是扩展文件的文件名，
`<media files>`是所有希望包含进来的文件列表。

20.4.2　下载扩展文件

大多数情况下，Google Play客户端会自动下载这些扩展文件，并把它们放在外部存储中。然
而，在某些情况下，文件必须由应用程序自己下载。这通常是由于用户更换了用于外部存储的SD
卡，或者手动删除了外部存储上的内容。

这时开发者需要使用Application Licensing服务来执行请求（见20.3节），该服务会响应扩展文
件的URL。相应地，需要引入License Verification库，即使应用程序是免费的，否则就不需要申请
Application Licensing 服务。此外，由于要执行网络操作，还需要在清单文件中声明
`android.permission.INTERNET`权限。

为了简化手动下载过程，Google Play APK Expansion库中包含了一个用于下载的库，使用它
很容易就能集成Application Licensing服务。

首先需要继承`DownloaderService`类，如下所示，然后添加许可服务中的公钥（见前一节）：

```
public class MyDownloaderService extends DownloaderService {

    public static final String BASE64_PUBLIC_KEY = "<Base64 LicensingKey>";
    public static final byte[] SALT = new byte[32];

    @Override
    public void onCreate() {
```

```
        super.onCreate();
        new Random().nextBytes(SALT);
    }

    @Override
    public String getPublicKey() {
        return BASE64_PUBLIC_KEY;
    }

    @Override
    public byte[] getSALT() {
        return SALT;
    }

    @Override
    public String getAlarmReceiverClassName() {
        return DownloadAlarmReceiver.class.getName();
    }
}
```

下面的广播接收器用来在DownloaderService被意外终止时启动它：

```
public class DownloadAlarmReceiver extends BroadcastReceiver {
    private static final String TAG = "DownloadAlarmReceiver";

    public void onReceive(Context context, Intent intent) {
        try {
            DownloaderClientMarshaller.
                startDownloadServiceIfRequired(context,
                                               intent,
                                               MyDownloaderService.class);
        } catch (PackageManager.NameNotFoundException e) {
            Log.e(TAG, "Cannot find MyDownloaderService.", e);
        }
    }
}
```

最后，最好在主Activity中添加一个方法用来检查是否成功地下载了扩展文件，下面是一个示例。此外，开发者还应该添加额外的检查，确保文件没有被修改。

```
private void performDownloadIfNeeded() {
    String fileName = Helpers.
            getExpansionAPKFileName(this, true, EXPANSION_FILE_VERSION);
    if (!Helpers.doesFileExist(this, fileName,
        EXPANSION_FILE_SIZE, true)) {
        Intent notifierIntent =
                new Intent(this, MainActivity.class);
        notifierIntent.
                setFlags(Intent.FLAG_ACTIVITY_NEW_TASK |
                        Intent.FLAG_ACTIVITY_CLEAR_TOP);

        PendingIntent pendingIntent =
                PendingIntent.getActivity(this, 0,
                        notifierIntent,
```

20

```
                              PendingIntent.FLAG_UPDATE_CURRENT);
        try {
            DownloaderClientMarshaller.
                    startDownloadServiceIfRequired(this,
                            pendingIntent,
                            MyDownloaderService.class);
        } catch (PackageManager.NameNotFoundException e) {
            Log.e(TAG, "Cannot find downloader service.", e);
        }
    }
}
```

这种方法显示了如何在Google Play上给应用程序添加扩展文件,如何验证它们是否可用,以及如何在需要时启动下载。当APK文件超过最大限制时,应优先考虑使用扩展文件。

20.5 小结

最后一章介绍了一些和Google Play Store相关的功能。这些功能可以帮助开发者从应用中获利,也可以在APK文件超过50 MB限制的情况下提供额外内容。开发者可以通过三种方式从应用获利:销售应用、添加应用内购买,或者集成广告。

仔细考虑使用哪种策略。虽然简单地出售应用看起来像是最简单的解决方案,但是通过提供免费版,并提供虚拟物品供用户购买可能会获得更多用户。在应用中添加广告很容易,但广告会占用屏幕空间,有些用户可能还会不适应。所以在决定使用哪个解决方案前,应综合考虑,因为之后再改变策略会很难。

20.6 延伸阅读

网站
- 在Google Play Store分发应用:http://developer.android.com/distribute/index.html
- Google Play Developer Console:https://play.google.com/apps/publish
- Google Play应用分发资源:http://developer.android.com/google/play/dist.html
- Google Mobile Ads SDK下载和文档链接:https://developers.google.com/mobile-ads-sdk/
- Google AdMob服务:http://www.google.com/ads/admob